AF500116

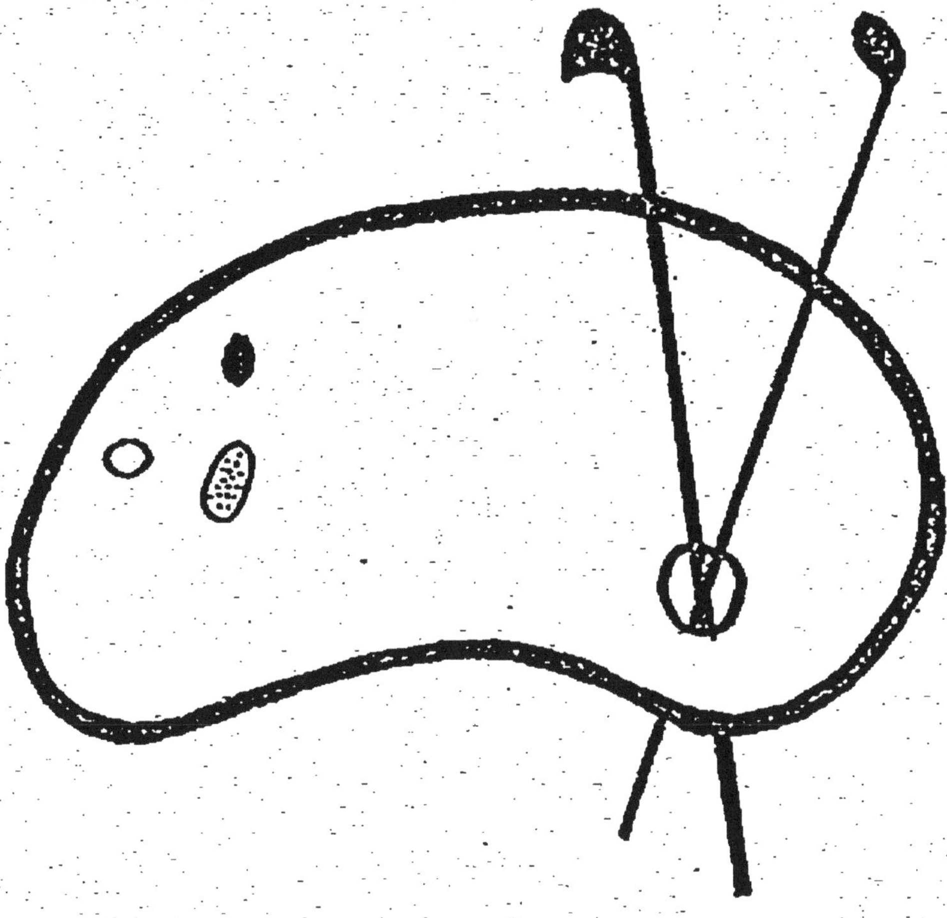

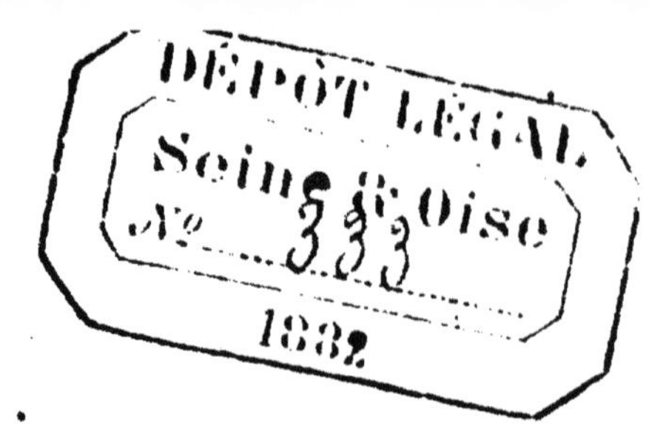

LECTURES VARIÉES

SUR LES

SCIENCES USUELLES

MÊME LIBRAIRIE

Envoi franco au reçu du prix en timbres-poste.

Tableau synoptique du système métrique, présentant les poids, mesures et monnaies en grandeur naturelle et coloriés, et un grand nombre de renseignements utiles; par M. Aniel, agrégé de l'Université, professeur au lycée de Lyon. Huit feuilles jésus, coloriées. Prix en feuilles. 6 fr.

Le même, collé sur toile et verni, formant un beau tableau de 2m,40 de largeur sur 1m,40 de hauteur, avec gorge et rouleau. 10 fr.

Approuvé pour les bibliothèques scolaires et honoré d'une souscription de S. Exc. M. le Ministre de l'Instruction publique.

La vie champêtre. *Série de lectures manuscrites (morale et agriculture)*, à l'usage des écoles primaires, des classes élémentaires et des cours d'adultes; par M. Th. Leroy. 1 vol. in-8°, divisé en quatre parties, cart. 1 fr. 30 c.

— Chaque partie se vend séparément. 35 c.

Nouvelle méthode d'écriture française en onze cahiers de vingt pages chacun, avec couverture imprimée, dont trois cahiers pour la ronde, la bâtarde et la gothique; par M. E. Flament, professeur de calligraphie au lycée et aux écoles normales de Douai. Le cent de cahiers. 9 fr.

Cette méthode a obtenu trois premières récompenses en un an.

Histoire de France abrégée, depuis les temps les plus anciens jusqu'à nos jours, à l'usage des élèves des classes élémentaires, des cours annexes des colléges et des écoles primaires; par M. Th. Bénard, officier d'académie, chef du premier bureau de la division de l'enseignement primaire au ministère de l'Instruction publique. Huitième édition, corrigée. 1 vol. in-18, cart. 80 c.

Ouvrage approuvé par les conseils d'académie d'Aix et de Rennes.

Géographie moderne (Petit abrégé de), à l'usage des élèves des classes élémentaires, des cours annexes des colléges et des écoles primaires. 4e édition, refondue. 1 vol. in-18, cart. 60 c.

Cosmographie (Traité élémentaire de), à l'usage des classes de français dans les colléges, des institutions, des pensions de demoiselles et des écoles primaires supérieures. 3e édit. 1 vol. in-18, cart. 60 c.

Nouveau manuel de Civilité chrétienne, contenant des anecdotes historiques pouvant servir d'exemples pour l'application des règles de la politesse, suivi d'un choix de modèles de lettres, à l'usage des institutions, des maisons d'éducation, des écoles primaires et des cours d'adultes. 6e édition, corrigée. 1 vol. in-18, cart. 1 fr.

Petite Civilité chrétienne, à l'usage des écoles primaires, 8e édit., corrigée. 1 vol. in-18, cart. 35 c.

Ouvrages approuvés par NN. les archevêques de Paris et de Sens.

Cours de langue française, par MM. Th. Bénard et Lacombe, ancien directeur d'école normale.

Petite grammaire française, à l'usage des commençants, suivie d'exercices sur toutes les parties du langage. 1 vol. in-12, cart. 75 c.

— Corrigé des exercices. In-12. » »

Éléments de grammaire raisonnée de la langue française. 1 vol. in-12, cart. 1 fr. 50 c.

Devoirs et exercices gradués en rapport avec les éléments de grammaire raisonnée. 1 vol. in-12, cart. 90 c.

LECTURES VARIÉES

SUR

LES SCIENCES USUELLES

LES GRANDS PHÉNOMÈNES DE LA NATURE

LES PRODUCTIONS NATURELLES APPLIQUÉES A L'INDUSTRIE

L'HYGIÈNE POPULAIRE

LIVRE DE LECTURE A L'USAGE DE TOUTES LES ÉCOLES

AVEC FIGURES DANS LE TEXTE

PAR

M. MAIGNE

Auteur des *Leçons et Lectures sur les grandes Inventions*, de l'*Industrie contemporaine*, des *Manuels de Sauvetage*, du *Tannage*, des *Conserves alimentaires*, du *Dictionnaire des ordres de chevalerie*, de l'*Encyclopédie des commerçants*, etc.

DOUZIÈME ÉDITION

Ouvrage approuvé pour les bibliothèques scolaires et couronné par la Société pour l'instruction élémentaire et par la Société protectrice des animaux.

PARIS

LIBRAIRIE CLASSIQUE EUGÈNE BELIN

V

RUE DE VAUGIRARD, N° 52

1882

Tout exemplaire de cet ouvrage non revêtu de ma griffe sera réputé contrefait.

Eug. Belin

SAINT-CLOUD. — IMPRIMERIE Ve EUG. BELIN ET FILS.

Peu de mots suffiront pour faire connaître l'objet de ce volume.

En le composant, nous avons voulu, non pas faire un livre de science, mais glaner à droite et à gauche, sur les sujets les plus divers, des choses utiles et pratiques qu'on n'apprend pas dans les écoles ou qu'on n'y apprend qu'imparfaitement.

Nous avons voulu, en outre, apporter notre faible concours au triomphe de la vérité, en combattant les erreurs et les préjugés qui règnent dans les campagnes et, il faut bien aussi le dire, dans la plupart des villes.

Le temps apprendra si nous avons atteint notre but.

LECTURES VARIÉES

PREMIÈRE LECTURE.

1. — La Planète que nous habitons.

Idée du « globe terrestre. » Ce qu'on entend proprement par « terre, » par « mer, » par « air atmosphérique. » Forme de la terre : ce qu'il faut en conclure. Accroissement de la température à mesure qu'on s'enfonce dans le sol. Curieuses données sur cet accroissement. État de la terre à l'origine. Ce que c'est que la « croûte » ou l' « écorce terrestre. » Épaisseur de la croûte terrestre. Nous ne pouvons en connaître qu'une partie : pourquoi. Rides de la terre : à quoi elles servent. Composition de la croûte terrestre. Terrains « neptuniens. » Terrains « plutoniens. » *Fiat lux.*

1. La PLANÈTE[1] que nous habitons présente trois parties distinctes, dont l'une est solide, l'autre liquide et la troisième gazeuze[2].

La partie solide est celle que l'on désigne plus particulièrement sous le nom de *Terre.*

La partie liquide, ou l'*Eau*, est répandue sur la partie solide, dont elle remplit les anfractuosités, c'est-à-dire les

1. *Planète.* On désigne ainsi, du grec *planétès*, errant, des corps célestes qui tournent autour du soleil en se déplaçant continuellement, par rapport aux étoiles ordinaires ou étoiles fixes, dont les positions relatives restent, au contraire, invariables, en sorte qu'ils paraissent errer à travers celles-ci. La Terre est un de ces corps. On sait que toutes les planètes ont un double mouvement, l'un autour du soleil, et l'autre sur elles-mêmes : c'est ce dernier qu'on appelle *mouvement diurne*, parce qu'il s'effectue en un jour ou vingt-quatre heures.

2. *État solide, état liquide, état gazeux.* Ce sont les trois états que les corps présentent dans la nature, mais la plupart des corps peuvent passer par chacun d'eux. Les *corps solides* ont leurs différentes parties tellement unies entre elles, que, si l'on en tire une, elle entraîne les autres. Ex. le fer, les pierres, le bois, etc. Les *corps liquides* ont leurs parties si mobiles qu'ils n'ont pas de forme déterminée, mais prennent celle des vases dans lesquels on les renferme. Ex. l'eau, le vin, l'huile, les métaux fondus, etc. Les *corps gazeux* ont leurs parties encore plus mobiles que les liquides ; elles semblent même se repousser, ne se tiennent pas et cherchent toujours à augmenter de volume, à s'étendre. Ex. l'air, la vapeur d'eau, etc.

enfoncements, et couvre environ les trois quarts de la surface.

Enfin, la partie gazeuse, ou l'*Atmosphère*, constitue autour des deux autres une enveloppe transparente dont l'épaisseur est d'à peu près 70,000 mètres.

Toutes ensemble, réunies par la pesanteur[1], forment une masse unique qui est le **globe terrestre.**

2. C'est un fait universellement admis que la terre a la forme d'une sphère légèrement aplatie aux pôles[2] et renflée à l'équateur[3]. Or cette forme est précisément celle que prendrait une sphère parfaite, douée d'un mouvement de rotation autour d'un axe fixe, si elle était liquide ou simplement pâteuse, tandis que, dans les mêmes circonstances, une sphère solide conserverait toujours sa forme primitive. Cette remarque nous porte donc à croire que, dans l'origine, notre globe était une masse liquide, ou tout au moins pâteuse, dont les différentes parties avaient une mobilité suffisante pour glisser les unes sur les autres, de manière à déterminer un aplatissement aux pôles et un renflement à l'équateur. Cet effet produit, elle s'est refroidie lentement, pour se préparer à recevoir les innombrables générations de plantes et d'animaux qu'il était dans les desseins de la Providence de lui faire porter.

3. Ce n'est pas tout. Quand on pénètre dans les mines, on

1. *Pesanteur.* C'est la tendance qu'ont les corps à se diriger vers le centre de la Terre. Elle est due à l'action du globe sur tous les corps situés à sa surface, action qui est un simple cas particulier d'une force générale de la nature, appelée « attraction universelle » ou « gravitation. » Cette force a été pressentie par quelques-uns des plus grands esprits de l'antiquité, mais c'est à l'illustre physicien anglais, Isaac Newton (né en 1642, mort en 1727) qu'appartient la gloire d'en avoir, pour la première fois, formellement affirmé l'existence et déterminé les lois. Cette découverte, une des plus magnifiques conquêtes de la science moderne, paraît avoir été faite vers 1682.

2. *Pôles.* Du grec *poléin*, tourner. On appelle ainsi les deux points de la surface terrestre que rencontre la ligne imaginaire ou « axe » autour de laquelle on suppose que la terre tourne. L'un se nomme *pôle nord, arctique, boréal* ou *septentrional :* c'est celui de notre hémisphère. L'autre est le *pôle sud, antarctique, austral* ou *méridional.*

3. *Equateur.* Du latin, *æquare*, égaler. Grand cercle qui est censé couper la terre à égale distance des deux pôles. Quand il est tracé sur les cartes, on l'appelle aussi *ligne équinoxiale*, ou simplement la *ligne.* On sait que les peuples qui habitent les lieux correspondant à la position de ce cercle ont toujours les jours égaux aux nuits.

constate qu'à une faible profondeur, la température est invariable et égale à la température moyenne de la localité ; mais qu'à partir de ce point, elle augmente à mesure qu'on descend plus bas. Les observations qu'on a faites à ce sujet apprennent que l'accroissement est d'un degré du thermomètre centigrade[1], pour environ trente mètres d'enfoncement. Si cette progression se maintient, il en résulte qu'à près de trois kilomètres au-dessous de la surface que nous habitons, la température doit être égale à celle de l'eau bouillante, c'est-à-dire à 100 degrés. A vingt kilomètres, elle est plus que suffisante pour mettre en fusion la plupart des substances minérales que nous connaissons. A quarante kilomètres, le granite, la plus réfractaire[2] de ces substances, est un liquide. Enfin, au centre du globe, c'est-à-dire à une profondeur de près de 6,400 kilomètres, la température est si prodigieuse qu'il nous est impossible de nous en faire une idée, car elle doit être de 200,000 degrés.

L'existence de la chaleur interne de notre globe, de la *chaleur centrale*, comme on dit, est encore prouvée par la température de l'eau des puits artésiens[3] et des eaux thermales[4], laquelle est d'autant plus élevée que l'eau vient de plus grandes profondeurs. C'est donc un fait absolument incontestable.

4. Ainsi, non-seulement la Terre a été liquide ou du moins pâteuse, mais elle n'est pas encore entièrement solide. Sa surface seule a pris de la consistance en se refroidissant, et a formé une sorte de *croûte* ou d'*écorce* qui sert d'enveloppe à des matières fluides qu'une température inouïe tient

1. *Thermomètre.* Du grec *thermos*, chaud, et *mêtron*, mesure. Instrument de physique qui sert à apprécier la température des corps. Il y en a de plusieurs espèces. Celui qu'on emploie le plus souvent en France est appelé *centigrade*, parce que la partie de l'échelle comprise entre les points fixes, c'est-à-dire entre 0 et 100, est divisée en cent parties égales ou degrés, 0 correspondant à la température de la glace fondante et 100 à celle de l'eau bouillante.

2. *Réfractaire.* Terme de chimie qui signifie « difficilement altérable par le feu, difficile à fondre par la chaleur. »

3. On appelle *Puits artésiens*, parce que les premiers qu'il y ait eu en France ont été établis dans l'ancienne province d'*Artois*, des trous de sonde verticaux, au moyen desquels, en certains lieux, les eaux situées à une plus ou moins grande profondeur remontent à la surface du sol, quelquefois même y jaillissent à des hauteurs assez considérables. Voy. la douzième Lecture.

4. Les *eaux thermales* sont des eaux médicinales chaudes.

constamment en ébullition, qu'elle fait même, du moins tout porte à le croire, passer en partie à l'état de vapeur. En outre, le refroidissement continuant toujours, la croûte solide resserre de plus en plus ces matières fluides; en sorte que, lorsqu'elles se trouvent trop pressées, elles réagissent violemment contre les parois qui les emprisonnent et les ébranlent jusqu'au moment où elles ont trouvé un passage pour se répandre au dehors : de là, d'après l'opinion de la plupart des savants, les « tremblements de terre » et les « éruptions volcaniques[1]. »

5. La Terre se compose donc de deux parties : une écorce solide et une masse liquide. Cette écorce n'a guère plus de quarante kilomètres d'épaisseur, ce qui est bien peu de chose relativement au rayon terrestre, qui, ainsi que nous venons de le dire, en compte près de 6,400. Encore même, n'en connaissons-nous et n'en connaîtrons-nous vraisemblablement jamais qu'une très-mince portion, parce que, d'une part, les trois quarts sont cachés sous la mer, et que, de l'autre, il ne nous a été et il ne nous sera toujours possible de pénétrer qu'à une très-petite profondeur[2].

6. Tout le monde sait que la surface de la Terre n'est point unie, et qu'elle est, tantôt hérissée de chaînes de montagnes, tantôt creusée en profondes vallées; mais ces inégalités, quelque gigantesques qu'elles nous paraissent, quand nous les comparons à notre petite stature, ne sont que des rides insignifiantes, si nous tenons compte des dimensions de notre planète[3]. Toutefois, malgré leur insignifiance relative, elles ont pour nous une importance capitale, car c'est en les étudiant que nous sommes parvenus à nous faire une idée de la structure de l'écorce terrestre. Nous avons appris, en effet, que cette écorce est composée de maté-

1. Voyez plus loin les Lectures consacrées à ces deux sortes de phénomènes.

2. Les mines les plus profondes ne présentent guère plus de 500 mètres en ligne verticale.

3. La montagne la plus élevée du globe fait partie de la chaîne de l'Himalaya, au sud de l'Asie : c'est le Kintschindjinga, qui a 8,592 mètres. En Amérique, la montagne la plus haute est l'Aconcagua, au Chili, qui a 7,291 mètres. En Europe, c'est le mont Blanc, en Savoie, qui a 4,815 mètres. Dans l'Océanie, c'est le Mouna-Roa, dans l'archipel d'Havaïi, qui a 4,838 mètres. Enfin, en Afrique, c'est le pic de Ténériffe, dans l'île de ce nom, qui a 3,710 mètres.

riaux de nature très-diverse, que ces matériaux ont été plusieurs fois bouleversés par des forces intérieures d'une intensité prodigieuse, et qu'ils sont placés, les uns par rapport aux autres, dans un ordre constant qui a été reconnu dans presque toute l'étendue des terres non couvertes par la mer. La *fig.* 1, qui est une coupe théorique de l'intérieur du globe, donne une idée des irrégularités de la croûte solide.

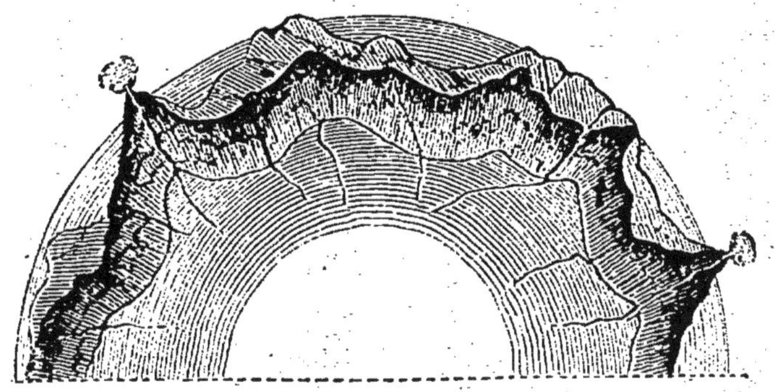

Fig. 1. — Coupe de l'intérieur du globe.

7. Les grandes masses qui constituent l'écorce terrestre doivent leur origine, les unes, à l'action des eaux superficielles : ce sont les *terrains neptuniens*[1] ; les autres, à l'action du feu central : ce sont les *terrains plutoniens*[2].

Les terrains neptuniens se trouvent à la surface et les plus anciens sont les plus profonds. Ils se présentent en couches qui se recouvrent l'une l'autre, en gardant un ordre fixe de superposition. Ce sont des dépôts de matériaux qui, après avoir été réduits en poudres plus ou moins fines, ont été entraînés par les eaux dans le lit des fleuves, des lacs et des mers, où ils ont fini par tomber au fond, par un simple effet de la pesanteur.

Les terrains plutoniens se trouvent au-dessous des précédents en couches plus ou moins irrégulières, ou bien ils

1. *Neptunien.* De Neptune, dieu de la mer, dans la mythologie des Grecs et des Romains.
2. *Plutonien.* De Pluton, dieu des enfers, dans la même mythologie.

y sont intercalés comme des espèces de coins. Poussés par les forces intérieures, ils ont soulevé, disloqué les terrains neptuniens, souvent même ils les ont percés et se sont épanchés par-dessus, tantôt en *nappes* d'une grande largeur, tantôt en bandes étroites, qu'on appelle *coulées*. A la différence de ces derniers, les plus profonds sont, au contraire, les plus récents.

8. Dans tous les cas, les terrains qui constituent l'écorce terrestre se sont formés peu à peu, à des époques plus ou moins éloignées. Enfin, quand à la suite de plusieurs bouleversements successifs, cette écorce eut pris l'aspect qu'elle nous présente encore aujourd'hui, Dieu, la jugeant propre à recevoir des habitants, ordonna, suivant l'expression des Livres saints, « que la lumière fût faite, et la lumière se fit. »

DEUXIÈME LECTURE.

Les Éruptions volcaniques.

Définition des « volcans. » Ce qu'on entend par « volcans éteints, » « volcans en activité, » « volcans sous-marins, etc., » « cratères. » Les volcans actifs sommeillent souvent. Signes précurseurs de leur réveil. Tableau d'une éruption. Ravages de la « lave. » Comment les éruptions finissent. Le Vésuve et Pompéia : éruption de l'an 79, mort de Pline l'Ancien. Effets des volcans sous-marins : îles qu'ils produisent. Nombre des volcans actifs : il est difficile à déterminer ; pourquoi. Remarques sur leur situation et leur disposition. Volcans éteints. Quelle est la cause des éruptions volcaniques ? Les volcans sont les soupapes de sûreté de la terre.

1. Les **volcans** sont des montagnes plus ou moins élevées (*fig.* 2), des portions du sol plus ou moins étendues, d'où s'élancent, avec accompagnement de bruit, de chaleur et souvent de secousses violentes, des flammes, de la fumée, des gaz et des vapeurs[1], ainsi que des substances pier-

1. On donne le nom de *gaz*, du mot allemand *gahst*, esprit, âme, à tous les

reuses altérées par le feu ou à l'état de fusion. On donne aussi ce nom aux montagnes que leur forme et la nature des matières dont elles sont composées démontrent avoir été le siége de phénomènes semblables. Ces dernières constituent ce qu'on appelle les *volcans éteints*, tandis que les autres sont les *volcans actifs* ou *en activité*. On distingue encore les *volcans terrestres*, qui sont à la surface de la terre, et les *volcans sous-marins*, qui se trouvent au sein des mers. Dans tous les cas, les substances rejetées sortent, tantôt par des fentes ou crevasses, tantôt par des espèces de

Fig. 2. — Volcan

cheminées ou de bouches semblables à d'immenses enton-

corps qui sont analogues à l'air atmosphérique par leur transparence et, en général, par l'ensemble de leurs propriétés physiques. Tout le monde connait celui de ces corps qui fait pétiller et mousser le cidre, la bière, et qu'on appelle *gaz acide carbonique*; et celui qui pique si désagréablement le nez quand on fait brûler du soufre, et qu'on appelle *gaz acide sulfureux*. Certains gaz sont permanents à la température ordinaire. D'autres, au contraire, ne se produisent que momentanément, quand un liquide ou un solide se trouve soumis à une chaleur convenable. Ces derniers se nomment particulièrement « vapeurs ; » exemple, la *vapeur d'eau*.

noirs : ce sont ces bouches, ces cheminées, qu'on nomme *cratères*[1].

2. Les volcans en activité ne rejettent pas continuellement des matières embrasées; ils ont, au contraire, des moments de repos, qui peuvent durer des années et des siècles. Pendant leur période de tranquillité, la plupart dégagent simplement de la fumée ou des vapeurs blanchâtres, qui se dissipent promptement dans l'air. Mais qu'une *éruption*[2] se prépare, et aussitôt la scène change étrangement. C'est qu'en effet des signes certains annoncent, assez longtemps à l'avance, les crises volcaniques.

D'abord, ce sont des bruits souterrains, comparables au roulement d'une voiture sur le pavé ou à des décharges d'artillerie, qui semblent venir de loin, augmentent peu à peu d'intensité et agitent sensiblement le sol. En même temps, les sources de la contrée tarissent, la mer s'agite, les reptiles sortent de terre, les animaux témoignent une grande inquiétude. Une fumée abondante sort du cratère et monte perpendiculairement, à moins que le vent ne lui imprime sa propre direction. A mesure que le moment de la crise approche, les bruits redoublent, la terre tremble, la fumée s'échappe à flots plus pressés. Bientôt, à cette fumée se joignent des vapeurs qui, en s'affaissant par leur propre poids, enveloppent la montagne d'un brouillard épais et fétide. A chaque instant, ce brouillard est traversé dans tous les sens par des jets de matières incandescentes, qui, semblables à des fusées d'artifice, s'élancent dans l'air avec fracas, puis s'épanouissent et vont tomber plus ou moins loin sous la forme d'une grêle de scories ou pierres calcinées[3],

1. Du mot latin *crater*, coupe, parce qu'en effet ces cheminées ont le plus souvent la forme d'une coupe, d'un bol.

2. *Éruption*. Du latin *erumpere*, sortir avec force, s'échapper avec violence. C'est l'expression consacrée pour désigner l'ensemble des phénomènes que présentent les volcans actifs, dans le moment où, de l'intérieur de la terre, ils lancent des matières embrasées.

3. Ces pierres calcinées ont un aspect boursouflé et sont criblées de trous. Certaines variétés sont employées, sous le nom de *pierre-ponce*, par les menuisiers, les parcheminiers, les doreurs, les marbriers, les chapeliers, pour polir leurs ouvrages.

ou sous celle d'une pluie de cendres ou de sable. Parfois, ces dernières sont transportées par les vents à des distances très-considérables, et donnent naissance à des nuages qui obscurcissent le soleil.

Il arrive quelquefois que l'éruption se borne à ces phénomènes, mais il en est rarement ainsi. Ordinairement, une matière en fusion, la *lave*, qui, depuis longtemps, bouillonnait dans le cratère, déborde au-dessus de celui-ci, ou bien s'ouvre un passage à travers les roches qui la retenaient captive. On la voit alors s'échapper comme un fleuve de feu dont les sources ardentes semblent intarissables. Elle marche avec une vitesse qui dépend de la hauteur de son point de départ et de la pente sur laquelle elle coule. On la voit s'avancer, s'étendre, s'élargir, surmontant les inégalités du sol, incendiant les forêts, détruisant les villages, renversant les constructions les plus solides, et frappant de stérilité les campagnes les plus fertiles en les couvrant d'une couche pierreuse impénétrable à la fois au fer des hommes et aux rayons vivifiants du soleil[1].

Des courants d'eau et de boue, d'une puissance prodigieuse, sortent aussi quelquefois des bouches volcaniques. Les pluies de l'atmosphère et les neiges fondues viennent encore augmenter les ravages. Enfin, des gaz délétères s'accumulent dans les lieux bas et font périr les animaux et les végétaux.

Aussitôt après que la lave est sortie, les bruits et les secousses cessent, les explosions et les matières rejetées diminuent, et le volcan semble vouloir s'assoupir; mais bientôt une nouvelle crise succède à la première, et les mêmes phénomènes se reproduisent pendant plus ou moins longtemps. A la fin, la tranquillité se rétablit complétement, et de minces filets de fumée, qui s'échappent du cratère, indiquent seuls « qu'une puissante activité sommeille, et que son réveil viendra renouveler des désastres dont Dieu seul peut connaître le jour et l'éten-

1. Plus tard, quand la *lave* est entièrement refroidie, elle fournit, comme nous le verrons plus loin, une excellente pierre de construction.

duc. » Peu à peu la population revient, les champs épargnés sont rendus à la culture, et, au bout de quelques années, il ne reste plus d'autres traces du désordre que les amas de cendres et de scories, et les courants de lave, où l'art des constructions saura bientôt trouver de précieuses ressources[1]. Quand le volcan jouit d'un calme parfait, on voit souvent le cratère s'obstruer et ses flancs se couvrir d'une magnifique végétation qui, dans les hautes régions, est remplacée par une épaisse couche de neige. Quelquefois même, il s'y forme des lacs dont les eaux se peuplent de poissons.

3. La durée des éruptions est extrêmement variable. Parfois, elle ne dépasse pas quelques minutes; mais, le plus souvent, elle est de plusieurs jours. Dans certains cas, on les voit se prolonger pendant des mois et des années. On en cite même de l'Hécla, en Islande, qui ont duré jusqu'à dix ans sans interruption.

4. Parmi les éruptions dont l'histoire nous a conservé le souvenir, la plus célèbre est celle que fit le Vésuve, l'an 79 de notre ère. Elle détruisit plusieurs villes, dont une, Pompéia, comptait près de quarante mille habitants et était éloignée de la montagne de sept kilomètres en ligne droite. Nous allons en donner une courte description, d'après les renseignements que les anciens eux-mêmes nous ont laissés.

Depuis des siècles, le Vésuve sommeillait et ses pentes étaient couvertes de vignes et de maisons de plaisance, lorsque, vers l'an 50, un tremblement de terre dévasta tout le pays. A ce premier signal du réveil du géant succédèrent plusieurs autres tremblements de terre semblables. Au plus grand, qui eut lieu en février 63, Pompéia, Herculanum et un grand nombre de bourgs ou de villages furent en partie bouleversés. A un autre, qui arriva l'année suivante, l'empereur Néron, de passage à Naples, faillit périr dans un théâtre, qui s'écroula au moment où il venait d'en sortir.

1. Voyez la quarante et unième Lecture.

Le danger passé, les habitants des villes ruinées relevèrent leurs édifices, et ils recommençaient à vivre en sécurité, quand, le 23 août 79, première année du règne de Titus, la montagne, ouvrant tout à coup ses abîmes, se déchira en plusieurs endroits, vomit des torrents de flamme et d'eau, et lança, sur toute la contrée, des masses énormes de débris de toutes sortes. L'éruption dura trois jours. Quand elle fut terminée, on s'aperçut que la côte voisine avait disparu, et que des monceaux de pierres calcinées et de cendres occupaient la place où s'élevaient neuf villes : Pompéia, Herculanum, Résina, Stabies, Oplonte, Tegianum, Tauranie, Cose et Veseris. Ces villes furent détruites, non par des laves, ainsi qu'on pourrait le croire, mais par des boues liquides formées de cendres et de petites pierres ponces, qui, se répandant et pénétrant partout, remplirent tous les interstices des édifices sans les renverser comme aurait fait la lave. Il paraît aussi que la chute des matières eut lieu comme par ondées, ce qui permit à la population de se sauver, en sorte que ceux, en très-petit nombre, qui périrent, le durent à des circonstances indépendantes des effets du volcan.

La plus illustre victime de l'éruption fut le grand naturaliste Pline l'Ancien[1]. Il commandait la station navale que les Romains entretenaient à Misène[2]. A la nouvelle de l'événement, il monte sur un de ses navires et accourt à Résina pour en secourir la garnison. Repoussé par le danger, qui croît à chaque instant, il aborde à Stabies, arrive chez un de ses amis, prend un bain, soupe tranquillement et se livre au sommeil, dans l'espoir que son propre calme diminuera un peu la terreur des habitants. Cependant, le temps presse, la cour qui conduit à sa chambre commence à se remplir de cendres ; les maisons de la ville sont tellement secouées, qu'elles semblent jetées de côté

1. Pline l'Ancien, ainsi appelé pour le distinguer de son neveu Pline le Jeune, était né à Côme, l'an 23 de notre ère. Il entrait dans sa cinquante-septième année quand il périt. Nous lui devons le seul grand ouvrage que les anciens nous aient laissé sur les sciences physiques et naturelles.

2. A 22 kilomètres du Vésuve.

et d'autre, puis, quelques instants après, remises à leur place. La mort devenant imminente, on l'éveille, on le presse de fuir; mais la mer, violemment agitée, le repousse; il court alors vers la campagne, et bientôt un nuage de cendres et de fumée sulfureuse l'enveloppe et l'étouffe.

Pline le Jeune, qui n'ayant pu accompagner son oncle, était resté à Misène avec sa mère, n'échappa lui-même à la mort que par une espèce de miracle. Voici comment il raconte sa fuite : « La nuée se précipite sur la terre, enveloppe la mer, dérobe à mes yeux l'île de Caprée et nous fait perdre de vue le promontoire de Misène. Ma mère me supplie, m'ordonne de chercher un moyen pour me sauver; elle me démontre que cela est facile à mon âge, mais qu'elle, au contraire, appesantie par l'âge et par la corpulence, ne pourra me suivre; qu'elle mourra contente si elle n'est pas la cause de ma mort. Je lui déclare qu'il n'y a de salut pour moi qu'avec elle; je la prends par la main, je la force à m'accompagner; elle cède malgré elle, en se reprochant de me retarder.

« Déjà la cendre commençait à tomber sur nous, quoique en petite quantité; je tourne la tête, et je vois derrière moi une fumée épaisse qui nous poursuit, en se répandant comme un torrent sur la terre. Pendant qu'on y voyait encore, je crie à ma mère : « Quittons le grand chemin, la foule nous écrase. »

« A peine nous étions-nous écartés, que les ténèbres augmentent à tel point qu'on aurait pu se croire au milieu d'une de ces nuits noires et sans lune, ou dans une chambre dont toutes les lampes sont éteintes. On n'entendait que les lamentations des femmes, les gémissements des enfants, les cris des hommes. L'un appelait son père, l'autre son fils ou sa femme; ils ne se reconnaissaient qu'à la voix. Il y en avait auxquels la crainte de la mort faisait invoquer la mort même. Les uns imploraient le secours des dieux; les autres croyaient qu'il n'y en avait plus, et regardaient cette nuit comme la dernière, comme la nuit éternelle qui devait engloutir l'univers !... Et moi, je me consolai de mourir en m'écriant : « L'univers périt ! »

5. Ainsi que nous le savons, il y a également des volcans sous-marins. Quand ils font éruption, ils donnent naissance, par le soulèvement du fond de l'Océan, à des îles d'une étendue très-variable, dont quelques-unes continuent de subsister, tandis que les autres disparaissent au bout d'un certain temps, parce que l'espèce de pied ou de pilier dont elles forment comme le couronnement n'est pas assez solide pour les supporter, en sorte qu'il s'affaisse par son propre poids, ou est détruit par le choc des vagues.

Parmi celles de ces îles qui ont eu une existence éphémère, nous nous contenterons d'en citer deux : celle de Nyoe, sur la côte d'Islande, et celle de Sabrina, dans l'archipel des Açores, La première se montra en 1783, lors d'une terrible éruption du Skapta-Joekull. Elle se composait de hauts rochers noirs et escarpés, du milieu desquels s'élançaient des flammes, de la fumée et des pierres ponces[1]. Ces pierres étaient si abondantes qu'elles couvrirent la mer à une distance de plus de 100 kilomètres, et que la marche des navires s'en trouva presque embarrassée. Au bout de moins d'une année, il ne resta plus, à la place de l'île, qu'un amas de roches sur lequel il y avait de 8 à 40 mètres d'eau. La Sabrina parut en juin 1811. A cette époque, les habitants de Saint-Michel furent témoins d'un curieux spectacle. Non loin de leur ville, ils virent la mer lancer, à une hauteur prodigieuse, et avec de grands bruits, des quantités énormes de pierres calcinées et d'épaisses colonnes de cendres, que des jets de flammes venaient de temps en temps illuminer. Quand l'éruption eut cessé, ils aperçurent, sur le point où elle avait eu lieu, une île qui pouvait avoir près de deux kilomètres de tour, et dont les côtes, prodigieusement escarpées, s'élevaient d'environ deux cents mètres au-dessus de l'eau. Peu de mois après, elle s'abîma dans l'Océan.

1. Voyez la note 3 de la page 8.

Les îles volcaniques qui ont continué de subsister sont très-nombreuses. Telles sont, entre autres, celles qui forment le petit groupe de Santorin, dans l'Archipel grec.

6. Y a-t-il beaucoup de volcans actifs? Le nombre de ces volcans ne saurait être déterminé d'une manière exacte, parce qu'il n'est pas possible de savoir si telle montagne qui n'a pas donné signe de vie depuis longtemps ne se réveillera pas un jour, et si telle autre dont on connaît des éruptions en fera de nouvelles. Cette incertitude explique pourquoi plusieurs auteurs comptent moins de 200 volcans en activité, tandis que d'autres en admettent jusqu'à 500. Quoi qu'il en soit, il est un fait hors de doute, c'est que les volcans actifs ou réputés tels sont tous, sauf de rares exceptions, situés dans des îles ou à une petite distance de la mer[1]. Un autre fait non moins remarquable, c'est que les uns forment des groupes au milieu desquels s'élève un sommet principal, et que les autres sont alignés dans une même direction et à des distances relativement peu considérables.

7. Il nous reste maintenant à dire quelques mots des volcans éteints. Comme nous le savons, ils n'ont pas donné signe de vie depuis les temps historiques, mais Dieu seul sait s'ils ne se réveilleront pas un jour. Il existe de ces volcans dans presque toutes les contrées de la terre. En France, l'ancienne Auvergne en possède un grand nombre, tous placés sur le sommet de la chaîne du Puy-de-Dôme. Dans toutes ces montagnes, les anciennes bouches obstruées ne laissent plus échapper de vapeur, mais au-

1. D'après M. Arago, les volcans réellement actifs s'élèvent actuellement à 175, dont 113 dans les îles et 62 sur les continents. Ils se distribuent ainsi qu'il suit, entre les cinq parties du monde :

	Sur les continents.	Dans les îles.	En totalité.
Europe	1	11	12
Afrique	0	6	6
Asie	9	24	33
Amérique	52	10	62
Océanie	0	62	62
Totaux	62	113	175

tour jaillissent presque toujours d'abondantes sources thermales[1].

8. Quelle est la cause des éruptions volcaniques? On les attribue généralement au refroidissement séculaire du globe, dont la croûte solide pèse continuellement sur les matières en fusion qui se trouvent au-dessous d'elle, et la feraient éclater si les bouches volcaniques ne venaient leur livrer passage. A la poussée exercée par ces matières se joignent quelques actions particulières, telles que l'accumulation des gaz souterrains sur certains points, l'arrivée de l'eau de la mer, par des fissures naturelles, dans les cavités où la lave bouillonne, etc. Les volcans peuvent donc être comparés à des espèces de soupapes de sûreté[2] destinées à préserver la terre d'une formidable explosion.

1. Voyez, sur ce qu'on entend par *sources* ou *eaux thermales*, la note 1 de la page 5.

2. Par *soupape*, on entend une espèce de couvercle placé sur une ouverture de manière qu'il s'ouvre d'un côté, tandis que de l'autre il bouche exactement cette ouverture. La chaudière des machines à vapeur est toujours munie d'un appareil de ce genre qu'on appelle « soupape de sûreté, » parce qu'il a pour objet d'empêcher qu'elle n'éclate sous l'action de la vapeur. Pour cela, cet appareil est disposé de telle sorte qu'il s'ouvre de lui-même pour laisser échapper une partie de la vapeur, quand celle-ci a une force supérieure à la résistance du métal dont la chaudière est faite.

TROISIÈME LECTURE.

Les Tremblements de terre.

En quoi consistent les « tremblements de terre. Ils se manifestent de différentes manières. Variations dans leur durée, leur intensité et leur rayon d'action. Effets des grands tremblements de terre. Signes précurseurs qui les annoncent. On ne les étudie avec soin que depuis deux cents ans. Tremblements de terre de la Jamaïque, en 1692; de la Sicile en 1693; du Pérou, en 1746; de Lisbonne, en 1755; de la Calabre, en 1783; de Rio-Bamba, en 1797, etc. Lieux les plus exposés aux tremblements de terre. Cause des tremblements de terre.

1. Ainsi que leur nom l'indique, les **tremblements de terre** sont des secousses plus ou moins violentes,

des ébranlements plus ou moins forts qu'éprouve la croûte terrestre sur une portion plus ou moins étendue de sa surface.

2. On a observé beaucoup de variations dans la manière dont le sol est agité. Très-souvent, c'est une simple trépidation comme si la terre était choquée de bas en haut sur un point unique. D'autres fois, le sol éprouve un mouvement ondulatoire, qui offre une grande ressemblance avec le roulis [1] d'un navire sur une mer agitée, et qui se propage à de très-grandes distances. Enfin, dans quelques cas, les portions de la croûte terrestre où le phénomène a lieu sont soumises à une espèce de tournoiement.

3. En général, les tremblements de terre ne durent que quelques secondes; mais, dans certains pays, ils se manifestent à des intervalles plus ou moins rapprochés, pendant des semaines et des mois entiers. C'est ainsi qu'au Pérou on en a vu se répéter chaque jour pendant plusieurs années de suite.

Ordinairement, les effets de l'agitation du sol ne se font sentir que sur un espace assez restreint. Quelquefois, au contraire, l'ébranlement se propage dans un rayon de plusieurs centaines de lieues autour de son point d'origine.

Il y a des tremblements de terre tellement faibles qu'ils sont à peine sensibles, et d'autres dont la violence est prodigieuse. Dans ces derniers, les secousses sont parfois si fortes, que non-seulement elles renversent les édifices les plus solides, mais encore qu'elles bouleversent toute la profondeur du sol, changent le cours des rivières, engloutissent des montagnes ou en font surgir de nouvelles, et même soulèvent d'une manière permanente de vastes étendues de pays. Après de pareils ravages, il arrive souvent que la terre reste crevassée, dé-

1. On appelle *roulis* le balancement qu'éprouvent les navires dans le sens de la largeur, et par suite duquel ils penchent tantôt à droite et tantôt à gauche, alternativement. On l'oppose à un autre balancement nommé *tangage*, qui a lieu dans le sens de la longueur.

chirée de mille manières, et que, des fissures qui s'y sont formées, il s'échappe des vapeurs, des gaz, des flammes, des torrents d'eau et de boue, absolument comme dans une éruption volcanique.

Sur les côtes, à leurs effets ordinaires, les tremblements de terre en ajoutent d'autres provenant de la situation spéciale des lieux. Tantôt la mer s'élève à de grandes hauteurs, tantôt elle se retire précipitamment, puis, revenant avec violence, elle détruit tout ce qui se trouve sur son passage.

4. Les grands tremblements de terre sont souvent précédés des mêmes bruits sourds que les éruptions volcaniques, dont ils sont, du reste, comme nous l'avons dit, les signes précurseurs. En même temps, les sources tarissent, les eaux s'agitent, les reptiles sortent de leurs demeures souterraines, les animaux sont dans la plus vive inquiétude, etc. En annonçant les secousses que la terre va éprouver, ces signes peuvent donner aux hommes le temps de se sauver. Malheureusement, ils ne se manifestent pas toujours.

5. Le nombre des tremblements de terre qu'on a enregistrés est très-considérable, mais ce n'est que depuis environ deux cents ans qu'on les observe avec tout le soin convenable. Autrefois, en effet, on se bornait à en indiquer les circonstances les plus générales, tandis qu'aujourd'hui on en signale jusqu'aux moindres particularités, seule manière qui puisse permettre de les étudier complétement.

6. Parmi les tremblements de terre bien observés, un des plus anciens est celui qui, le 7 juin 1692, bouleversa la Jamaïque. Le sol fut secoué dans une direction horizontale; il se gonfla et ondula, comme si c'eût été la surface de la mer. D'énormes masses de terre se détachèrent des montagnes en entraînant des forêts séculaires. Les plaines furent sillonnées de crevasses qui engloutirent des centaines de personnes, et dont plusieurs s'ouvrirent et se fermèrent avec rapidité. Les neuf dixièmes de la ville de Fort-Royal furent renversés ou en

gloutis : plusieurs maisons même s'enfoncèrent verticalement et furent recouvertes aussitôt par les vagues. Pendant toute la durée du sinistre, la mer fut agitée comme dans une violente tempête, et une frégate, qui était en réparation le long du quai, fut poussée au-dessus du faite des maisons, où elle sauva la vie à un grand nombre d'habitants.

L'année suivante, c'est-à-dire le 11 janvier 1693, un tremblement de terre non moins terrible dévasta la Sicile. Catane et quarante-neuf autres villes ou villages furent presque entièrement détruits, et il périt environ cent mille personnes. Plusieurs des crevasses qui s'ouvrirent dans le sol lancèrent de l'eau sulfureuse : il sortit même de l'eau salée de l'une d'elles.

Le 28 octobre 1746, Lima, ville principale du Pérou, qui avait déjà été treize fois dévastée depuis 1582, fut complétement renversée, et toute la côte, sur une étendue de plus de quarante lieues, fut affreusement bouleversée. La ville de Callao, qui est le port de Lima, fut emportée par la mer avec ses habitants, dont deux cents à peine, sur quatre mille, réussirent à se sauver. Vingt-trois navires, qui se trouvaient alors dans cette ville, furent jetés par les vagues dans l'intérieur des terres. Ce tremblement de terre est un de ceux qui ont été annoncés par des bruits souterrains.

L'année 1775 est célèbre pour avoir vu le plus effroyable tremblement de terre qu'il y ait eu en Europe. Le 1er novembre, à 9 heures 45 minutes du matin, on entendit à Lisbonne un grondement souterrain semblable à celui du tonnerre, et immédiatement après une secousse d'une extrême violence renversa la plus grande partie de la ville. Les secousses se succédèrent pendant six minutes, et ce court espace de temps suffit pour faire périr plus de cinquante mille personnes. A ce désastre se joignit un immense incendie, dû aux feux allumés dans les maisons. Enfin, la mer, qui d'abord s'était retirée, se précipita avec furie dans le port et sur les quartiers voisins, et y fit d'indescriptibles ravages. En même temps, les montagnes des environs furent violemment ébranlées, plusieurs s'ouvrirent ou s'éboulèrent, et des flammes s'élancèrent de plusieurs crevasses.

Le tremblement de terre de Lisbonne se fit sentir dans presque toute l'Europe, ainsi que dans une partie de l'Afrique et de l'Amérique. A Alger et à Fez, dix mille personnes furent écrasées par la chute des édifices. A Kinsale, en Irlande, plusieurs navires, qui étaient dans le port, furent lancés sur une des places de la ville. Tous les lacs de la Suisse et de l'Écosse éprouvèrent une violente agitation. Sur les côtes de la Norvége, de la Suède, de l'Islande, du Groënland, la mer fut sensiblement soulevée. Enfin plusieurs des Antilles, surtout la Martinique, Antigoa et la Barbade, quoique éloignées de soixante mille kilomètres du Portugal, ressentirent l'ébranlement. Dans l'une des baies de cette dernière, la mer, qui, à la marée[1], ne dépasse jamais soixante-quinze centimètres, s'éleva jusqu'à six mètres, et l'eau devint en même temps noire comme de l'encre.

Le 5 février 1783 commença un autre tremblement de terre célèbre, qui dura près de quatre ans et désola les deux Calabres et la Sicile, en faisant périr soixante mille personnes et bouleversant le sol de mille manières. Il présenta plus de neuf cents secousses, dont cinq cent une de première force.

Quelques années après, le 4 février 1797, un phénomène semblable détruisit la ville de Rio-Bamba, dans l'Équateur. Dès les premières secousses, la terre se déchira sur une foule de points. « Des fentes s'ouvrirent et se fermèrent de telle façon, que des hommes purent se sauver en étendant les bras. Des troupes de cavaliers et de mulets chargés disparurent dans des crevasses qui se formèrent sous leurs pas, tandis que d'autres échappèrent au danger en se rejetant en arrière. La surface du sol fut successivement exhaussée et abaissée par des oscillations irrégulières, qui déposèrent sans secousse sur le pavé de

1. C'est-à-dire quand la mer s'avance sur le rivage. Voyez la sixième Lecture.

la rue des personnes placées quatre mètres plus haut dans le chœur d'une église. De vastes maisons s'enfoncèrent dans la terre avec si peu de dégâts, que les habitants, sains et saufs, purent attendre deux jours qu'on vînt les dégager; ils allèrent d'une chambre à l'autre, allumèrent des flambeaux et se nourrirent des provisions qu'ils avaient par hasard. Une chose non moins surprenante, c'est la disparition de masses aussi énormes de pierres et de matériaux de construction. La ville avait des églises et des cloîtres entourés de maisons à plusieurs étages, et cependant on ne trouva dans les ruines que des amas de pierres de deux mètres et demi à trois mètres de hauteur. » Enfin, un fait qui semble particulier à ce tremblement de terre, c'est qu'un grand nombre d'habitants furent lancés presque verticalement en l'air, et tombèrent sur une colline qui est haute de près de deux cents mètres et est séparée de Rio-Bamba par un ruisseau assez large.

En 1812, pendant un tremblement de terre qui eut lieu aux États-Unis, le sol fut tellement bouleversé que le cours du Mississipi se trouva interrompu et qu'il y eut un reflux momentané, c'est-à-dire que les eaux du fleuve remontèrent vers leur source. Dix ans après, au Chili, la côte fut élevée au-dessus de son niveau primitif, d'une manière permanente, sur une longueur de plus de cent quatre-vingts kilomètres. Cette élévation qui, sur le rivage, fut de soixante à cent vingt centimètres, se prolongea à une certaine distance dans les terres, où elle atteignit deux mètres.

7. Tous les points du globe sont sujets aux tremblements de terre; mais certaines contrées y sont infiniment plus exposées que les autres : ce sont celles où se produisent des éruptions volcaniques. C'est qu'en effet ces deux sortes de phénomènes sont dus à la même cause. La terre tremble par suite des efforts que font, pour s'échapper, les matières en fusion, les gaz ou les vapeurs[1] que recèle

1. Voyez, sur ce qu'on entend par *gaz* et *vapeurs*, la note de la page 6.

l'intérieur du globe, et les secousses ne cessent ordinairement que lorsque ces matières, ces gaz ou ces vapeurs, ont réussi à se faire jour par une bouche volcanique. C'est ce qui explique pourquoi les grands tremblements de terre sont presque toujours suivis de l'éruption d'un ou de plusieurs volcans. Toutefois, si vastes et si nombreux que soient ces derniers, ils ne suffisent pas toujours à préserver notre globe des effets des tremblements de terre. Ainsi, les bouches nombreuses qui se formèrent sur le Vésuve en 1855, eurent beau, deux ans plus tard, vomir des fleuves de lave, des masses de cendres et des torrents de flamme, elles ne purent éviter à la Calabre les effrayantes secousses qui détruisirent une multitude de bourgs et de villages, et coûtèrent la vie à plus de trente mille personnes.

QUATRIÈME LECTURE.

Les Puits de feu, les Fontaines ardentes, les Feux follets.

« Jets de gaz naturels. » Lieux où ils se trouvent. Comment ils s'enflamment. Ils ne sont pas dus à l'action volcanique, mais à la décomposition des combustibles minéraux. Jets qui brûlent depuis des siècles : feux du mont Chimère, temples de Bakou. En quoi consistent les « fontaines ardentes » et les « rivières inflammables. » Singulière illumination aux États-Unis : candélabres de glace. A quoi servent les feux naturels. « Puits de feu » de la Chine. Comment les pauvres se chauffent dans ce pays. Les « feux follets. »

1. Dans plusieurs parties des États-Unis et du Canada, ainsi qu'en Chine, en Italie, au Thibet, dans les îles Malaises, dans l'Inde, sur les bords de la mer Caspienne, il sort de terre lentement, mais d'une manière continue, des jets de gaz[1], qui tantôt prennent feu spontanément, et tan-

1. Voyez, sur ce qu'on entend par *gaz* et *vapeurs*, la note de la page 6.

tôt ne s'embrasent que lorsqu'on en approche un corps en ignition. Les flammes qu'ils produisent ne sont pas éteintes par le vent. Elles ont le plus souvent un ou deux mètres de hauteur, mais quelquefois elles s'élèvent beaucoup plus haut, même jusqu'à trente mètres, comme on l'a observé aux environs de Cumana, dans l'Amérique du Sud. Parmi ces flammes, les unes, qui sont bleues, ne deviennent visibles que pendant la nuit, tandis que les autres, qui sont blanches, jaunes ou rougeâtres, peuvent être vues en tout temps. Elles répandent toutes une odeur légèrement suffocante et une chaleur assez forte pour être sensible à plusieurs mètres de distance.

2. Quelle est l'origine de ces jets de gaz? On les a d'abord attribués à la même cause qui produit les phénomènes volcaniques; mais, comme ils se trouvent presque toujours dans les terrains où il existe, soit des houilles ou des lignites, soit des schistes carbonifères ou bitumineux, il est évident qu'ils proviennent de la décomposition de ces matières. Ils sont d'ailleurs formés des mêmes gaz que l'on rencontre journellement dans les houillères, et dont les plus abondants sont l'hydrogène carboné et l'hydrogène sulfuré[1].

3. Plusieurs jets de gaz paraissent brûler depuis un grand nombre de siècles. Tels sont, entre autres, ceux d'une montagne de l'Asie Mineure qui, cités par le naturaliste romain Pline, il y a dix-huit cents ans, ont été reconnus de nouveau, en 1811, par un voyageur français. Mais les plus remarquables de ces phénomènes se voient autour de la mer Caspienne, principalement aux environs de Bakou, ville de la Russie asiatique. Le territoire de cette ville doit même à ses nombreux jets de gaz d'être devenue la terre sacrée des Guèbres, adorateurs du feu[2]. Le

1. *Hydrogène.* Du grec *hydôr*, eau, et *génos*, origine. Gaz incolore, quatorze fois et demie plus léger que l'air, éminemment inflammable. Son nom vient de ce qu'il est un des principes constituants de l'eau. « L'hydrogène carboné » se compose d'hydrogène et de carbone, tandis que « l'hydrogène sulfuré » est formé d'hydrogène et de soufre.

2. Le feu a été adoré par un grand nombre de peuples, notamment par les

plus important de ces jets se trouve dans l'intérieur d'un temple qui a été construit exprès pour l'entretenir. Des cheminées, hautes de huit mètres, surmontent l'édifice, et, la nuit, la flamme qui s'en échappe éclaire au loin le pays. Enfin, les prêtres chargés de rallumer le feu, si quelque accident venait à l'éteindre, font du gaz un commerce assez lucratif; ils le recueillent dans des vessies ou dans des bouteilles et l'expédient au loin à leurs coreligionnaires.

4. Souvent, le gaz sort de terrains situés au-dessous de nappes d'eau. Dans ce cas, il brûle à la surface du liquide, sans que celui-ci influe en rien sur la production du phénomène. De là, l'origine des *fontaines* ou *sources ardentes* et des *rivières inflammables*, que l'on regardait autrefois comme des merveilles incomparables.

Il existe aux États-Unis de nombreuses sources ardentes, surtout près de Canandaigua, dans l'État de New-York. Le gaz, dit un voyageur, apparaît en petites bulles, à la surface de l'eau, et il ne s'enflamme que lorsqu'on en approche un corps allumé. Quand il sort directement du roc, il donne une flamme brillante et continue que des pluies d'orage peuvent seules éteindre. Il est impossible de voir sans surprise ce feu qui court sur les ondes, et la vive imagination des Grecs n'eût pas manqué de prendre pour le fleuve des Enfers ces ruisseaux américains avec leurs vagues enflammées. Le phénomène est surtout remarquable en hiver, lorsque la terre est couverte de neige, et que la flamme qui en sort contraste avec la blancheur du sol. Dans les temps très-froids, la glace forme des espèces de tubes de soixante à quatre-vingts centimètres du haut, d'où le gaz s'échappe; on dirait alors de grosses bougies fixées sur des candélabres d'argent, et rien ne peut donner une idée du spectacle à la fois bizarre et magnifique que présente la campagne, quand, au milieu

anciens Perses, qui le regardaient comme l'expression la plus pure de la Divinité. Il compte même encore, en Asie, quelques milliers de partisans, qui sont répandus dans l'empire russe, dans l'Inde, en Perse et dans le Farsistan. Le nom de *guèbre*, sous lequel on les désigne, vient d'un mot persan qui signifie *infidèle*, et leur a été donné par les musulmans ou mahométans.

d'une nuit bien noire, elle se trouve illuminée par des milliers de ces becs de gaz, à l'installation desquels la main de l'homme est tout à fait étrangère.

5. Partout où ils existent, les feux naturels sont généralement utilisés pour préparer les aliments, éclairer et chauffer les habitations, cuire les briques et les poteries, faire évaporer les liquides salins, etc. Pour les rendre propres à ces divers usages, il suffit de faire circuler le gaz dans des tuyaux, qui l'amènent là où il doit être brûlé, absolument comme on fait aujourd'hui, dans nos villes, pour distribuer le gaz d'éclairage aux consommateurs.

Dans certaines provinces de la Chine, où les feux naturels sont très-nombreux, on les emploie surtout pour chauffer les chaudières où l'on traite l'eau extraite de puits salés. Le gaz sort des puits eux-mêmes ; il est quelquefois si abondant, qu'on ne peut en utiliser qu'une partie, et qu'on est obligé de faire perdre le reste dans l'air. « Le feu de ce gaz, dit un témoin oculaire, ne produit pas de fumée, mais une odeur très-forte de bitume qu'on sent à deux lieues à la ronde. La flamme est rougeâtre comme celle du charbon; elle n'est pas attachée et enracinée à l'orifice des tubes, mais elle voltige à cinq centimètres au-dessus et s'élève à plus d'un demi-mètre. » Certains puits donnent à la fois du gaz et de l'eau salée. D'autres, au contraire, ne donnent que du gaz. Ce sont ces derniers que l'on désigne plus particulièrement sous le nom de *puits de feu*. Au reste, le terrain de la contrée est constitué de telle sorte qu'il suffit d'y foncer un trou peu profond pour obtenir un jet de gaz, ce qui donne à une partie de la population un moyen de chauffage aussi simple qu'économique. « Dans l'hiver, dit le voyageur dont nous venons de parler, les pauvres, pour se chauffer, creusent en rond le sable à trente ou trente-cinq centimètres de profondeur : une dizaine de malheureux s'assoient autour ; avec une poignée de paille, ils enflamment ce creux, et ils se chauffent de cette manière aussi longtemps que bon leur semble ; ensuite, ils comblent le trou avec du sable, et le feu s'éteint. »

6. Les flammes légères qui apparaissent la nuit sur le bord des étangs et dans les cimetières, au grand effroi des campagnards ignorants et superstitieux, sont des phénomènes tout aussi naturels que ceux dont nous venons de parler. Ces *feux follets*, ces *flambards*, comme on les appelle, sont des vapeurs d'hydrogène phosphoré[1] qui se produisent partout où il y a des substances animales en putréfaction enfouies au sein de la terre humide. Ces vapeurs se glissent à travers les fissures du sol et viennent se répandre dans l'atmosphère, où elles prennent feu d'elles-mêmes. Elles sont plus communes en été qu'en hiver, parce que, pendant la saison chaude, la décomposition spontanée des matières qui leur donnent naissance est plus active que pendant la saison froide. Dans les vastes marais des États-Unis, surtout dans la vallée où coule le Connecticut, elles sont beaucoup plus abondantes que dans tout autre pays, et, très-souvent, elles sont une cause de déceptions et de périls pour les voyageurs égarés pendant la nuit.

CINQUIÈME LECTURE.

Mirage.

L'armée française en Égypte. La soif dans le désert. Les lacs insaisissables. « Le mirage. » Le ciel se transforme en nappes d'eau. Villages qui changent de place. Navire qui a son sosie. Apparitions merveilleuses: chasseurs, armées, animaux dans l'air, etc. Phénomène de la fée Morgane: en quoi il consiste. Une ville merveilleuse au Groënland.

1. A la fin du siècle dernier, pendant l'immortelle campagne d'Égypte[2], quand, après la prise d'Alexandrie, l'ar-

1. *Hydrogène phosphoré.* Gaz composé d'hydrogène (voy. la note 1 de la page 22), et d'une substance appelée « phosphore, » qui existe dans presque toutes les parties du corps des animaux, et qui possède la propriété d'être lumineuse dans l'obscurité. On sait que cette substance entre dans la composition de la pâte des allumettes chimiques.

2. L'armée partit de Toulon le 19 mai 1798, et ses derniers bataillons quitté-

mée française se dirigea vers le Caire, elle eut à supporter les douleurs d'une soif atroce, au milieu de plaines immenses calcinées par un soleil de feu, sous une atmosphère chargée de sable brûlant.

Toutes les ambitions, dans cette marche pénible où l'on ne rencontra aucun ennemi, n'aspiraient qu'à obtenir quelques gouttes d'eau pour calmer des souffrances inouïes.

« De l'eau! de l'eau! » tel était le cri universel. Tout à coup, comme si une fée bienfaisante exauçait leurs prières, nos soldats voyaient devant eux, à une distance de 3 ou 4 kilomètres, comme un lac immense dont la surface unie comme un miroir, scintillait de mille feux. Tous alors hâtaient le pas, redoublaient d'efforts pour atteindre plus tôt l'eau bienheureuse; mais, à mesure qu'ils avançaient, le lac s'éloignait, et, lorsqu'ils arrivaient sur le terrain qui leur avait semblé inondé, ils ne trouvaient qu'un sable fin et aride.

« Des plaines aqueuses, dit un témoin oculaire, l'illustre chirurgien Larrey[1], semblaient nous offrir le terme de nos maux, mais ce n'était que pour nous replonger dans une plus grande tristesse, d'où résultaient l'abattement et la prostration de nos forces, qui se porta, chez plusieurs de nos braves, au dernier degré. Appelé trop tard pour quelques-uns d'entre eux, mes secours devenaient inutiles, et ils périssaient comme par extinction. »

2. Le phénomène qui tourmenta si cruellement notre armée est désigné par les savants sous le nom de **mirage**. C'est une illusion, une erreur du sens de la vue, qui provient de l'inégale densité[2] des couches de l'atmosphère,

rent l'Egypte au commencement de septembre 1801. Cette expédition n'eut pas d'utilité immédiate, mais elle popularisa le nom français en Orient et prépara l'Egypte à sortir de la barbarie.

1. Larrey (Dominique-Jean), un de nos plus illustres chirurgiens militaires, né à Baudean (Hautes-Pyrénées), en 1766, mort à Lyon, en 1842.

2. La *densité* est la quantité plus ou moins grande de matière que les corps contiennent sous le même volume. Ainsi, à volume égal, les différentes couches de l'atmosphère ne contiennent pas toutes la même quantité d'air; plus elles sont élevées, moins elles en renferment, par conséquent moins elles sont denses. Voyez, comme complément de cette note, celle de la page 31.

quand les couches les plus inférieures se trouvent dilatées[1] par leur contact avec un sol plus fortement échauffé. Les lacs que l'on croyait apercevoir étaient tout simplement des images du ciel renvoyées aux yeux par les couches d'air inférieures qui, beaucoup plus échauffées que les autres, faisaient voir le bleu azuré de ces images à peu près comme un miroir fait voir les objets placés devant lui. Ce qui achevait de tromper le sens de la vue et donnait aux images réfléchies du ciel l'apparence d'un lac, c'était une espèce de tremblement qu'on y observait, et qui leur donnait à peu près le même aspect ridé que le vent produit à la surface de l'eau.

3. Le mirage se manifeste fréquemment dans les grandes plaines, quand le temps est calme et le sol fortement échauffé par le soleil. Il est surtout commun en Arabie et en Égypte, où, dès la plus haute antiquité, il a été l'objet d'observations assidues. Dans la partie de ce dernier pays qu'on appelle Delta, le sol forme une plaine parfaitement horizontale, mais les villages sont presque tous bâtis sur des éminences. Le matin et le soir, ils paraissent dans leur situation réelle; mais, dans la journée, quand le terrain est fortement échauffé, celui-ci, vu de loin, ressemble à un lac, et les villages semblent construits sur des îles et se refléter dans l'eau. A mesure qu'on approche, le lac disparaît, et le voyageur mourant de soif est trompé dans son attente.

4. On connaît une foule d'autres curieuses apparences dues au mirage. Nous en citerons quelques-unes.

Quand un navire est en mer, il arrive fréquemment qu'on le voit double. Seulement, le navire apparent se montre tantôt droit et tantôt renversé, comme aussi tantôt il est situé au-dessus ou au-dessous du navire réel, et tantôt il le précède ou le suit.

Souvent les objets réels dont on aperçoit l'image sont séparés de l'observateur par des distances plus ou moins considérables qui les dérobent à sa vue. C'est ainsi qu'un

1. La *chaleur* « dilate » tous les corps, c'est-à-dire les fait augmenter de volume.

jour des officiers anglais se promenant sur le bord de la mer, virent trois gros navires se diriger droit, toutes voiles dehors, sur un point du rivage parsemé d'écueils. Sachant combien cet endroit était dangereux, ils leur firent des signaux de s'éloigner, mais presque au même instant, les navires disparurent subitement. Quelques moments après, une haute muraille de rochers leur sembla sortir du sein des flots. Elle s'évanouit à son tour. Enfin les trois navires se montrèrent de nouveau, mais un peu plus loin que la première fois, restèrent stationnaires pendant quelques minutes, puis s'évanouirent lentement.

5. Dans certains cas, les apparitions ont lieu, non plus sur la terre ou sur la mer, mais dans l'air. Les relations des navigateurs contiennent de nombreux récits de vaisseaux dont les images ont été vues dans l'air, lorsqu'ils étaient encore sous l'horizon. Parfois même, ces images offrent une telle netteté qu'il est possible de savoir à quels navires elles appartiennent. Ce sont des phénomènes du même genre que ces troupeaux, ces forêts, ces châteaux, ces villages, ces chasses, ces cavaliers, ces troupes de gens armés, etc., que l'on voit quelquefois dans l'air, et qui avaient anciennement le privilége d'effrayer les populations.

6. C'est encore au mirage qu'est dû le phénomène dit de la *fée Morgane*, que, dans certaines circonstances, on observe dans le détroit de Messine, entre la Sicile et les côtes de l'Italie. Si un spectateur a le dos au soleil et fait face à la mer, il aperçoit sur la surface de l'eau des palais magnifiques, des châteaux, de hautes tours, des fragments d'architecture, des vallées où paissent des troupeaux, etc., qui glissent rapidement tant que dure leur apparition, et qui sont tout simplement les images d'objets situés sur le rivage.

7. Enfin, c'était probablement encore un effet du mirage que le spectacle magnifique dont fut témoin le capitaine anglais Scoresby, dans un de ses voyages au Groënland. « La vue générale de la côte était celle d'une cité antique

abondante en ruines de châteaux, d'obélisques[1], d'églises, de monuments et autres constructions vastes et remarquables; quelques sommités étaient couronnées de tours, de créneaux[2], tandis que d'autres montraient de grandes masses de rochers, qui semblaient suspendues dans l'air, à une hauteur considérable au-dessus de celle des montagnes auxquelles elles appartenaient. Le tout semblait une vaste fantasmagorie. A peine avait-on le temps de dessiner la forme d'un objet, qu'elle changeait entièrement. C'était tantôt un château, tantôt une cathédrale ou un obélisque; puis s'étendant horizontalement et s'ajoutant aux montagnes voisines, ces objets réunissaient les vallées intermédiaires, quoique d'une largeur de plusieurs milles[3], par un pont d'une seule arche de la plus grande magnificence. »

SIXIÈME LECTURE.

La Mer.

Étendue relative de la « mer. » Elle est le grand réservoir des pluies. Nombreuse population de la mer. Idées qu'on doit se faire du fond de la mer, de sa profondeur, de son volume. Odeur et saveur de l'eau de la mer : quelle en est la cause? L'eau de mer est-elle uniformément salée? Effets de cette salure. Admirable transparence de l'eau de mer. Phosphorescence de la mer : en quoi elle consiste, quelle en est la cause? Mouvements de la mer : « marées, » « courants. » Ce qu'il faut croire de la hauteur des vagues et de leur force.

1. Les savants sont tous d'accord sur ce point, que la **mer** ou **océan** couvre près des trois quarts de la surface du globe, mais sa distribution est très-inégale, soit

1. *Obélisques.* Du grec *obélos*, aiguille. On appelle ainsi des pyramides quadrangulaires et très-élancées, qui sont ordinairement monolithes, c'est-à-dire d'un seul bloc.
2. *Créneaux.* On appelle ainsi des espèces de dentelures qui couronnaient les murailles des anciens châteaux forts.
3. *Mille.* Il s'agit ici d'une mesure de longueur usitée en Angleterre, qui vaut environ 1609 mètres.

qu'on l'examine dans l'hémisphère austral et l'hémisphère boréal, soit qu'on la considère dans l'hémisphère oriental et l'hémisphère occidental.

2. La mer est le grand réservoir d'où s'élèvent sans cesse les vapeurs humides qui, transportées par les vents sur les terres, s'y condensent, s'y convertissent en pluies bienfaisantes, et alimentent les sources des fleuves et des rivières. Ceux-ci se répandent ensuite dans les plaines et les vallées et, après les avoir fécondées, retournent à la mer et lui rendent les eaux qu'ils en ont reçues et qu'ils recevront de nouveau. Sans cette circulation, la terre ne serait qu'un désert aride et inhabitable.

3. On sait que la mer est habitée par des myriades d'être animés, depuis les vers microscopiques qui produisent le « corail » jusqu'aux énormes « cétacés, » tels que la baleine, le cachalot, que la Providence y a placés pour qu'ils pussent y mouvoir aisément leur masse gigantesque[1]. On peut dire sans exagération qu'elle nourrit une partie du genre humain par les produits de la pêche.

4. Le fond de la mer présente les mêmes inégalités qu'on remarque à la surface de la terre. On y trouve des plaines, des plateaux, des vallées, des montagnes. Ici, jaillissent des sources d'eau douce; là, des volcans lancent des amas de scories et des torrents de laves[2]. Les îles, les écueils, les récifs, sont les sommets des montagnes sous-marines, et leur disposition fait reconnaître, dans celles-ci, de grandes chaînes qui se divisent et se ramifient, et dont plusieurs sont la continuation de celles des continents.

5. La profondeur de la mer varie beaucoup. Tandis que, sur certains points, elle est presque nulle, sur d'autres, elle est égale et même supérieure à la hauteur des montagnes les plus élevées. Ainsi, le capitaine anglais James Ross n'a trouvé le fond qu'avec des sondes de

1. Voyez plus loin deux intéressantes Lectures sur le « corail » et les « cétacés industriels. »
2. Voyez la deuxième Lecture.

4,434, 4,895 et 8,500 mètres. Le lieutenant américain Maury, expérimentant au nord de l'archipel des Bermudes, dit même ne l'avoir rencontré qu'à 9,600 mètres. Toutefois, on admet assez généralement que la profondeur moyenne ne dépasse pas 4,800 mètres, c'est-à-dire qu'elle est égale à la hauteur du mont Blanc. On admet aussi qu'il est impossible que des êtres animés puissent vivre à une pareille profondeur ; mais on suppose qu'il peut s'en trouver à celle d'environ 2,500 mètres.

6. Plusieurs savants ont essayé de déterminer le volume des eaux de la mer. En admettant la profondeur moyenne de 4,800 mètres, ces eaux formeraient une mase inférieure à deux millions de myriamètres cubes, masse infiniment petite relativement à celle de la terre.

7. Quand on goûte l'eau de la mer, on lui trouve une odeur nauséabonde et une saveur amère et très-salée. Cette odeur est attribuée aux produits de la décomposition des substances animales et végétales qu'elle renferme en quantités énormes, et l'amertume à des sels à base de magnésie. Quant à la salure, elle provient du chlorure de sodium, c'est-à-dire du sel commun ou sel de cuisine.

8. On admet généralement que la proportion des matières salines est, en moyenne, d'un peu plus de trois pour cent, mais elle varie beaucoup suivant les lieux. Ainsi, par exemple, la mer est plus salée dans l'hémisphère austral que dans l'hémisphère boréal, loin des côtes que près des terres, à une grande profondeur qu'à la surface.

Une conséquence de la salure de l'eau de la mer, c'est qu'elle a une *densité* plus considérable que celle des fleuves et des rivières [1]. Il résulte de là que les navires peu-

1. On apprend en physique que, sous le même volume, tous les corps n'ont pas la même quantité de matière, par suite le même poids. Ainsi, à volume égal, le plomb est plus dense, c'est-à-dire plus lourd que l'eau qui, elle-même, est plus dense que le liége. En effet, un litre de plomb pèse environ onze kilogrammes, tandis qu'un litre d'eau ne pèse qu'un kilogramme, et qu'un litre de liége ne pèse que 24 grammes. Pour indiquer la densité d'un corps, on emploie un nombre qui exprime combien de fois ce corps pèse plus qu'un égal volume d'un autre corps pris pour terme de comparaison. Ce terme de comparaison est l'*eau* commune pour les solides et les liquides, et l'*air* pour les gaz et les vapeurs.

vent porter de plus lourds chargements, et qu'ils sont, en outre, moins exposés à chavirer, parce qu'ils ont une plus grande stabilité. Il résulte encore de là que l'eau n'est pas corrompue par les masses de matières animales ou végétales qui s'y trouvent à l'état de putréfaction. Par contre, il a été, pendant des siècles, impossible d'appliquer l'eau de mer aux usages domestiques, surtout de l'employer comme boisson et pour la préparation des aliments ; mais cet inconvénient n'existe plus aujourd'hui, car l'on est parvenu, au moyen de la distillation, à la dépouiller de sa salure et de sa mauvaise odeur, innovation que l'on considère avec raison comme un des plus grands services rendus aux navigateurs par le génie moderne [1].

9. Une chose qui étonne toujours, c'est l'admirable transparence de l'eau de la mer. Cette transparence est telle que, dans certaines parties de l'océan Arctique, on aperçoit distinctement les coquillages à la profondeur de cent quarante-cinq mètres, et qu'aux Antilles, à cette même profondeur, le fond est aussi visible que s'il était tout près de la surface.

10. Quelle est la couleur de l'eau de la mer? L'eau de la mer, quand on l'observe en petite quantité, est aussi limpide que celle de source la plus pure : mais, si on la regarde dans un endroit très-profond, elle paraît d'un bleu d'azur plus ou moins intense. Dans certains parages, elle prend en outre des colorations particulières et permanentes, qui sont dues à des circonstances locales. C'est ainsi qu'elle est vert pomme, lorsque son fond est formé de sable blanc ; vert foncé, lorsque ce sable est jaunâtre; grise, lorsque le fond est vaseux, etc. Quelquefois aussi, la présence d'innombrables animaux ou végétaux microscopiques lui donne une teinte tantôt rougeâtre ou jaunâtre, tantôt jaune, noire ou blanche. Enfin, les eaux des

1. Le problème de la distillation de l'eau de mer a été étudié bien des fois dans tous les pays maritimes; mais il n'a pu être complétement résolu que dans les temps modernes. Ce n'est même qu'à partir de 1839 que les appareils ont pu fonctionner avec tout le succès désirable. Voyez à ce sujet notre DICTIONNAIRE DES INVENTIONS ET DÉCOUVERTES et notre HISTOIRE DE L'INDUSTRIE.

grands fleuves, qui, arrivées dans la mer, y parcourent parfois des espaces considérables sans s'y mêler, lui communiquent aussi une couleur apparente plus ou moins prononcée.

11. Un des plus admirables spectacles est celui que présente la mer quand sa surface paraît tout à coup s'illuminer. Ce spectacle se montre dans tous les parages, mais il n'acquiert toute sa magnificence que sous la zone torride[1], surtout dans le Grand Océan et la mer des Indes. Il se renouvelle tous les soirs, plus particulièrement dans les temps calmes, quand la mer est couverte de rides légères. « A peine le jour a-t-il disparu, raconte un voyageur, que la scène change, et des millions de corps lumineux semblent rouler au milieu des flots. L'intensité de la lumière augmente sur la crête des vagues, sur les flancs du vaisseau ou des rochers contre lesquels la lame vient se briser : chaque coup de rame fait jaillir des jets de lumière, et le navire qui fuit laisse au loin derrière lui un long sillon de feu, dont l'intensité s'affaiblit à mesure qu'il s'éloigne. » « Chaque fois, dit un autre, que, dans le mouvement du roulis, le flanc du vaisseau sort hors de l'eau, des flammes rougeâtres, semblables à des éclairs, paraissent sortir de la quille et s'élancer vers la surface de la mer.

On a émis plusieurs opinions sur la cause de ce phénomène, qui est désigné sous le nom de *phosphorescence*[2]. Les uns l'attribuent à la présence d'un nombre incalcu-

1. Les géographes ont divisé la terre en cinq bandes ou « zones. » La *zone torride*, ou *zone intertropicale*, est comprise entre les deux tropiques : la chaleur y est excessive. Les *zones tempérées* sont au nombre de deux, l'une comprise entre le tropique du Cancer et le cercle polaire arctique, et l'autre entre le tropique du Capricorne et le cercle polaire antarctique : la chaleur y est modérée. Les *zones glaciales* sont aussi au nombre de deux, l'une, comprise entre le cercle polaire arctique et le pôle nord, et l'autre entre le cercle polaire antarctique et le pôle sud : le froid y est excessif. La température la plus basse observée en plein air est de 58° ; elle a été constatée à Iakoustk, en Sibérie. La température la plus élevée, observée aussi en plein air, est celle de 56°,2 ; elle a été constatée à Mourzouk, dans le Fezzan.

2. *Phosphorescence.* Ce phénomène a été ainsi appelé parce que la lumière qui le constitue est analogue à celle que la substance nommée *phosphore* dégage dans l'obscurité. Plusieurs insectes, qui possèdent la même propriété que cette substance, sont, pour ce motif, qualifiés de « phosphorescents. » Tels sont les poissons pourris, le *ver luisant* de nos prairies, etc.

lable de tout petits animaux lumineux qui nagent avec une extrême rapidité à la surface des eaux. Les autres pensent qu'il est dû à une matière phosphorescente produite par la décomposition des substances végétales ou animales que la mer renferme toujours en quantité prodigieuse. Suivant d'autres, enfin, elle provient de l'action de ces deux causes réunies.

*12. La surface des eaux de la mer ne reste pas dans une immobilité complète. Elle est soumise à un mouvement périodique qui fait qu'elle s'élève et s'abaisse, chaque jour, à des intervalles de temps à peu près égaux. C'est ce mouvement périodique qui constitue ce qu'on appelle la **marée.**

Décrivons sommairement le phénomène des marées.

Chaque jour, pendant six heures un quart, la mer s'élève constamment et envahit une partie de la plage d'autant plus considérable que cette plage présente une pente moins rapide : c'est le *flux*, le *flot* ou la *marée montante*. Après être parvenue à sa plus grande hauteur, elle reste quelques instants stationnaire : c'est le moment de la *pleine mer* ou de la *haute mer*. Peu à peu, elle commence à descendre, à découvrir le rivage, et, pendant environ six heures, continue ce mouvement rétrograde : c'est le *reflux*, le *jusant* ou la *marée descendante*. Après être arrivée à sa plus grande dépression, elle reste de nouveau quelques instants stationnaire : c'est le moment de la *basse mer*, de la *marée basse* ou de la *mer étale*. Puis elle recommence à monter, et ainsi de suite.

Ce merveilleux phénomène des marées est dû à une action particulière que le soleil et, surtout, la lune exercent sur les eaux de la mer, et il éprouve différentes variations qui, pour la plupart, dépendent de la distance et de la position de ces astres, soit relativement à la terre, soit relativement à eux-mêmes. Ainsi, par exemple, chaque mois, aux nouvelles et aux pleines lunes[1], la hauteur

1. On sait que la Lune tourne autour de la terre, et que, n'étant pas lumineuse par elle-même, elle ne fait, quand elle nous éclaire, que nous renvoyer

des marées est sensiblement plus considérable. Ainsi encore, aux nouvelles et aux pleines lunes qui suivent les équinoxes [1], elles présentent parfois la plus grande élévation qu'elles puissent atteindre.

Les marées ne se manifestent d'une manière grandiose que sur l'Océan. Elles n'existent point dans les mers peu étendues, comme la mer Noire, la mer Caspienne, et autres mers intérieures. Dans la Méditerranée elle-même, elles sont à peine sensibles. A Toulon, par exemple, les plus hautes marées ne dépassent guère vingt centimètres.

13. Il existe dans l'Océan comme des fleuves immenses qui le sillonnent dans une direction toujours la même. C'est à ces amas d'eau courante que l'on donne le nom de *courants*. Il y en a de constants, de périodiques et de temporaires. Il y en a aussi de superficiels et d'autres qui se trouvent à de grandes profondeurs. On se fera une idée de leur étendue quand on saura que l'un d'eux, qui se dirige de la côte d'Afrique vers l'Amérique du Sud, a, au milieu de sa course, une largeur de 800 kilomètres. C'est en étudiant la direction de ces fleuves gigantesques et celle des vents, que le navigateur parvient à effectuer ses voyages avec rapidité et sécurité.

14. Outre les mouvements dus aux marées et aux courants, la mer en éprouve d'une autre espèce, qui sont dus à l'action des vents. C'est, en effet, cette action qui, suivant son plus ou moins de force, produit, à la surface des eaux de l'Océan, ce qu'on appelle des *rides*, des *lames* et des *vagues*. Toutefois, il faut se garder de prendre à la lettre le langage des marins, quand ils parlent de vagues « hautes comme des montagnes. » Il paraît, en effet, établi qu'en pleine mer la plus grande hauteur verticale des va-

la lumière du soleil. On dit qu'elle est *nouvelle* quand, placée entre la terre et le soleil, elle nous montre sa face obscure, en sorte que nous ne pouvons la voir. Au contraire, elle est *pleine*, lorsque, par suite de son mouvement autour de la terre, sa partie d'abord obscure, se trouvant en face du soleil, reçoit la lumière de ce dernier et nous apparaît sous la forme d'un disque lumineux.

1. *Équinoxe*. Du latin *æquus*, égal, et *nox*, nuit. On appelle ainsi le temps de l'année où le jour a la même durée que la nuit. Il y a deux équinoxes, savoir : l'« équinoxe du printemps, » vers le 21 mars, et l'« équinoxe d'automne, » vers le 23 septembre.

gues ne dépasse pas douze mètres; mais, lorsqu'elles rencontrent un obstacle (fig. 3), en se redressant contre lui, elles arrivent parfois jusqu'à 50 mètres. Quant à la force des vagues, elle est si énorme qu'on en a vu déplacer de plusieurs mètres des blocs de rocher pesant plus de 40,000 kilogrammes. Du reste, le bouleversement occasionné par les vents ne s'éloigne pas de la surface autant qu'on serait tenté

Fig. 3. — Vagues rencontrant un obstacle.

de le croire. On admet, assez généralement, que la mer reste calme à la profondeur de 60 à 80 mètres, car, s'il en était autrement, les eaux deviendraient troubles et les coquillages ne pourraient y vivre.

SEPTIÈME LECTURE.

Le Feu du ciel.

Ce que c'est que le « feu du ciel » ou la « foudre. » Pourquoi on voit l'« éclair » avant d'entendre le « tonnerre. » Hauteur des nuages qui portent la foudre. Différentes espèces d'éclairs : éclairs en sillons, éclairs diffus, éclairs en boule. Le tonnerre n'est qu'un vain bruit. Effets de la foudre : matières combustibles, métaux, arbres, corps humain, etc.; objets transportés au loin. Effets chimériques attribués à la foudre. Le « feu Saint-Elme. »

Nous ne sommes plus au temps où le **feu du ciel** était regardé, soit comme le produit des émanations terrestres, soit comme le résultat d'une action particulière que les astres exerçaient les uns sur les autres. On sait aujourd'hui à quoi s'en tenir sur son origine; mais à combien d'erreurs et de préjugés ne donne-t-il pas encore lieu!

1. Qu'est-ce donc que le feu du ciel? Sans entrer dans l'exposition de faits scientifiques que la nature de ce livre ne comporte pas, nous dirons simplement que, par *feu du ciel* ou *foudre*, on entend un phénomène dû à l'électricité atmosphérique[1], qui se manifeste quand le ciel est couvert de certains nuages[2], d'abord par un jet subit de lumière,

1. *Électricité.* Du grec *électron*, ambre jaune. Certaines substances, telles que le verre, la résine, l'ambre jaune, quand on les frotte vivement avec un chiffon de laine ou une peau de chat, acquièrent la propriété d'attirer et de repousser les corps légers, par exemple, des barbes de plumes, des boulettes de moelle de sureau, etc. C'est à la cause qui communique cette propriété que l'on donne le nom d'*électricité*, et l'on dit qu'un corps est *électrisé*, lorsqu'il peut produire les phénomènes d'attraction et de répulsion dont nous venons de parler. On appelle aussi cette même cause « matière électrique » ou « fluide électrique; » mais, sous quelque nom qu'on la désigne, on en ignore absolument la nature.

Pour expliquer les phénomènes électriques, on admet qu'il existe deux électricités, l'une, nommée *électricité vitrée* ou *positive*, qui se développe sur le verre, et l'autre, nommée *électricité résineuse* ou *négative*, qui se développe sur la résine. Ces deux électricités existent dans tous les corps, dans un état de combinaison mutuelle, et elles ne se manifestent que lorsqu'une cause quelconque vient les séparer. Quand cette séparation a lieu, le corps dans lequel elle s'opère est dit *électrisé positivement* ou *négativement*, selon que c'est le fluide positif ou le fluide négatif qui domine.

Deux corps chargés de la même électricité se repoussent; au contraire, ils s'attirent si l'un est chargé d'électricité négative et l'autre d'électricité positive. Suivant la facilité avec laquelle ils laissent cheminer l'électricité à travers leur masse, on les dit *bons conducteurs* ou *mauvais conducteurs*. Nous citerons, parmi les bons conducteurs, les métaux, le charbon calciné, l'eau, l'air humide, le corps des animaux, les végétaux humides; et, parmi les mauvais conducteurs, la glace, la porcelaine, le verre, la résine, la soie, la laine, les cheveux.

L'électricité se communique, soit *au contact*, soit à *distance*. Quand la communication a lieu à distance, c'est-à-dire les corps ne se touchant pas, au moment du passage du fluide, il se produit un trait de lumière que l'on nomme *étincelle électrique*, et, en même temps, on entend un petit bruit sec. Cette étincelle enflamme comme le feu et, si elle est suffisamment développée, fond les métaux et détermine les mêmes effets que les températures les plus élevées. Enfin, et c'est par là que nous terminerons cette longue note, tout corps électrisé décompose à distance l'électricité naturelle de tout corps bon conducteur. Celui-ci se trouve alors électrisé *par influence*, mais il revient à son état primitif aussitôt que l'influence cesse.

2. Les nuages qui donnent lieu à la production de la foudre, sont des nuages ordinaires fortement électrisés. Quand l'un d'eux se trouve assez rapproché du sol, il décompose par influence l'électricité naturelle de ce dernier, attire dans la partie supérieure le fluide de nom contraire à celui dont il est chargé, et repousse au loin le fluide de même nom. Si alors les deux fluides opposés du nuage et de la partie supérieure du sol se trouvent en quantité très-grande, ils se précipitent l'un vers l'autre, il y a recomposition de l'électricité naturelle, et cette recomposition a lieu avec accompagnement d'étincelle électrique et de bruit. Or, ce bruit n'est autre chose que le *tonnerre*; l'étincelle est l'*éclair*, et le point foudroyé est la partie du sol où elle aboutit.

puis par un bruit plus ou moins prolongé. On donne le nom d'*éclair* au jet de lumière, et celui de *tonnerre*[1] au bruit qui l'accompagne, et l'on dit que la foudre *tombe* à l'endroit où le phénomène a lieu.

2. On admet généralement que l'éclair et le tonnerre sont formés au même instant; mais, comme la lumière a une vitesse beaucoup plus considérable que le son[2], il en résulte que l'on voit l'éclair avant d'entendre le tonnerre; et l'intervalle qui sépare l'apparition de l'éclair de la première impression du tonnerre est d'autant plus considérable que le point où le feu du ciel est tombé est plus éloigné de celui où se trouve l'observateur[3]. Lors donc qu'on a vu l'éclair, tout l'effet de la foudre est produit; le reste n'est qu'un vain bruit. Que de personnes ne voit-on pas cependant se courber avec effroi quand l'éclair vient de jaillir, attendant, dans une anxiété extrême, que la détonation éclate! Qu'elles se rassurent. Quand on entend la détonation, aussi épouvantable qu'elle puisse être, il est trop tard pour avoir peur, le danger est passé, on est et l'on restera sain et sauf.

3. Presque toujours, la foudre émane de nuages qui, sauf de rares exceptions, se développent sur une vaste étendue. La hauteur à laquelle sont ces nuages est extrêmement variable, mais la plus grande qu'on ait calculée ne paraît pas dépasser 8,000 mètres. Quelquefois, au lieu de tomber d'un ou de plusieurs nuages, le feu du ciel s'élance du sol. Quelquefois aussi, il s'échappe de la partie supérieure d'un nuage et se propage dans les régions de l'atmosphère situées au-dessus.

4. D'après ce que nous venons de voir, la foudre se

1. Le mot *tonnerre* désigne proprement le bruit qui accompagne l'explosion de la foudre. C'est donc à tort qu'on l'emploie comme synonyme de *foudre*, comme quand on dit : *avoir peur du tonnerre, le tonnerre est tombé*, etc.

2. Voyez la note suivante.

3. La lumière parcourt un peu plus de 308,400 kilomètres par seconde, tandis que le son, pendant le même temps, ne parcourt que 340 mètres. D'où il résulte que la vitesse de la lumière peut être regardée comme instantanée. Si donc, entre l'apparition de l'éclair et la première impression du tonnerre, il s'est écoulé un certain nombre de secondes, la distance qui sépare l'observateur du point de la trace de l'éclair qui se trouve le plus près de lui, est égale à 340 mètres, répétés autant de fois qu'on a compté de secondes.

compose de deux éléments bien distincts : l'éclair et le tonnerre. Nous allons les étudier sommairement, après quoi nous passerons en revue les effets si extraordinaires que produit le météore[1].

5. **Éclairs.** Les éclairs ne se présentent pas toujours de la même manière. Sous ce rapport, on les divise en trois classes : *éclairs en sillons*, *éclairs diffus*, *éclairs en boule.*

A. Les *éclairs en sillons* consistent en un trait de lumière très-mince, très-resserré, très-arrêté sur ses bords, d'un éclat excessivement vif et d'une couleur ordinairement blanc bleuâtre. Ils sont doués d'une vitesse prodigieuse, qui est devenue proverbiale ; mais, au lieu de se propager en ligne droite, ils serpentent et dessinent dans l'espace les zigzags les plus prononcés. Enfin, ils semblent terminés en dard ; quelquefois même, ils se divisent en deux ou trois rameaux qui vont atteindre des points fort éloignés les uns des autres. On pense généralement que ces éclairs en zigzags sont la foudre proprement dite ; et, comme celle-ci frappe souvent plusieurs points à la fois sans qu'on entende autre chose qu'un seul coup de tonnerre, ce fait s'accorde avec la division ou bifurcation de l'éclair.

B. Les *éclairs diffus* sont des lueurs qui embrassent de très-grands espaces, et dont la teinte, généralement rouge, est quelquefois bleue ou violette. Ils n'ont ni la vivacité des précédents, ni contour arrêté. Tantôt, ils n'illuminent que les bords des nuages ; tantôt, on dirait que ceux-ci s'entr'ouvrent pour leur livrer passage, et alors toute la surface du nuage est comme inondée de lumière. Ces éclairs sont les plus communs. Dans un orage ordinaire, il en surgit des milliers pour un en zigzags.

C. Les *éclairs en boule* diffèrent totalement de tous les autres. Ce sont des globes de feu qui se transportent des nuages à la terre avec assez de lenteur pour que l'œil

1. *Météore.* Du grec *météoros*, élevé dans l'air. On appelle ainsi, d'une manière générale, tous les phénomènes qui se passent dans l'atmosphère, comme la foudre, la pluie, la grêle, les aérolithes, l'arc-en-ciel, etc.

puisse suivre leur marche et apprécier leur vitesse. En arrivant sur le sol, on les voit souvent aller, venir, sauter, rouler, rebondir, pendant plusieurs secondes. Ordinairement, ils éclatent comme des bombes, avec un grand fracas et en occasionnant d'énormes dégâts. Parfois, ils disparaissent subitement, même sans explosion. Ces éclairs sont assez rares. Néanmoins, on a pu en observer un assez grand nombre pour se faire une idée de la manière dont ils se présentent. Nous allons, à titre de curiosité, rapporter quelques-unes des plus remarquables de ces observations.

En Angleterre, le 20 juin 1772, pendant qu'un orage grondait sur la paroisse de Steeple-Aston, on vit dans les airs un globe de feu osciller pendant assez longtemps au-dessus du village, et se précipiter ensuite verticalement sur les maisons, où il produisit beaucoup de dégâts.

Le 28 août 1839, la foudre tomba au milieu de la cour du bureau central de l'octroi de Paris, encore inachevé. « Cette foudre avait la forme d'un gros globe de feu, et s'accompagnait d'une traînée de vapeur. Elle frappa le sol formé de remblais nouveaux, y creusa un enfoncement de 18 centimètres de diamètre, s'y agita violemment en tournant sur elle-même, enleva les terres meubles, puis rejaillit pour tomber à 5 mètres plus loin, où elle fit une nouvelle excavation de 9 centimètres de diamètre, toujours s'agitant violemment. Elle sauta bientôt de cette excavation sur le mur de clôture, dont elle suivit le chaperon sur une longueur d'environ 30 mètres. Arrivé à l'angle du mur, en face de l'hôpital Saint-Louis, ce globe, déjà très-diminué de volume, s'élança dans la rue, sur le pavé mouillé par la pluie; il s'y traîna en long sillon serpentant, traversa la porte cochère de l'hôpital, et disparut au milieu de la cour. A mesure que son contact avec le sol se prolongeait, on voyait incontestablement sa masse s'amoindrir. Enfin, lorsqu'il arriva au milieu de la cour de l'hôpital, ce n'était plus qu'une lumière mince et peu lumineuse, qui s'éteignit tout à coup. »

Quelques années plus tard, toujours à Paris, une dame

fut témoin d'un phénomène du même genre. « Passant devant ma fenêtre, qui est très-basse, je fus, dit-elle, étonnée de voir comme un gros ballon rouge absolument semblable à la lune, lorsqu'elle est colorée et grossie par les vapeurs. Ce ballon descendait lentement et perpendiculairement du ciel sur un arbre. Ma première idée fut que c'était une ascension aérostatique, mais la couleur du ballon et l'heure me firent penser que je me trompais et pendant que mon esprit cherchait à deviner ce que cela pouvait être, je vis le feu prendre au bas de ce globe suspendu à 5 ou 6 mètres au-dessus de l'arbre. On aurait dit du papier qui brûlait doucement avec de petites étincelles ou flammèches; puis, quand l'ouverture fut grande comme deux ou trois fois la main, tout à coup une détonation effroyable fit éclater toute l'enveloppe et sortir de cette machine infernale une douzaine de rayons de foudre en zigzags, qui allèrent de tous les côtés et dont l'un frappa le mur d'une maison et y fit un trou comme l'aurait fait un boulet de canon. Enfin, un reste de matière se mit à brûler avec une flamme blanche et vive, et à tourner comme un soleil de feu d'artifice. »

Le fait par lequel nous terminerons est encore arrivé à Paris, il y a peu de temps, dans la chambre d'un ouvrier tailleur. « Après un assez fort coup de tonnerre, mais non immédiatement après, cet ouvrier, étant assis à côté de sa table et finissant de prendre son repas, vit tout à coup le châssis garni de papier qui fermait la cheminée s'abattre, comme renversé par un coup de vent assez modéré, et un globe de feu, gros comme la tête d'un enfant, sortir doucement de la cheminée et se promener lentement par la chambre, à peu de hauteur des briques du pavé. L'aspect du globe de feu était encore, suivant l'expression de l'ouvrier, celui d'un jeune chat de grosseur moyenne, pelotonné sur lui-même et se mouvant sans être porté sur ses pattes. Ce globe était plutôt brillant et lumineux qu'il ne semblait chaud et enflammé, et l'ouvrier n'eut aucune sensation de chaleur. Il s'approcha des pieds de ce dernier comme un jeune chat qui vient se jouer et se frotter aux jambes, suivant l'habitude de ces animaux ; mais l'ouvrier écarta les pieds, et, par plusieurs mouvements de précaution, il évita le contact du météore. Celui-ci resta plusieurs secondes autour des pieds de l'ouvrier assis, qui l'examinait attentivement, penché en avant et au-dessus. Après avoir essayé quelques excursions dans divers sens, sans cependant quitter le milieu de la chambre, le globe de feu s'éleva rapidement à la hauteur de la tête de l'ouvrier, qui, pour éviter d'être touché au visage, et en même temps pour suivre des yeux le météore, se redressa en se renversant sur sa chaise. Arrivé à la hauteur d'environ un mètre au-dessus du pavé, le globe de feu s'allongea un peu et se dirigea obliquement vers un trou percé dans la cheminée, à près d'un mètre au-dessus de la tablette.

« Ce trou avait servi à faire passer le tuyau d'un poêle qui, pendant l'hiver avait servi à l'ouvrier. Mais, suivant l'expression de ce dernier, le tonnerre ne pouvait pas le voir, car il était fermé par du papier qui avait été collé dessus. Le globe de feu alla droit à ce trou, décolla le papier sans l'endommager, et remonta dans la cheminée. Alors, selon le dire du témoin, après avoir pris le temps de remonter dans la cheminée du train dont il allait, c'est-à-dire assez lentement, le tonnerre, arrivé au haut de la cheminée qui était au moins à vingt mètres du sol de la cour, produisit une explosion épouvantable qui détruisit une partie du faîte de la cheminée et en projeta les débris dans la cour[1]. »

6. **Tonnerre.** Ainsi que nous le savons, l'éclair est l'élément essentiel de la foudre; c'est lui qui porte la destruction et la mort. Le tonnerre est un phénomène tout à fait accessoire, dû à la vibration de l'air, et qui, suivant les circonstances, se présente avec des caractères

1. Outre les trois espèces d'éclairs dont il vient d'être question, il y en a d'autres qui ne sont accompagnés d'aucun bruit, et que l'on appelle *éclairs de chaleur*, parce qu'ils se manifestent toujours par les temps très-chauds. Les éclairs de cette sorte sont considérés comme la réverbération, sur l'atmosphère, d'éclairs ordinaires provenant d'un orage situé sous l'horizon, et assez éloigné pour que le tonnerre ne puisse être entendu.

très-différents. Ainsi, lorsque la foudre tombe à une petite distance de l'endroit où l'on se trouve, on n'entend qu'un seul coup, qui est sec, très-violent, de très-courte durée, et à peu près semblable au bruit que ferait une haute pile d'assiettes en se brisant sur le pavé. Au contraire, quand le météore est éloigné, le tonnerre est plein, grave, véritablement majestueux, et se compose d'une suite d'éclats et de roulements qui se succèdent et se prolongent plus ou moins longtemps, quelquefois pendant plus de quarante secondes, avec des accroissements et des diminutions d'intensité. Ces éclats et ces roulements sont plus formidables et surtout plus durables dans les pays montagneux ou fortement accidentés que dans les pays plats et nus, parce qu'ils sont répercutés par des obstacles que n'offrent pas ces derniers.

7. **Effets de la foudre.** Les effets de la foudre sont aussi variés que terribles; mais c'est sur les parties du sol les plus rapprochées du nuage orageux qu'elle porte ordinairement ses coups. Voilà pourquoi les animaux et les arbres isolés sont si souvent frappés au milieu des plaines, et pourquoi, dans les villes et les villages, les clochers des églises sont plutôt foudroyés que les autres édifices. Dans tous les cas, si des corps inégalement conducteurs[1] se trouvent au lieu où elle tombe, elle frappe de préférence ceux qui sont meilleurs conducteurs ; peu importe qu'ils soient à découvert ou non; elle semble alors agir avec une sorte de discernement, qui lui fait respecter des objets placés sur son passage pour aller en atteindre d'autres qui sont loin et cachés.

A. En tombant sur des matières combustibles, la foudre y met ordinairement le feu et détermine des incendies, qui, contrairement à une opinion ridicule répandue dans beaucoup de pays, s'éteignent aussi facilement et par les mêmes moyens que les autres. Quelquefois cependant, elle se borne à les carboniser à la surface, ou bien elle les réduit en menus fragments. Le 5 novembre

1. Voyez, pour la signification de ce mot, la note 1 de la page 37.

1755, elle frappa un magasin des environs de Rouen, qui contenait 800 tonneaux de poudre, et il n'en résulta que la perte de deux tonneaux, dont les douves seules furent mises en pièces. Les choses se passèrent autrement à Brescia, le 18 août 1769. La foudre étant tombée sur une tour qui renfermait plus d'un million de kilogrammes de poudre, une explosion formidable s'ensuivit. Une partie de la ville fut renversée, et le reste tellement ébranlé qu'il menaçait ruine. La tour, lancée dans les airs, tomba comme une pluie de pierres. Enfin, le nombre des morts atteignit trois mille.

B. Les métaux, étant les meilleurs conducteurs du fluide électrique, sont presque toujours frappés par la foudre. Celle-ci les échauffe alors fortement et souvent, si leur section est très-petite, les fond ou même les volatilise[1]. Ainsi, dans les maisons foudroyées, il n'est pas rare de voir les fils de fer des sonnettes disparaître entièrement, et un sillon noir indique, le long des plafonds et des boiseries, la direction qu'ils suivaient. Le 5 avril 1807, la maison du garde du bois du Vésinet, près de Saint-Germain-en-Laye, ayant été frappée par la foudre, on trouva qu'une clef, dont on venait de faire usage, s'était soudée par son anneau au clou auquel on l'avait suspendue. Le 27 du même mois et de la même année, le feu du ciel étant tombé sur un moulin à vent, en Angleterre, une grosse chaîne de fer, qui servait à hisser les sacs de blé, fut tellement échauffée et ramollie que les anneaux se joignirent et qu'elle devint une véritable barre de fer.

On connaît une foule de faits qui montrent avec quelle attention singulière la foudre se dirige vers les parties métalliques. Nous n'en citerons qu'un, mais il est très-remarquable. En 1759, à la Martinique, un détachement qui conduisait, du Fort-Royal à Saint-Pierre, un officier anglais fait prisonnier de guerre, « s'arrêta pour se ga-

1. La foudre ne fond pas seulement les métaux. Quand elle tombe sur un sol sablonneux, elle y fait un trou et échauffe les parois du canal qu'elle se creuse jusqu'au point de les vitrifier et d'agglutiner entre elles, en les fondant, les portions de sable qui sont autour. Il se forme ainsi des espèces de tubes, qu'on appelle *fulgurites* ou *tubes fulminaires*.

rantir de la pluie au pied du mur d'une petite chapelle. Un violent coup de tonnerre le surprit dans cette position et tua deux soldats ; du même coup, la foudre ouvrit dans le mur, derrière les deux victimes, une ouverture d'environ 3 mètres 30 de haut et de 1 mètre de large. Toute vérification faite, il se trouva qu'à la portion du mur démolie, sur laquelle les deux soldats foudroyés s'appuyaient, correspondait exactement, à l'intérieur de la chapelle, un ensemble de barres de fer massives destinées à supporter un tombeau. Ceux qui n'eurent pas le malheur de s'être ainsi placés fortuitement devant des pièces métalliques n'éprouvèrent aucun mal. »

C. Quand la foudre tombe sur les arbres, elle se borne le plus souvent à les sillonner du sommet à la base, en enlevant une bande d'écorce large de plusieurs centimètres. Quelquefois, elle les incendie ou les carbonise ; dans ce dernier cas, les parties frappées exhalent une odeur pénétrante qui n'est nullement sulfureuse, comme on le dit communément[1]. Quelquefois aussi, mais assez rarement, les arbres sont découronnés, leur écorce est arrachée et dispersée au loin, leur tronc est entièrement fendu en lattes, subdivisées à leur tour en lanières ou baguettes plus ou moins larges et épaisses. Notons, en passant, que tous les arbres sans exception peuvent être et sont foudroyés. Plusieurs personnes pensent bien que les essences résineuses y sont moins exposées que les autres, mais le fait n'est nullement établi.

D. Parfois, la foudre transporte au loin des objets fort lourds. Ainsi, en 1762, le clocher de l'église de Breag, en Cornouailles, ayant été frappé par elle, une tourelle en maçonnerie fut brisée en une centaine de morceaux et complétement démolie. Une pierre du poids d'environ 150 kilogrammes fut lancée sur le toit de l'église, à la distance de 55 mètres, et une autre, qui était un peu

1. L'odeur que développe la foudre a été attribuée, jusqu'à notre époque, à la présence d'une certaine quantité de soufre ou de phosphore. On sait aujourd'hui qu'elle est due à la formation d'un gaz particulier, qui a reçu le nom d'*ozone*, et qui n'est autre chose que de l'oxygène modifié par le fluide électrique.

moins lourde, alla tomber sur le sol, à 364 mètres de l'édifice. Un événement du même genre, mais beaucoup plus étonnant, eut lieu près de Manchester, en 1809. Un petit bâtiment de briques, servant à emmagasiner de la houille et terminé à sa partie supérieure par une citerne, était adossé à une maison. Le 6 août, à la suite d'un violent coup de foudre, le mur extérieur de ce bâtiment fut arraché de ses fondations, soulevé en masse et transporté verticalement, tout d'une pièce, à une certaine distance de la place qu'il occupait d'abord : l'une de ses extrémités s'avança de près de 5 mètres et l'autre de 1 mètre et demi. Or ce mur se composait, sans compter le mortier, de sept mille briques et pesait plus de 20,000 kilogrammes.

E. Jusqu'à présent, nous avons surtout parlé des effets de la foudre sur les corps inanimés; disons maintenant quelques mots de ceux qu'elle produit sur les êtres animés.

Lorsque la foudre tombe sur les hommes et les animaux, elle les tue ou se contente de les étourdir et de les frapper momentanément de paralysie. Dans le premier cas, tantôt l'individu atteint meurt sur place, tantôt il est lancé au loin. Souvent, la foudre détruit les vêtements et respecte le corps; souvent aussi, elle brûle le corps, le réduit même en poussière, et laisse intacts les vêtements. Ici, les os sont ramollis, les poumons affaissés et le sang devient plus liquide. Là, au contraire, les os sont desséchés ou broyés, les poumons dilatés et le sang se coagule. Dans certaines circonstances, le corps se putréfie avec une rapidité incroyable, tandis que, dans d'autres, il se conserve longtemps sans altération. Parfois encore, la foudre se borne à rendre aveugle l'individu ou l'animal sur lequel elle s'est portée, ou bien elle lui enlève tout ou partie de la langue. Enfin, il n'est pas rare de remarquer sur les personnes foudroyées des images représentant quelque objet situé dans le voisinage. Ainsi, en septembre 1857, une paysanne de Seine-et-Marne, qui gardait une vache, fut frappée sous un arbre. La vache fut tuée et sa gardienne resta étendue sans mouvement. Des soins empressés rendirent à celle-ci le sentiment de l'existence ; mais, en écartant ses vêtements pour la secourir, on aperçut l'image de l'animal parfaitement gravée sur la poitrine. Les faits de ce genre sont assez nombreux, mais on n'est pas encore parvenu à leur trouver une explication satisfaisante.

7. Comme si les effets véritablement dus à la foudre n'étaient pas assez nombreux, il est d'usage, dans les campagnes, de lui en attribuer d'autres qui sont purement chimériques. C'est elle, dit-on, qui, au moment des orages, fait aigrir le vin, tourner le lait, corrompre la viande, périr les vers à soie, etc. On peut dire à ce propos qu'en général, pour les accidents un peu extraordinaires, on trouve plus commode, au lieu d'en chercher la cause, de les rapporter à l'action de l'électricité atmosphérique.

8. En terminant, nous devons faire mention de quelques phénomènes lumineux qui se manifestent parfois à la surface du sol, et qu'on a toujours rattachés à la foudre. Nous voulons parler de ces lumières, ordinairement très-vives, qui, lorsque le temps est orageux, se montrent souvent au sommet des mâts des navires, à la pointe des lances, des épées, des baïonnettes, sur les girouettes et les croix des clochers, etc. Les anciens leur donnaient le nom de *Castor et Pollux*, les modernes les appellent *Feux Saint-Elme*[1]. Quelquefois, elles se présentent sous

1. Quand les navigateurs anciens apercevaient le feu Saint-Elme sur leur navire, ils en concluaient que le voyage serait heureux. Ceux du moyen âge le considéraient comme la fin de la tempête. Du reste, on s'est fait, pendant longtemps, une opinion très-étrange de ce feu, que l'on regardait comme un objet matériel dont on pouvait aller se saisir. Pour montrer cette idée dans toute sa naïveté, il suffira de citer le passage suivant des Mémoires du chevalier de Forbin, un des premiers hommes de mer du règne de Louis XIV. « Pendant la nuit (1696), il se forma tout à coup un temps très-noir, accompagné d'éclairs et de tonnerres épouvantables..., nous vîmes sur le vaisseau plus de trente feux Saint-Elme. Il y en avait un, entre autres, sur le haut de la girouette du grand mât qui avait plus d'un pied et demi (50 centimètres) de hauteur. J'envoyai un matelot pour le descendre. Quand cet homme fut en haut, il cria que ce feu faisait un bruit semblable à celui de la poudre qu'on allume après l'avoir mouillée. Je lui ordonnai d'enlever la girouette et de venir ; mais à peine l'eut-il ôtée de place, que le feu la quitta et alla se reposer sur le bout du mât, sans qu'il fût possible de l'en retirer. Il y resta assez longtemps, jusqu'à ce qu'il se consumât peu à peu. »

un aspect vraiment remarquable. Ainsi, en 1824, comme un chariot chargé de paille se trouvait placé au milieu d'un champ, au-dessous d'un gros nuage noir, on observa que tous les brins de paille se redressaient et paraissaient en feu. Le fouet même du conducteur jetait une vive lumière. Plus tard, en 1831, des officiers français se promenant tête nue, après le coucher du soleil, sur la terrasse d'un des forts d'Alger, chacun, en regardant son voisin, remarqua avec étonnement, aux extrémités de ses cheveux, de petites aigrettes lumineuses; et, quand ils levaient les mains, des aigrettes semblables se formaient au bout de leurs doigts. Enfin, pendant les grands orages, il n'est pas rare de voir les gouttes de pluie, les flocons de neige, les grêlons, produire de la lumière en arrivant à terre ou même en s'entre-choquant.

HUITIÈME LECTURE.

Le Feu du ciel (suite).

Moyens proposés pour se garantir des dangers de la foudre. — Moyens relatifs aux personnes isolées. Où l'on montre que les chances d'être foudroyé sont insignifiantes. Conseils aux peureux. Si les personnes au lit sont moins exposées que les autres. Les matelas sont-ils un bon préservatif? Inefficacité des cages de verre et des vêtements de soie. Rapportons-nous-en à la volonté de la Providence. La foudre en rase campagne. Danger de chercher un abri sous les arbres. Faut-il courir ou non? — Moyens relatifs aux édifices. Ce qu'il faut penser de l'influence des grands feux, du bruit du canon et du son des cloches sur les orages. Ce que c'est que le « paratonnerre. » Idée de sa construction. Est-il réellement efficace? Quand et par qui inventé?

Les dangers que la foudre fait courir aux personnes et aux édifices sont assez nombreux et assez graves pour que, de tout temps, on ait cherché à s'en garantir.

1. Relativement aux personnes isolées, on peut dire que, dans nos climats, les risques d'être frappé par le feu

du ciel sont tout à fait insignifiants. Nul, dit Arago[1], « ne me démentira si j'affirme que, pour chacun des habitants de Paris, le danger d'y être foudroyé est moindre que celui de périr dans la rue par la chute d'un ouvrier couvreur, d'une cheminée ou d'un vase de fleurs. » Néanmoins, aussi faible qu'un danger puisse être, la sagesse la plus élémentaire veut qu'on ne s'y expose pas inutilement. En conséquence, il est certaines précautions qu'on ne doit pas négliger pendant les orages violents.

A. Se trouve-t-on dans une maison, il est bon de fermer les fenêtres, d'éviter les courants d'air, de s'éloigner des murs, des objets métalliques, même du sol, si la chose est possible. Il faut aussi ne pas se tenir près des cheminées, parce que la foudre pénètre souvent dans les appartements par le tuyau de la fumée, à cause de la conductibilité de la suie.

B. Les anciens croyaient que les personnes au lit et endormies n'avaient rien à redouter du feu du ciel. Cette opinion paraît avoir encore des partisans; mais, s'il est arrivé quelquefois que la foudre s'est contentée de relever les draps et de retourner les matelas, sans faire aucun mal à la personne couchée, on l'a vue quelquefois aussi causer la mort. On possède à cet égard des renseignements dont l'authenticité n'est pas douteuse. Entre autres faits, nous citerons celui qui a eu lieu aux environs de Montpellier, le 2 octobre 1864. Dans l'après-midi de ce jour, un jeune homme de seize ans fut tué dans son lit, où le retenait depuis quelque temps une indisposition assez grave. Le même coup de foudre blessa grièvement la mère du malade et un ami qui était venu le voir,

C. D'après une croyance, très-répandue autrefois, les matelas passaient pour mettre à l'abri des atteintes de la foudre. En conséquence, quand le temps devenait menaçant, les personnes craintives allaient, en toute confiance, se cacher sous les matelas de leurs lits. Le coup de tonnerre qui, le 5 septembre 1838, frappa une des casernes

1. Arago (Dominique-François), astronome et physicien français, né à Estagel (Pyrénées-Orientales), en 1786, mort en 1853.

de Lille, a prouvé qu'on aurait tort de se fier à un pareil préservatif. Le feu du ciel perça de part en part les matelas de deux lits sur lesquels deux soldats étaient alors couchés.

D. Au commencement du siècle dernier, quand les savants eurent découvert que le verre et la soie sont de mauvais conducteurs de l'électricité, on fut conduit à penser que l'on pourrait se garantir de la foudre soit en s'enfermant dans une cage de verre, soit en prenant des habits de soie; mais on tomba étrangement dans l'erreur. En ce qui concerne le verre, personne n'ignore qu'un des jeux de la foudre consiste à briser les vitres, souvent même à les percer d'un ou plusieurs trous ronds, sans autrement les casser. Quant à la soie, aussi grande que l'on suppose sa propriété répulsive, toutes les parties du corps offrent à la foudre des conducteurs trop puissants pour qu'elle soit capable de préserver de l'action du feu du ciel. Le verre et la soie ne peuvent donc pas plus empêcher d'être foudroyé que les peaux de veau marin auxquelles les Romains attribuaient la même vertu, ou que la couronne de laurier qu'un de leurs empereurs ne manquait jamais de se mettre sur la tête aux approches d'un orage.

E. Il résulte de ce qui précède qu'il n'existe pas de préservatif certain contre la foudre. Le mieux est, quand un orage éclate, de vaquer à ses occupations comme à l'ordinaire, de ne faire aucune imprudence, et de s'en rapporter, pour le reste, à la volonté de la Providence.

F. Les chances d'être foudroyé sont infiniment plus grandes en plein air que dans les maisons, sur les lieux élevés et découverts que dans les endroits bas et abrités. Quand on est surpris par un orage en rase campagne, il faut surtout éviter de chercher un abri sous un arbre isolé, parce que, ainsi que nous le savons, si la foudre tombe, c'est généralement sur lui qu'elle le fera. Les anciens supposaient que certains arbres abritaient de la foudre; mais, comme nous l'avons déjà dit, l'expérience a surabondamment appris qu'ils sont tous sans exception, soumis à l'action de ce météore. Ainsi, les pins, les sapins, le laurier, l'olivier, auxquels surtout on attribuait cette propriété, sont aussi bien et aussi fréquemment foudroyés que les chênes, les ormes et les peupliers[1].

1. Pour donner une idée du danger auquel on s'expose en cherchant un abri sous les arbres isolés, en temps d'orage, nous reproduirons le récit que fait le *Mémorial de la Loire* d'une catastrophe arrivée, le 24 juillet 1869, dans une commune de ce département :

« X... constitue un gros village, dépendant de la commune de l'Etrat. Il appartient, en grande partie, aux frères B..., riches cultivateurs, qui en exploitaient les terrains environnants. Samedi, vers deux heures, Jean B..., l'un d'eux, accompagné de son fils aîné, âgé de vingt-deux ans, d'un deuxième fils, de sa jeune nièce et d'un ouvrier, était occupé à faire des gerbes dans un champ proche de sa maison, où le blé avait été coupé dans la matinée. Le ciel se mit tout à coup à se couvrir et le tonnerre à gronder. Puis quelques larges gouttes de pluie tombèrent, présageant une large ondée. Jean B... fit suspendre le travail et invita sa famille à s'aller mettre à l'abri sous un gros chêne, planté près d'une haie qui borne la propriété. Mais l'un des fils objecta qu'il était imprudent, par des temps d'orage, de chercher un asile sous les arbres ; qu'ils attiraient la foudre ; que du reste ce même chêne avait déjà été frappé par le feu du ciel et qu'il pourrait leur porter malheur. B... père tint peu de compte de cette observation et s'assit justement au pied de l'arbre, entre ses deux enfants, le manouvrier et la nièce, faisant suite, adossés à la haie. Chacun était séparé de son voisin par une distance de deux ou trois mètres environ. Soudain une violente détonation éclate, la nue se déchire et tous tombent foudroyés. Pendant plusieurs minutes, personne ne bougea. La première, la jeune fille se ranime, ouvre les yeux et regarde. Il lui semble qu'elle revient d'un long sommeil ; elle a comme perdu le souvenir et ne se rend compte de rien. Elle n'a pas entendu le tonnerre, elle n'a pas vu l'éclair. Qu'est-il donc arrivé ? Voici qu'à ses côtés, l'ouvrier moissonneur, renversé également, secoue aussi, peu à peu, son étourdissement et se relève. Puis tous deux se portent au secours de l'un des fils, le plus jeune, qui commence à remuer à son tour. On le redresse, on le remet sur pied ; mais il retombe. Son corps, horriblement contracté, est agité d'étranges frémissements ; ses yeux roulent dans leur orbite, comme ceux d'un convulsionnaire. Enfin, il reprend ses sens, mais sans pouvoir encore se soutenir sur ses jambes. Quant à Jean B... et au fils aîné, ils ne se ranimeront plus ! Ils ont été tués sur place, instantanément, sans avoir fait un seul mouvement. Le père est assis, la tête légèrement inclinée sur la poitrine ; le fils est tombé la face contre terre. Le fluide électrique, en les frappant, les a incendiés ; leurs cheveux flambent ! Le plus valide des survivants, le manouvrier, se hâte, tant bien que mal, de venir apporter la fatale nouvelle au village. Les habitants accourent, et, pendant qu'un exprès va chercher le docteur T..., à Saint-Priest, on se met en devoir de transporter les victimes à la maison. Il y a là encore quatre autres enfants, dont la désolation, à l'arrivée des deux cadavres, devient impossible à décrire. L'homme de l'art arrivé n'a qu'à constater la mort foudroyante de Jean B... et de son fils aîné. Chose étrange, le père, à part la brûlure du crâne occasionnée par l'incendie de ses cheveux, n'offre pas de trace de blessure ; tout le corps est intact. Le fils, au contraire, est comme criblé. Le fluide électrique, qui l'a frappé perpendiculairement à la tête, est sorti par le flanc gauche ; rentré par le ventre, il a sillonné la jambe droite jusqu'au pied, occasionnant sur tout son parcours d'horribles désordres. Le deuxième fils présente des brûlures aux deux bras. Mais, Dieu merci, sa vie n'est nullement en danger. La nièce, jeune fille de vingt-deux à vingt-quatre ans, qui remplaçait, dans les soins du ménage, la mère, morte il y a peu de semaines, a été plus rudement atteinte. Elle a une plaie au flanc gauche, une autre à la cuisse droite, comme si le feu y avait passé, dit-elle ; et à l'extrémité de l'orteil du pied, une légère écorchure. Le manouvrier ne paraît pas avoir été touché directement par l'étincelle électrique. Mais il a éprouvé une si violente

G. Est-il dangereux de courir quand il tonne? La plupart des savants sont pour l'affirmative. Néanmoins, fait remarquer Arago, « il est permis de se demander si, en temps d'orage, ce qu'on gagne à rester immobile ou à marcher lentement, quant au danger d'être foudroyé, est une compensation suffisante au désagrément d'être mouillé par une forte averse. »

2. Les ravages les plus considérables de la foudre sont ceux qui ont lieu quand elle tombe sur les édifices. C'est aussi alors que les personnes, soit isolées, soit agglomérées, courent les plus grands dangers. Les moyens de préservation dont il nous reste à parler ont précisément pour objet de prévenir ces ravages et ces dangers.

A. Suivant quelques personnes, de grands feux allumés en plein air à l'approche des orages auraient le pouvoir, sinon de disperser et d'anéantir les nuages électriques, du moins de les affaiblir assez pour les rendre moins redoutables. Cette opinion a eu, à plusieurs époques, une assez grande vogue, mais on ne possède pas d'observations qui puissent conduire à des conclusions positives. On sait seulement que les plus terribles incendies n'ont jamais exercé une influence appréciable sur la marche des nuages et l'état de l'atmosphère.

B. C'est une croyance très-répandue que l'ébranlement causé dans l'air par les décharges de l'artillerie dissipe les nuages orageux et même ceux de toute espèce. Les faits que l'on cite pour l'appuyer sont peu concluants, tandis qu'on en connaît beaucoup qui, au lieu de prouver que l'artillerie éloigne les orages, tendraient plutôt à faire supposer le contraire. Ainsi, en 1711, lors de l'attaque de Rio-Janeiro par la flotte de Duguay-Trouin[1], le bruit de plusieurs centaines de canons, qui dura près de trois jours, n'empêcha pas un effroyable orage de fondre sur cette ville, en sorte, dit un témoin oculaire, que « des

commotion, que tout son corps en est encore comme meurtri. Il se plaint de douleurs internes, surtout à la poitrine. Son état n'est pas sans inspirer quelques inquiétudes. »

1 Duguay-Trouin (René), célèbre marin français, né à Saint-Malo, en 1673, mort en 1736.

éclats de tonnerre et des éclairs se succédèrent longtemps sans laisser presque aucun intervalle. » En 1793, le vaisseau anglais le *Duke*, qui portait 90 canons, fut foudroyé au moment où il échangeait la canonnade la plus vive contre un des forts de la Martinique. Nous citerons encore l'orage qui, le 24 juin 1859, éclata vers la fin de la bataille de Solférino.

C. Un moyen analogue au précédent consiste à sonner les cloches à toute volée pendant les orages. A-t-il réellement l'efficacité que beaucoup de personnes lui attribuent, ou bien, ainsi que d'autres le prétendent, est-il plus propre à attirer la foudre qu'à l'éloigner ? La vérité est que rien ne prouve que le son des cloches ait une influence quelconque sur les nuages orageux. Toutefois, comme les clochers, en raison de leur élévation et de leur forme aiguë, sont plus exposés à être foudroyés que les autres édifices, il est excessivement dangereux pour les sonneurs de mettre les cloches en branle. En effet, si la foudre vient à tomber sur le clocher, il y a cent à parier contre un que la corde, presque toujours plus ou moins humide, fera l'office de conducteur et dirigera la décharge sur le sonneur, qui sera immanquablement tué ou blessé. Que les hommes de bon sens usent donc de leur autorité, surtout dans les campagnes, pour empêcher qu'on sonne les cloches quand il tonne, et cela, uniquement dans l'intérêt des personnes chargées de ce soin.

D. Il n'existe qu'un moyen de préserver les édifices des dangers de la foudre, et ce moyen consiste à les munir de **paratonnerres**.

Qu'est-ce donc qu'un paratonnerre ? On appelle ainsi une tige de fer, terminée en pointe, qui s'élève au-dessus de l'objet à garantir, et de l'extrémité inférieure de laquelle un conducteur, également de fer, descend jusque dans le sol.

La tige est fixée contre une des poutres de la toiture, à l'aide de ferrures solides, et on lui donne une longueur de 7 à 10 mètres, le plus souvent de 9 mètres 25, avec un diamètre, à la base, de 5 à 6 centimètres. On en fait la pointe en cuivre rouge ou en platine[1], parce que ces deux métaux s'altèrent peu au contact de l'air. Enfin, pour que la rouille ne puisse l'attaquer, on la revêt d'une mince couche de peinture noire, qui ne s'oppose point à la libre circulation de l'électricité. On prend aussi la même précaution pour le conducteur. Celui-ci est tantôt une tige de fer ayant de 15 à 20 millimètres de diamètre, tantôt un câble en fil de même métal[2] et ayant les mêmes dimensions. L'important est qu'il ne présente, d'un bout

Fig. 4. — Habitation munie d'un paratonnerre.

à l'autre, aucune solution de continuité. Il faut, en outre, que sa partie inférieure plonge dans l'eau d'une rivière

1. Ordinairement, on forme la tige de trois parties : la tige proprement dite, qui est de fer ; une baguette de cuivre, qui a 60 centimètres de hauteur ; une aiguille de platine, qui est longue de 5 centimètres.

2. Un simple fil de fer ne suffirait pas, parce que la foudre pourrait le briser ou le fondre.

ou dans celle d'un puits intarissable. Il serait peu prudent de se borner à l'enfoncer dans une citerne ou dans un sol simplement humide. Il vaudrait mieux alors la prolonger au loin jusqu'à ce qu'on rencontrât une grande masse d'eau, en ayant soin toutefois de l'entourer, pendant le trajet souterrain, d'une épaisse couche de braise de boulanger[1]. La figure 4 représente un édifice muni d'un paratonnerre établi ainsi que nous venons de le dire.

Un seul paratonnerre suffit pour un bâtiment peu étendu. Quand on a une grande surface à protéger, il est nécessaire de disposer plusieurs tiges verticales à une distance convenable les unes des autres ; on les relie ensemble par une tige de fer qui court le long du faîte, et l'on donne à chacune un conducteur particulier. On admet généralement qu'un paratonnerre garantit tout ce qui est autour de lui à une distance double de la hauteur de sa tige, au-dessus du point d'attache sur le toit.

Le paratonnerre ne sert pas seulement à mettre les édifices à l'abri des ravages du feu du ciel; on l'emploie aussi pour obtenir les mêmes résultats à bord des navires. Dans tous les cas, quand il est établi avec soin, il fonctionne d'une manière tout à fait satisfaisante[2]. Voici, à l'appui de son efficacité, quelques faits choisis entre mille. Autrefois, le célèbre clocher de la cathédrale de Strasbourg et celui non moins célèbre de Saint-Marc, à Venise[3], étaient, à chaque instant, frappés par la foudre, qui y produisait souvent des dégâts considérables. Depuis qu'on les a munis de paratonnerres, le feu du ciel ne les a plus endommagés. Un auteur anglais raconte que six églises du Devonshire furent foudroyées, mais qu'une

1. Le charbon ordinaire ne conviendrait pas, parce qu'il n'est pas assez bon conducteur.

2. Au contraire, un paratonnerre mal construit est une cause perpétuelle de dangers.

3. Le clocher de Strasbourg s'élève à 142 mètres au-dessus du pavé, et l'on parvient au sommet au moyen d'un escalier de 635 marches. Après la principale des trois grandes pyramides d'Egypte, qui compte 146 mètres, c'est la construction la plus haute que les hommes aient édifiée. Le clocher de l'église Saint-Marc n'a que 102 mètres.

seule n'éprouva aucun dégât : or c'était la seule qui eût un paratonnerre. En janvier 1814, un orage ayant éclaté sur la ville de Plymouth, un seul des navires qui se trouvaient dans le port fut frappé par la foudre, et c'était le seul qui fût sans paratonnerre. Seize ans plus tard, trois bâtiments qui étaient à l'ancre dans le canal de Corfou, furent foudroyés en même temps. Deux d'entre eux, qui n'avaient point de paratonnerre, éprouvèrent des avaries très-graves, tandis que le troisième, quoique ayant reçu plusieurs coups de foudre, dut à son paratonnerre de sortir sain et sauf de l'orage[1].

L'invention du paratonnerre est une des plus merveilleuses applications de la science. Quelques écrivains, se fondant sur des textes mal compris, ont cru pouvoir en faire honneur aux anciens ; mais elle n'a pu évidemment avoir lieu que lorsqu'on est parvenu à connaître la cause véritable de la foudre. Or cette connaissance, nous ne l'avons acquise qu'au milieu du siècle dernier. L'identité de la foudre et de l'électricité, quoique déjà soupçonnée depuis plusieurs années, n'a en effet été démontrée qu'en 1750 ; et, ce qu'il y a de singulier, c'est que ce grand progrès scientifique fut réalisé presque en même temps, en Europe, par M. de Romas, juge à Nérac, dans

1. « On a généralement, dans le monde, une idée fausse de la manière d'agir des paratonnerres. Ainsi, on croit qu'ils *attirent* la foudre au moment où elle éclate, et qu'ils la conduisent dans le sein de la terre, où elle se perd. Cependant leur action est toute différente. Lorsqu'un nuage orageux passe au-dessus d'un paratonnerre bien établi, les électricités naturelles de la tige et du conducteur sont décomposées ; l'électricité de même nom que celle dont est chargé le nuage est repoussée dans le sol ; celle de nom contraire est attirée au sommet de la tige, d'où elle s'écoule dans l'air, par la pointe, pour aller neutraliser peu à peu celle du nuage ; il s'établit ainsi deux courants en sens contraire ; et, comme les deux fluides n'éprouvent aucun obstacle à leur circulation, l'un dans le sol, l'autre dans l'air, il ne peut pas y avoir d'accumulation d'électricité, et toute explosion est impossible. L'objet des paratonnerres est donc de prévenir les explosions, et non de les détourner. Il y a un autre préjugé qui consiste à croire qu'il faut absolument isoler, des objets à garantir, toutes les parties de l'appareil ; ce qui est tout à fait inutile, même lorsque les paratonnerres sont établis sur des objets bons conducteurs, comme les charpentes en fer. Dans ce dernier cas, il faut, au contraire, favoriser la communication ; car le voisinage des nuages doit nécessairement décomposer l'électricité de ces corps ; et ils pourraient être frappés, quoique étant tout près du paratonnerre, si celui-ci ne favorisait pas l'écoulement du fluide décomposé. La seule chose qu'il faille éviter, c'est que les paratonnerres ne soient dominés par des corps voisins plus élevés qu'eux ; car les nuages exerceraient alors sur eux une action moins grande que sur ces objets, et ils pourraient être frappés. » (L. R.)

notre département de Lot-et-Garonne, et en Amérique, par Benjamin Franklin[1], un des plus illustres citoyens des États-Unis. Un peu plus tard, Franklin créa le paratonnerre, et le premier appareil de ce genre qui ait existé fut élevé, en 1760, d'après ses instructions, sur la maison d'un de ses amis, le commerçant West, à Philadelphie[2].

NEUVIÈME LECTURE.

Les Aurores boréales.

Ce qu'on entend par « aurore boréale. » Description générale du phénomène. Lieux où il apparaît. Ce qu'en pensaient les anciens. Opinion des modernes.

1. On donne le nom d'**aurore boréale** à un météore[3] plus ou moins brillant, qui se montre généralement dans la partie septentrionale du ciel. Elle ne peut être confondue avec le crépuscule[4]. En effet, pendant l'hiver, sa position suffit pour la faire parfaitement reconnaître. Pendant l'été, elle s'en distingue encore davantage par sa blancheur, son éclat, son rayonnement particulier, et souvent par l'arc lumineux qui l'accompagne.

2. Les aurores boréales se voient toute l'année. Néanmoins, c'est à l'époque des équinoxes[5] qu'elles sont le plus fréquentes. Elles apparaissent le plus souvent après le coucher du soleil, durant une ou plusieurs heures, et il n'est pas rare de les voir se montrer plusieurs fois dans la même nuit, comme aussi plusieurs nuits de suite.

1. Franklin (Benjamin), né à Boston, en 1706, mort en 1790.
2. Voyez nos PETITES LEÇONS SUR LES GRANDES INVENTIONS, LE COMMERCE ET L'INDUSTRIE.
3. Voyez, pour la signification du mot *météore*, la note de la page 39
4. *Crépuscule.* Lumière incertaine qui se répand dans l'atmosphère quelque temps avant le lever et après le coucher du soleil. Dans le premier cas, c'est le crépuscule du matin, appelé particulièrement *aurore;* dans le second cas, c'est le crépuscule du soir, ou le crépuscule proprement dit.
5. Voyez, pour la signification de ce mot, la note de la page 35.

3. Quand une aurore boréale doit paraître, « on commence, après la chute du jour, à distinguer une lueur confuse. Bientôt des jets de lumière s'élèvent au-dessus de l'horizon; ils sont larges, diffus et irréguliers; on remarque en général qu'ils tendent vers le zénith[1]. Après ces apparences déjà très-variées, qui sont comme le prélude du phénomène, on voit à de grandes distances deux vastes colonnes de feu, l'une à l'orient, l'autre à l'occident, qui montent lentement au-dessus de l'horizon. Pendant qu'elles s'élèvent avec des vitesses inégales et variables, elles changent sans cesse de couleur et d'aspect; des traits de feu

Fig. 5. — Aurore boréale.

plus vifs ou plus sombres en sillonnent la longueur, ou les enveloppent tortueusement; leur éclat passe du jaune au vert foncé ou au pourpre étincelant. Enfin, les sommets de ces deux colonnes s'inclinent, se penchent l'un vers

1. *Zénith.* On appelle ainsi le point du ciel qui, pour chaque lieu, est situé au-dessus de la surface de la terre, sur le prolongement de la ligne verticale.

l'autre, et se réunissent pour former un arc ou plutôt une voûte de feu d'une immense étendue (fig. 5). Quand l'arc est formé, il se soutient majestueusement dans le ciel pendant des heures entières. L'espace qu'il renferme est en général assez sombre, mais d'instants en instants il est traversé par des lueurs diffuses et différemment colorées. Au contraire, dans l'arc lui-même, on voit incessamment des traits de feu d'un vif éclat qui s'élancent au dehors, sillonnent le ciel verticalement comme des fusées étincelantes, passent au delà du zénith, et vont se concentrer dans un petit espace à peu près circulaire, que l'on appelle la *couronne* de l'aurore boréale. Dès que cette couronne est formée, le phénomène est complet; l'aurore a déployé dans le ciel les plis de sa robe de feu : on peut la contempler dans toute sa majesté. Après quelques heures, ou, d'autres fois, après quelques instants, la lumière s'affaiblit peu à peu; les fusées ou les jets deviennent moins vifs ou moins fréquents; la couronne s'efface, l'arc devient languissant, et enfin l'on n'aperçoit plus que des lueurs incertaines qui se déplacent lentement et qui s'éteignent. »

4. Les aurores boréales ne déploient toute leur magnificence que dans les pays situés tout à fait au nord, en Laponie, au Spitzberg, en Sibérie, en Islande, au Groenland. Celles qu'on voit dans nos climats se réduisent le plus souvent à une coloration rougeâtre qui ressemble au reflet de quelque grand incendie. Les anciens les regardaient comme le présage de quelque fléau redoutable. Pour les modernes, elles sont de simples phénomènes naturels, dont la cause n'est pas encore connue.

DIXIÈME LECTURE.

Les Fleuves et les Rivières.

Attrait de l'étude des grands « courants d'eau. » Services qu'ils rendent à l'homme. Où les « fleuves » et les « rivières » prennent naissance. Curieuse remarque sur la direction des grands fleuves. Vitesse des cours d'eau. Fleuves qui sont en communication naturelle. Cours d'eau qui se perdent dans le sol, soit momentanément, soit pour toujours : causes de ce phénomène. Crues des fleuves et des rivières. Leur origine, leurs effets. Ce qu'on appelle « crues périodiques : » le Nil. Terres créées par les grands cours d'eau : les « deltas. » Anciennes villes maritimes devenues des villes d'intérieur : causes de ce fait.

1. Il est peu d'objets dont l'étude soit plus intéressante que celle des grands **cours d'eau**[1]. En raison des services qu'ils rendent aux hommes, les anciens avaient cru devoir les diviniser; aujourd'hui même, les habitants de l'Inde ont une vénération profonde pour le Gange, dont ils regardent les eaux comme sacrées. C'est, en effet, aux **fleuves** et aux **rivières** que les plaines et les vallées doivent la vie et la fécondité. Partout où ils coulent, les plantes naissent, la végétation prospère et les animaux s'y établissent, sûrs d'y trouver des abris et une nourriture suffisante. Enfin, l'homme y construit sa demeure et se sert de leurs eaux pour développer ses arts et en échanger au loin les produits. L'influence que les fleuves et les rivières exercent sur les progrès de la civilisation a été reconnue dès les temps les plus anciens. Les grands écrivains de la Grèce et de Rome avaient même déjà observé combien notre pays est bien partagé sous ce rapport.

2. Quelques fleuves prennent leur origine dans des lacs, qu'ils mettent ainsi en communication directe avec la mer. D'autres sortent de petites élévations situées au milieu des plaines. Mais, le plus souvent, ils ont leur

1. « Les géographes routiniers donnent le nom de *fleuve* à tout cours d'eau qui se jette dans la mer, tandis qu'ils appellent *rivière* celui qui se jette dans un autre cours d'eau. Mais le langage ordinaire, d'accord avec le bon sens, refuse le titre de *fleuve* aux cours d'eau peu considérables, lors même qu'ils se jettent directement dans la mer, et leur donne simplement le nom de *rivière*. D'après cela, le Rhône et l'Hérault, par exemple, bien que se jetant tous les deux dans la mer, sont, celui-ci, une rivière, celui-là, un fleuve. Au reste, il n'est pas possible d'établir une distinction absolue entre un fleuve et une rivière, et de dire dans quel cas un cours d'eau qui a son embouchure dans la mer doit recevoir l'une ou l'autre dénomination : c'est l'usage seul qui fait loi. Quant à la distinction à établir entre la *rivière* et le *ruisseau*, on peut la fonder sur son importance relativement à la navigation, et réserver ce dernier nom pour désigner les cours d'eau qui ne sont ni navigables, ni flottables. » (B. D.)

source dans les hautes chaînes de montagnes couvertes de glaces et de neiges éternelles. Tous, à mesure qu'ils s'éloignent de leur point de départ, reçoivent dans leur sein les cours secondaires que renferme leur bassin[1], en sorte qu'ils arrivent à la mer avec un volume d'eau incomparablement supérieur à celui qu'ils avaient à leur naissance. Toutefois, malgré l'immense quantité de liquide qu'elle reçoit, celle-ci ne change pas de niveau, parce que, comme nous l'avons dit ailleurs, l'évaporation lui enlève à chaque instant une masse d'eau exactement égale à celle qui s'y jette.

3. Une remarque faite depuis assez longtemps, c'est que les fleuves les plus grands et les plus nombreux coulent de l'ouest à l'est. A ce double point de vue de l'importance et du nombre, ceux qui se dirigent du sud au nord et du nord au sud sont à peu près égaux. Quant à ceux qui vont de l'est à l'ouest, ils sont peu nombreux et, en général, peu considérables. Ces faits ont leur explication dans la structure particulière que présentent les plateaux et les chaînes de montagnes.

4. Une autre observation non moins remarquable, c'est que souvent, au lieu de couler dans une vallée unique, les fleuves parcourent plusieurs vallées successives en se frayant un passage à travers les chaînes de montagnes qui les séparent. Le Rhin, le Danube, l'Elbe, le Rhône, sont dans ce cas. Ces deux sortes de phénomènes ont pour cause la nature du terrain, qui tantôt se laisse miner et détruire par les eaux, tantôt, au contraire, leur oppose un obstacle inattaquable.

5. Quand les fleuves descendent des montagnes, ils ont toujours une très-grande rapidité ; mais, à mesure qu'ils s'avancent dans les plaines, leur cours devient de plus en plus lent, par suite du frottement continu que leurs eaux subissent en glissant sur le fond et sur les bords

1. *Bassin de fleuve.* On sait que l'on appelle ainsi la surface de terrain arrosée par un fleuve et les divers cours d'eau qui se jettent dans ce fleuve. Les bassins de fleuve sont limités, tantôt par de grandes chaînes de montagnes, tantôt par des lignes de hauteurs à peine perceptibles.

Toutefois la pente du sol n'est pas la seule cause de la vitesse des cours d'eau. Celle-ci dépend aussi de la pression que la masse liquide des parties supérieures du courant exerce sur celle des parties inférieures, d'où il résulte que, toutes choses étant d'ailleurs égales, un grand fleuve doit être plus rapide qu'un petit. Dans tous les cas, c'est à la surface et vers le milieu de la largeur que le mouvement est le plus rapide : il est plus lent vers le fond et plus encore vers les rives.

6. Quand deux fleuves ont leur origine dans les montagnes, il est impossible qu'ils puissent communiquer entre eux ; mais il n'en est pas toujours de même lorsqu'ils sont descendus dans les plaines. En effet, il arrive parfois alors que les lignes de hauteurs qui les séparent s'abaissent tellement qu'une jonction naturelle s'établit entre leurs bassins. C'est ainsi que, dans l'Amérique du Sud, le Maragnon, ou fleuve des Amazones, est mis en communication avec l'Orénoque, le Rio-Negro, affluent du premier, s'unissant avec le Cassiquiare, branche du second. On trouve assez souvent des jonctions de ce genre à l'embouchure des grands fleuves, dans ce qu'on appelle *deltas* [1], mais elles sont extrêmement rares dans l'intérieur des continents.

7. En effectuant leur marche, certains cours d'eau aboutissent à des terrains spongieux, ou bien rencontrent une colline formée de roches caverneuses qui barre la vallée où ils coulent. Dans le premier cas, ils sont absorbés et ne reparaissent plus. Dans le second cas, ils continuent à circuler sous terre et se montrent de nouveau un peu plus loin.

On connaît un assez grand nombre de cours d'eau importants qui se perdent momentanément. Ainsi, la Guadiana, l'un des fleuves les plus considérables de l'Espagne, s'engouffre dans un marais, près du village de Castillo de Cerrera, et reparaît une vingtaine de mille mètres plus loin. Ainsi, la Meuse se perd à Bazoille, département

1. *Delta.* Pour la signification et l'origine de ce mot, voy. p. 61.

des Vosges, et reparaît à Noncourt, après un cours souterrain de quinze kilomètres. Ainsi encore faisait autrefois le Rhône, entre Seyssel et l'Écluse, sous un rocher qu'on a détruit, il y a quelques années, pour établir un canal de flottage.

8. Rien de plus variable que la masse d'eau des fleuves et des rivières. Très-abondante en hiver dans la plupart, elle diminue énormément en été : quelquefois même, ainsi que les pays chauds en offrent de nombreux exemples, elle disparaît complétement, en sorte que le lit se trouve momentanément à sec.

9. Les crues des cours d'eau peuvent provenir de plusieurs causes. Néanmoins, en général, elles sont dues, soit à l'abondance ou à la continuité des pluies, soit à la fonte trop rapide des neiges. C'est ce qui explique pourquoi les plus considérables et, en même temps, les plus longues, ont lieu en automne et au commencement du printemps. Quand elles dépassent certaines limites, elles produisent des inondations désastreuses qui portent la désolation et la ruine partout où elles pénètrent. Lorsque, au contraire, elles ne sont ni trop abondantes, ni trop subites, elles deviennent parfois un bienfait parce qu'elles déposent des limons fertilisants dont l'agriculture peut tirer parti.

Dans les climats tempérés, la formation des crues n'a rien de fixe. Il en est tout autrement entre les tropiques. En effet, dans cette partie de la terre, il tombe régulièrement, chaque année et pendant plusieurs mois, des pluies diluviennes et continues, qui font enfler et déborder tous les cours d'eau. Il en résulte donc des inondations périodiques; seulement, le moment où elles arrivent n'est pas le même pour tous les pays.

La plus célèbre de ces crues régulières est celle du Nil : elle nous offre un magnifique exemple de la permanence des lois de la nature, car il est reconnu qu'elle n'a pas varié, pendant trois mille ans, sous le rapport de l'époque et de la durée. C'est à elle que l'Égypte doit sa fertilité. Elle commence au mois de juin et atteint son maximum vers la fin d'août. Les eaux restent stationnaires pendant quelques jours, après quoi elles décroissent graduellement jusqu'au mois de mai suivant, où elles reprennent leur niveau primitif.

10. Nous venons de parler du limon qu'entraînent les cours d'eau. Ils en abandonnent les parties les plus grossières dans les vallées supérieures, et transportent les autres jusqu'à la mer, où le mouvement opposé des vagues les rejette à la côte. Il en résulte des dépôts qui, s'accroissant peu à peu pendant une longue suite de siècles, finissent par s'élever au-dessus du niveau des flots et par devenir habitables. « Il se crée ainsi des provinces, des royaumes entiers, ordinairement les plus fertiles et les plus riches du monde, si, dit Cuvier[1], les gouvernements laissent l'industrie s'y exercer librement. »

Il existe de ces « plaines d'alluvion, » comme on les appelle, à l'embouchure de tous les grands fleuves. La basse Égypte tout entière n'a pas d'autre origine. Comme elle est triangulaire, les anciens lui avaient donné le nom de *delta*, de celui d'une lettre grecque qui a cette forme (Δ), et les modernes ont adopté ce nom pour désigner toutes les terres de même formation.

En France, la Camargue, au-dessous d'Arles, est un magnifique delta de 74,000 hectares de superficie, qui est dû aux dépôts du Rhône.

A mesure que les matières terreuses charriées par les courants d'eau s'ajoutent à celles qui ont déjà été déposées, on conçoit que les deltas s'avancent proportionnellement dans la mer. C'est ce qui explique pourquoi certaines villes qui, autrefois, avaient leurs murailles battues par les flots, se trouvent aujourd'hui plus ou moins enfoncées dans l'intérieur. Ainsi, Adria, qui au premier siècle de notre ère, était un port de l'Adriatique, est aujourd'hui à plus de dix-huit kilomètres de cette mer. Ainsi encore, Rosette, en Egypte, qui, il y a mille ans, était

1. Cuvier (Georges), célèbre naturaliste français, né à Montbéliard (Doubs), en 1769, mort à Paris, en 1832.

sur le bord de la Méditerranée, en est maintenant à neuf kilomètres.

ONZIÈME LECTURE.

Le Mascaret.

Curieux phénomène de l'embouchure des grands fleuves. « Le pororoca, » le « bore, » le « mascaret, » trois noms pour une seule chose. Effets du mascaret. Mascaret de la Seine. La « barre. »

1. En arrivant à la mer, la plupart des fleuves donnent lieu à un phénomène très-remarquable, provenant du choc réciproque des deux masses d'eau. Il s'établit entre le fleuve et les vagues une sorte de lutte gigantesque, et au moment du flux, la résistance de celles-ci devient assez grande pour refouler l'eau du fleuve et occasionner souvent de désastreuses inondations.

2. C'est surtout à l'époque des grandes marées que le spectacle devient à la fois grandiose et terrible.

A l'embouchure de l'Amazone, où on l'appelle *pororoca*, ce sont trois ou quatre lames de cinq à six mètres de hauteur, qui remontent le fleuve avec un bruit horrible, une vitesse effrayante, et dont l'impulsion se fait sentir jusqu'à plus de cent lieues dans l'intérieur.

A l'embouchure de l'Indus et du Gange, où on lui donne le nom de *bore*, il présente un aspect non moins majestueux. Au moment où les eaux s'avancent, on entend, dit un ancien auteur, « malgré le calme apparent de la mer, un sourd grondement comparable à celui d'une armée qui marche au combat. »

En France, un phénomène de ce genre se voit sur la Dordogne, au bec d'Ambez, où on l'appelle **mascaret**. Il consiste en trois ou quatre hautes vagues qui remontent, l'une après l'autre, le fleuve sur toute sa largeur, jusqu'à sept ou huit lieues, et avec une vitesse de quatre à cinq mètres par seconde.

3. L'embouchure de la Seine offre aussi un mascaret qui, aux grandes marées d'automne, ne manque pas de terrible majesté et cause trop souvent de grands désastres. On en jugera par la description qu'en a faite un observateur qui s'était rendu à Caudebec et à Villequier, pour être témoin de celui du 17 septembre 1859.

« Par un beau calme, et par un jour des plus paisibles, un bruit lointain et qui se renforçait de moment en moment annonça l'envahissement des eaux de l'Océan.

« Il est impossible d'exprimer la confusion des ondes qui, à l'arrivée du mascaret, se heurtent en tous sens sur les bords et au milieu du lit rempli subitement par les eaux, qui ne savent à quelle impulsion obéir.

« De grandes vagues se brisent contre le quai et rappellent Neptune « qui ébranle la terre. » Des coups d'arrosoir, dits *éteules*, lancent la crête des vagues à plus de quinze mètres de hauteur et dépassent de moitié les petits phares[1] de la côte. Ces masses d'eau se creusent et s'arrondissent sur elles-mêmes en se dressant à la moitié de cette hauteur et retombant en dôme sur la courbe des ondes voisines, tantôt courant le long de la rive, tantôt se précipitant vers la terre et y lançant les pierres du fond.

« C'est un quart d'heure de convulsion inexprimable. Enfin, le courant se détermine, et le fleuve, enflé des eaux qui abondent continuellement de la mer, remonte avec plus de rapidité que les torrents ne descendent suivant leur pente naturelle.

« Entre Caudebec et Villequier, on peut observer les dégâts causés par le mascaret.

« Pendant une lieue, à partir de Caudebec, en descendant la Seine, la route suit le fleuve entre la plus belle et la plus pittoresque des falaises[2] de Normandie et d'étroites prairies

1. *Phares.* Tours plus ou moins élevées qu'on établit sur certains points des côtes, et au sommet desquelles, pendant la nuit, on entretient des feux allumés, afin de signaler aux navires l'entrée d'un port ou d'une rade, le voisinage d'un endroit dangereux, etc.

2. *Falaises.* On appelle ainsi les terres ou rochers élevés qui se montrent sur certains points des côtes, en formant de dangereux précipices. Les falaises de la Normandie ont une hauteur qui, dans plusieurs endroits, atteint jusqu'à 150 m.

qui sont la fertilité même, mais que le mascaret mine tous les mois. De beaux rideaux de peupliers, dont la terre est délayée sous les racines, sont près de s'abattre dans l'eau et de disparaître avec la rive qui les porte. En plusieurs endroits de cette belle route, on aperçoit, après le passage du mascaret, des pierres confusément éparses sur le gravier uni du chemin. On serait d'abord tenté de croire qu'elles proviennent d'une roche éclatée en pièces; mais l'escarpement rocheux est trop éloigné. Ce sont des empierrements du rivage que les flots ont disloqués et lancés sur la route, et même quelquefois par-dessus des haies et des parapets peu élevés. De grandes barques, solidement enchaînées, ont été soulevées et reportées sur la prairie; ce sont, pour parler comme un ancien, des naufrages en pleine terre, et l'Océan en pleine rivière. La prairie elle-même, délayée et minée par en dessous, s'écroule en plusieurs endroits et se dissout en limon, laissant ses arbres abattus plonger dans le courant destructeur. »

4. Dans certains endroits le phénomène est beaucoup moins prononcé qu'on vient de le voir. Ce n'est alors qu'une *barre*, c'est-à-dire une vague élevée, constante, et dont les mouvements sont plus ou moins irréguliers. Telle est, entre autres, la barre de l'Adour, que les navires ont souvent beaucoup de peine à franchir.

DOUZIÈME LECTURE.

Les Puits artésiens.

Origine de l'eau des puits ordinaires et de l'eau des sources. D'où vient celle des « puits forés » ou « puits artésiens. » Idée générale de la construction de l'écorce terrestre. Comment les eaux pluviales, en pénétrant dans le sol, y forment des nappes liquides. Possibilité de cribler de puits les vallées et les plaines. Ce qu'on entend par « puits forés; » pourquoi on les nomme « artésiens. » Ils ne sont pas une invention nouvelle. Haute ancienneté de leur usage. Les oasis africaines leur doivent l'existence. Ils n'ont attiré que fort tard l'attention des savants et des ingénieurs modernes. Très-limitées autrefois, leurs applications sont devenues aujourd'hui très-nombreuses. Usages que l'on fait de leurs eaux. Comment se forent les puits artésiens. En quoi consiste le sondage chinois ou sondage à la corde. Procédé des puisatiers algériens. Description sommaire des procédés employés en Europe.

1. L'eau des puits ordinaires et des sources n'est autre chose que l'eau de pluie ou de neige qui a glissé à travers les pores[1] ou fissures du sol, jusqu'à ce qu'une couche imperméable[2] l'ait empêchée de descendre plus bas. L'eau des **puits forés, ou puits artésiens,** n'a pas d'autre origine; mais, pour faire comprendre comment, des profondeurs où elle se trouve, elle peut arriver jusqu'à nous, il est nécessaire que nous revenions très-sommairement sur ce que nous avons dit de la constitution de la croûte terrestre.

2. Nous savons que l'écorce de notre planète se compose de masses minérales formées pour la plupart de couches placées les unes au-dessus des autres. Parmi ces couches, les unes sont constituées par des sables désagrégés et perméables, et les autres par des matières naturellement douées d'une imperméabilité complète. Dans l'origine, elles étaient toutes de niveau; mais, à l'époque de la formation des montagnes, elles furent brisées en divers points et chacun de leurs tronçons eut ses extrémités relevées. Depuis ce temps, elles représentent des espèces de vastes bassins dont la partie médiane s'étend horizontalement ou à peu près dans les plaines et les vallées, tandis que les bords se montrent à nu sur le flanc ou au sommet des montagnes et des collines qui les ont soulevés.

1. *Pores.* Du grec *poros*, passage. On appelle ainsi des intervalles qui existent entre les particules matérielles et solides des corps. Les trous que présentent les éponges sont des pores; mais, en général, les pores sont d'une telle petitesse qu'ils échappent à la vue.

2. *Imperméables.* Du latin *in*, particule négative, et de *permeare*, passer à travers. On qualifie ainsi les substances qui, en raison du petit nombre ou de la très-grande petitesse de leurs pores, ne se laissent point traverser par certains fluides, notamment par l'eau, ou du moins ne s'en laissent traverser qu'avec une extrême difficulté. L'argile, la cire, le caoutchouc, sont imperméables à l'eau. Les substances qui possèdent la propriété contraire sont dites *perméables*.

Ces points établis, on conçoit qu'en pénétrant dans les couches perméables par les extrémités à découvert, les eaux pluviales doivent nécessairement les parcourir, d'abord dans les parties inclinées, puis dans les parties horizontales, où leur accumulation finit par former des nappes liquides qui, très-souvent, se trouvent comme emprisonnées entre deux couches imperméables d'argile ou de roche. On conçoit aussi que si plusieurs couches perméables s'ouvrent au sommet ou sur le flanc des mêmes montagnes ou des mêmes

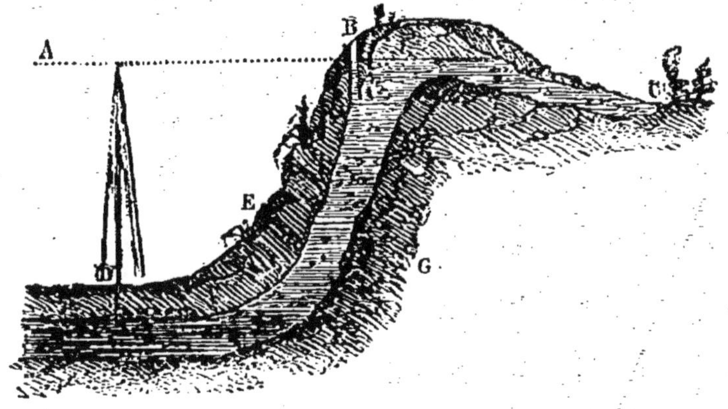

Fig. 6. — Théorie des puits artésiens.

collines, il doit en résulter un égal nombre de nappes liquides, placées les unes au-dessus des autres, et séparées entre elles par des couches imperméables plus ou moins épaisses.

Si donc, avec un instrument approprié, on fore un trou dans une plaine ou une vallée, à travers les terrains supérieurs, jusques et y compris la plus élevée des couches imperméables entre lesquelles la nappe liquide est renfermée, l'eau montera dans le trou à la hauteur que cette nappe conserve au sommet ou sur le flanc des montagnes où elle prend naissance. On comprend alors que, dans une même plaine ou une même vallée, des eaux souterraines peuvent avoir des forces ascensionnelles différentes. On comprend également que la même nappe peut, sur un point, jaillir à une grande hauteur, tandis que, sur un autre, elle n'atteindra pas la surface du sol. La cause de ces dissemblances est uniquement due à de simples différences de niveau. Ainsi, on voit par la figure 6, que si l'on perçait le trou en B, l'eau s'y mettrait de niveau avec le sommet de la nappe, et l'on aurait un puits ordinaire. En D, au contraire, on aurait une source jaillissante, un véritable jet d'eau, parce que l'eau tendrait à s'élever jusqu'à son niveau primitif AB[1]. Enfin, si la nappe souterraine affleurait le sol en C, l'eau, en s'écoulant librement, formerait un ruisseau ou une rivière, suivant son plus ou moins d'abondance.

3. Les trous percés dans le sol en vue de livrer passage aux eaux souterraines constituent les *puits forés*. En France, on les appelle vulgairement *puits artésiens*, parce que c'est dans l'ancienne province d'Artois que paraissent avoir été établis les premiers qu'il y ait eu dans notre pays[2]. Beaucoup de personnes regardent ces ouvrages comme une invention moderne. La vérité est qu'ils sont une chose très-ancienne, car les Égyptiens les connaissaient plusieurs siècles avant Jésus-Christ, et il en était probablement de même des Chinois et des diverses populations du nord de l'Afrique. Dans tous les cas, c'est aux puits artésiens que le Sahara africain doit les îles de verdure nommées *oasis*, qui mouchètent ses immenses solitudes. Aujourd'hui encore, il existe au Maroc, en Algérie, dans la Tunisie, des corporations de puisatiers qui, malgré la grossièreté de leurs procédés, ne manquent pas d'une certaine habileté. Seulement leurs

1. Dans les puits jaillissants, l'eau s'élève en vertu de ce qu'on appelle « le principe des vases communiquants. » En effet, on apprend en physique que lorsqu'on établit une communication entre plusieurs vases contenant le même liquide, celui-ci se répartit d'un vase dans l'autre, jusqu'à ce que tous les niveaux soient dans le prolongement l'un de l'autre sur le même plan horizontal, et cela a lieu quelle que soit la forme des vases. On applique cette tendance des liquides à reprendre leur niveau, pour établir des jets d'eau, ainsi que pour distribuer l'eau dans les villes. L'instrument, appelé *niveau d'eau*, dont on se sert dans les nivellements, repose aussi sur le même principe.

2. Le plus ancien puits foré de cette province dont il soit question dans les historiens paraît être celui qui fut creusé, en 1126, dans un couvent de chartreux, à Lillers, aujourd'hui chef-lieu de canton du Pas-de-Calais.

travaux n'ont qu'une durée éphémère, parce que les moyens dont ils se servent pour soutenir les parois des puits sont si imparfaits, que ceux-ci se comblent en peu de temps.

4. Quoique, ainsi que nous venons de le voir, les puits artésiens remontent à une époque fort reculée, ce n'est cependant que depuis une cinquantaine d'années qu'ils ont attiré l'attention des savants et des ingénieurs européens; mais leur utilité une fois reconnue, on s'est empressé de les multiplier partout, en même temps qu'on leur a cherché de nouvelles applications et qu'on a créé un admirable outillage pour les creuser, même dans les terrains en apparence les plus rebelles.

5. Les anciens n'avaient vu dans les puits artésiens qu'un moyen de se procurer de l'eau pour les usages domestiques et les besoins généraux de l'agriculture. A ces deux applications les modernes en ont ajouté une foule d'autres non moins importantes[1].

Comme les eaux qu'ils fournissent ont une température constante et toujours élevée[2], on les utilise souvent pour chauffer les serres et les appartements, en les faisant circuculer dans des tuyaux convenablement disposés.

Pour le même motif, on les emploie, dans les hivers les plus rigoureux, pour faire marcher les roues hydrauliques, soit directement, quand elles sont assez abondantes, soit indirectement quand elles sont insuffisantes; dans ce dernier cas, elles servent à fondre les glaçons qui empêchent le mouvement de ces machines.

On en fait aussi usage pour établir des cressonnières artificielles et pour rouir les lins de choix destinés à la fabrication des dentelles, des batistes, des linons et autres tissus analogues, parce que, dans ces deux circonstances,

1. Le point de départ, en France, de cette heureuse révolution a été un prix proposé, en 1818, par la société savante qui existe à Paris sous le nom de *Société d'encouragement pour l'industrie nationale*. Ce prix fut remporté, en 1821, par M. Garnier, ingénieur en chef des mines.

2. La température des eaux artésiennes est d'autant plus élevée que ces eaux viennent d'une plus grande profondeur, preuve, ainsi que nous l'avons dit ailleurs, de la chaleur centrale.

elles produisent de bien meilleurs effets que les eaux ordinaires.

Leur limpidité constante les fait encore préférer dans une foule d'usines, notamment dans les papeteries, parce qu'elles préservent des chômages forcés auxquels donne lieu l'impureté des eaux de rivière, à l'époque des orages et des crues.

On sait que, dans les étangs, les poissons meurent, l'hiver, par de trop grands froids, l'été, par des chaleurs excessives. En y amenant les eaux d'un puits artésien, on remédie à cet inconvénient, parce qu'on prévient les variations extrêmes que les saisons produisent dans la température.

Enfin, une autre application d'une haute utilité, c'est que l'on établit souvent des puits forés pour leur faire jouer le rôle de puits absorbants, c'est-à-dire « pour jeter dans les entrailles de la terre des eaux qui, retenues à la surface sur des bancs imperméables d'argile ou de pierre, rendraient de grandes étendues marécageuses et impropres à la culture. »

6. Comment fore-t-on les puits artésiens? On procède de plusieurs manières, mais, dans toutes, l'opération devient de plus en plus difficile, à mesure que la profondeur augmente[1].

A. En Chine, on commence par forer, avec une tarière, un trou de quelques mètres de profondeur, puis on continue le trou en y faisant danser une espèce de mouton ou de pilon attaché à une corde. Ce procédé est désigné sous le nom de *sondage chinois* ou *sondage à la corde*. Il se recommande par la simplicité et l'économie de l'outillage, mais il ne présente aucune certitude sur le résultat du travail. En outre, il ne peut pas être employé dans tous les terrains.

B. Dans le Sahara algérien, où l'eau se trouve à une

1. La profondeur des puits artésiens est excessivement variable. Dans certains pays, elle ne dépasse pas 50 mètres; très-souvent même, elle est de beaucoup inférieure. Dans d'autres, au contraire, elle est très-considérable. A Paris, le puits de Grenelle est profond de 558 mètres, et celui de Passy de 586. A Rochefort, il y en a un qui descend à 850 mètres.

profondeur de 50 à 100 mètres, les puisatiers arabes opèrent d'une manière tout à fait primitive. Ils creusent d'abord, avec une pioche, un trou carré de 10 à 90 centimètres de côté, que l'eau qui suinte de toutes parts ne tarde pas à remplir. Un ouvrier, muni d'un panier, plonge alors dans cette eau, y reste de deux à trois minutes, puis remonte à la surface, en ramenant le panier plein de sable : il ne peut faire dans sa journée que quatre ou cinq immersions. On voit assez combien ce procédé est lent, surtout quand, ce qui est assez fréquent, la colonne d'eau sous laquelle il faut travailler a de 40 à 50 mètres de hauteur. Il est, en outre, très-dangereux pour les ouvriers, qui, lorsqu'ils ne périssent pas par suffocation, finissent presque toujours par devenir phthisiques. Si encore, au prix de tant d'efforts, on parvenait à établir des ouvrages durables ! mais il n'en est rien. En effet, les Arabes se contentent de soutenir les parties sujettes aux éboulements au moyen d'un boisage mal fabriqué, qui ne tarde pas à pourrir et à céder à la pression des terres. Les sables font alors irruption, et si les plongeurs ne parviennent pas à réparer promptement ce désastre, le puits disparaît et, avec lui, la fertilité de la contrée. La ruine d'une multitude d'oasis n'a pas eu d'autre cause[1].

C. En Europe, on creusait autrefois le sol avec une espèce de grande vrille, que l'on faisait tourner à l'aide d'une barre de fer, et dont on allongeait la tige à mesure que le trou s'approfondissait. Aujourd'hui, on emploie ordinairement un procédé qui est dû à l'ingénieur saxon Kind, et dont nous allons donner une courte description.

Dans ce procédé, au lieu de forer la pierre avec une vrille, on la broie en laissant tomber une masse de fonte armée par-dessous de dents d'acier.

Cette masse est ce qu'on nomme un *trépan* (*fig.* 9). Elle pèse 1,800 kilogrammes. Quand elle est au fond du

1. Ce malheur n'est plus à craindre aujourd'hui, du moins en Algérie. En effet, depuis plusieurs années, le gouvernement s'occupe de doter ce pays de sources artésiennes, pour l'établissement desquelles on met à profit toutes les conquêtes de la science moderne. La première idée de ce bienfait inappréciable est due au général Desvaux et date de 1854.

puits, à 100 ou 200 mètres de profondeur, on la soulève d'environ 60 centimètres, puis on la lâche pour qu'elle

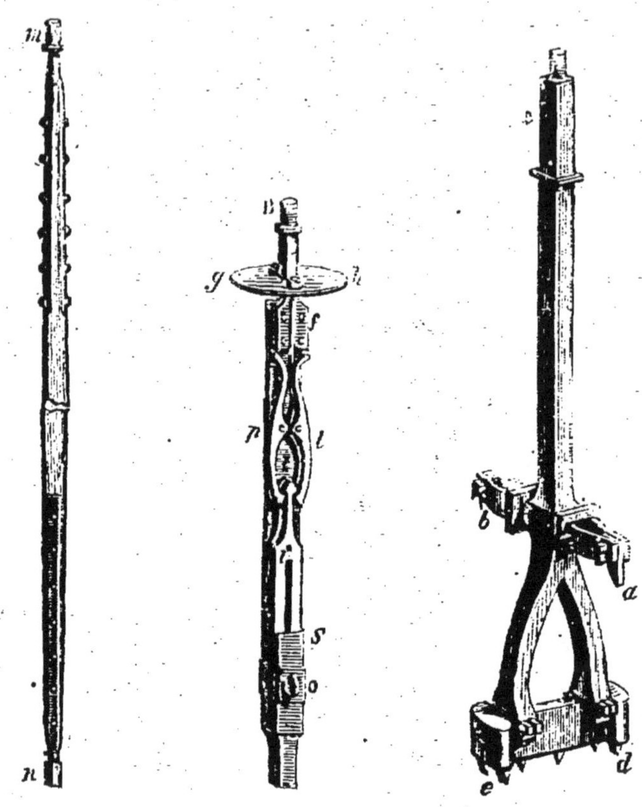

Fig. 7. Tiges en bois.

Fig. 8. Pinces et tête du trépan.

Fig. 9. Trépan.

retombe de tout son poids sur la pierre et la réduise en fragments.

« Pour arriver à ce résultat, on fait descendre dans le puits une longue série de tiges de bois *mn* (*fig.* 7), vissées les unes aux autres. Une machine à vapeur soulève périodiquement cette longue colonne, puis la laisse redescendre. Comme le puits est toujours plein d'eau, le poids effectif de la colonne se trouve diminué de tout le poids de l'eau qu'elle déplace.

« La partie inférieure de la colonne *mn* est vissée à une

pièce B (*fig.* 8) munie de pinces *pl.* Ces pinces, lorsque la colonne descend, se ferment et saisissent la tige S qui soutient le trépan. Quand la colonne remonte, elles entraînent le trépan avec elles et, arrivées à une certaine hauteur, elles s'ouvrent et le laissent tomber lourdement.

« La disposition ingénieuse qui ouvre ainsi les pinces et les ferme en temps utile, consiste essentiellement en un disque de cuir ou de gutta-percha *gh*, mobile le long de la tige qui porte les pinces *pl.* Le disque est relié à une petite tige *f*, qui pénètre entre les branches supérieures de la pince. Lorsque la colonne de bois *mn* remonte en entraînant le trépan, le disque éprouve, de la part de l'eau, une résistance qui s'exerce sur sa face supérieure, et qui l'arrête, tandis que la colonne continue son ascension. Le disque presse sur la tige *f*, qui empêche la pince de s'ouvrir. Si la colonne redescend, la résistance change de sens et se produit sur la face inférieure du disque. Celui-ci remonte peu à peu le long de la colonne, il entraîne la tige *f*, qui cesse de presser sur les branches de la pince, et cette dernière s'ouvre et le trépan tombe. Enfin, la tige, qui descend plus lentement, rencontre le trépan au fond du puits, et le reprend lorsqu'elle remonte.

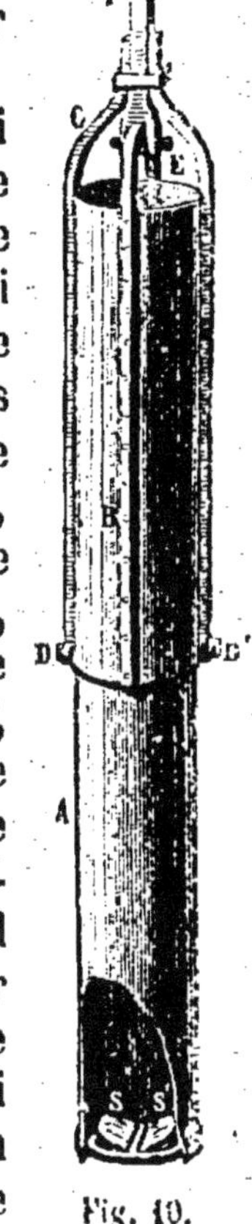

Fig. 10.
Seau de curage.

« C'est ainsi que l'on peut manœuvrer cette lourde masse au fond d'un canal de 4 à 500 mètres, rempli d'eau et de boue, avec autant de précision qu'en met dans son ouvrage un ouvrier intelligent.

« Au-dessous des pinces (*fig.* 8), se trouve une rainure *i*, d'un mètre de longueur, dans laquelle s'engage une barre transversale *o*, et grâce à laquelle les pinces, en descendant, rencontrent infailliblement la tête du trépan. Les branches tranversales *ba*, que porte la tige du trépan (*fig.* 9), sont munies de dents d'acier, qui usent les parois du puits et lui assurent un diamètre convenable.

« Lorsqu'on a fait manœuvrer le trépan pendant quelques heures, on enlève la colonne *mn*, ce qui se fait en la soulevant avec une corde et en dévissant une à une les parties qui la composent. On fait alors descendre dans le puits un long cylindre en tôle, ABC (*fig.* 10), de 5 mètres de long et de 50 centimètres de diamètre : c'est le *seau de curage*. Ce cylindre est ouvert à sa partie supérieure E ; mais le fond est fermé et muni de deux soupapes *ss'*, qui s'ouvrent de dehors en dedans. Quand il descend, les soupapes s'ouvrent, et l'eau, ainsi que la boue, passe dans le cylindre. Au contraire, quand il remonte, les soupapes se ferment. C'est en faisant plusieurs fois descendre et monter cet appareil qu'on enlève la boue produite par l'action du trépan, après quoi on recommence le battage[1]. »

C'est à l'aide du procédé Kind qu'on a foré le puits artésien de Passy, à Paris, lequel n'a pas moins de 586 mètres de profondeur.

TREIZIÈME LECTURE.

Les Comètes.

Ce qu'on pensait autrefois des « comètes. » Ce qu'en pensent encore certaines personnes. En quoi les comètes se distinguent des autres astres. Ce que c'est que le « noyau, » la « queue, » la « chevelure des comètes. » Comètes à plusieurs queues. La queue n'est pas un accessoire indispensable. Dimensions énormes de cet appendice. Singularité du mouvement des comètes. Ce qu'on entend par comètes « périodiques. » On en connaît cinq. Si une comète peut choquer la terre, et ce qui en résulterait.

1. On se faisait anciennement de singulières idées sur les **comètes.** On les regardait comme le présage de fâcheux événements, guerres, pestes, famines, morts de princes, etc., et leur apparition était presque toujours un sujet

1. Voyez le *Cours élémentaire de physique* de M. Gripon, tome II, p. 53-55.

de frayeur. On prétendait même reconnaître à quels signes elles menaçaient de tel ou tel malheur, et l'on avait rédigé des tableaux indiquant la signification qu'on devait y attacher, suivant la forme ou la longueur de leurs queues, le point du ciel où elles commençaient à se montrer, les constellations[1] qu'elles parcouraient, etc. Toutes ces idées sont aujourd'hui reléguées au rang des fables. Néanmoins, il règne encore, même chez certaines personnes que leur instruction devrait mettre à l'abri de l'erreur commune, la croyance que les comètes exercent une influence notable sur le cours des saisons, et par suite de laquelle nous aurions des températures plus ou moins élevées, des récoltes plus ou moins abondantes. Qui, par exemple, n'a entendu parler du vin de 1811, ou *vin de la comète*, dont on s'obstine à attribuer la supériorité accidentelle à l'apparition d'une comète? Ainsi qu'on l'a dit et prouvé de mille manières, la liaison que l'on croit exister entre l'apparition des comètes et les révolutions du monde physique et du monde moral ne repose sur aucun fondement.

2. Les comètes sont des astres véritables qui se meuvent autour du soleil de la même manière que les planètes[2]; mais elles se distinguent de celles-ci par leur aspect et la nature de leur mouvement.

3. Ordinairement, une comète se compose d'un point plus ou moins brillant, entouré d'une nébulosité lumineuse, qui se prolonge souvent en une traînée également lumineuse (*fig.* 11). Le point central est ce qu'on nomme *noyau*. La nébulosité s'appelle *chevelure*[3]. Quant à la traînée, elle est désignée sous le nom de *queue*. Cet appendice manque souvent, mais quelquefois il est multiple. On cite sous ce rapport une comète qui parut en 1744, et qui n'avait

1. *Constellations*, groupes d'étoiles qu'on a formés afin de pouvoir plus facilement se reconnaître parmi les millions d'astres qui peuplent la voûte céleste. Chaque constellation porte un nom particulier qui la fait distinguer des autres.
2. Voyez, sur ce qu'on entend par « planètes, » la note de la page 2.
3. C'est à cause de cette nébulosité que les astres dont nous parlons ont reçu le nom de « comètes, » du grec *comè*, chevelure.

pas moins de six queues, étalées en éventail. Au reste, les astres de cette classe ne paraissent avoir de queues que lorsqu'ils sont à une petite distance du soleil. Un fait très-remarquable, ce sont les dimensions énormes que présen-

Fig. 11. — Comète ordinaire.

tent parfois les queues des comètes. On en a observé qui n'avaient pas moins de trente-six, de quarante et même de soixante millions de lieues de longueur.

4. Le mouvement des comètes offre des particularités

Fig. 12. — Comète de 1744.

extrêmement remarquables. Ainsi, au lieu de se renfermer dans une partie déterminée du ciel, comme font les planètes, elles le parcourent dans tous les sens. Tantôt, leur marche est extrêmement lente; tantôt, au contraire, elle est douée d'une rapidité excessive. Quelques-unes ne sont visibles que pendant quelques jours, tandis que d'autres se montrent pendant plusieurs mois. Il en est, enfin, qui, après s'être manifestées à nos regards, disparaissent pour toujours, tant l'orbite[1] qu'elles décrivent est allongée. Par contre, plusieurs s'offrent de nouveau à notre vue au bout d'un temps plus ou moins long: quelques-unes, parmi ces dernières, ont même été étudiées avec assez de soin pour qu'il soit possible de savoir à quelle époque précise elles doivent revenir. Toutefois, on ne connaît encore que cinq de ces comètes à retour périodique. Ce sont celles de Halley, d'Encke, de Biéla, de Faye et de Brorsen, ainsi appelées du nom des astronomes qui en ont calculé la marche. La première reparaît tous les soixante-quinze ou soixante-seize ans, la seconde tous les trois ans et un tiers, la troisième tous les six ans trois quarts, la quatrième tous les sept ans et demi, et la cinquième tous les cinq ans et demi.

5. On s'est demandé plusieurs fois s'il ne serait pas possible qu'une comète vînt choquer la terre, et, le cas arrivant, quels en seraient les effets pour notre globe.

Qu'une comète vienne rencontrer la terre, il n'y a rien là d'absolument impossible; mais la chose est excessivement improbable. Comparant, en effet, le petit volume de la terre et des comètes à l'immensité de l'espace où ces globes se meuvent, on a calculé que lorsqu'une comète se montre, il y a 281 millions à parier contre un qu'elle ne viendra pas rencontrer notre globe. « On voit donc, dit à ce propos l'astronome Arago, qu'il serait ridicule à l'homme, pendant les quelques années qu'il a à passer sur la terre, de se préoccuper d'un pareil danger. »

1. *Orbite*. On appelle ainsi la ligne courbe que toute planète décrit à travers l'espace, en exécutant son mouvement de translation autour du soleil. L'astronome wurtembergeois Jean Kepler, né en 1571, mort en 1630, a découvert que les orbites des planètes sont des ellipses, c'est-à-dire des ovales plus ou moins allongés.

Au reste, la rencontre aurait-elle lieu que le mal ne serait pas bien grand; elle arriverait même sans que personne s'en aperçût, tant la matière qui constitue les comètes paraît éthérée. « La moindre toile d'araignée, dit à ce sujet un autre savant, opposerait peut-être plus d'obstacle à une balle de fusil. »

QUATORZIÈME LECTURE.

Les Pierres tombées du ciel.

Ce qu'on entend par « pierres tombées du ciel. » Quel est leur nom scientifique. Elles sont connues depuis la plus haute antiquité. Les savants n'ont commencé à y croire qu'à la fin du siècle dernier. Tombe-t-il plusieurs pierres à la fois? Phénomènes qui précèdent ou accompagnent la chute. Pluie de pierres de Laigle et de Pultusk. Poids extraordinaire de certains aérolithes. Accidents dus à la chute des pierres tombées du ciel. Sur la forme des aérolithes. De quelles substances elles sont formées. Sait-on d'où elles viennent?

1. De temps en temps, des masses minérales plus ou moins volumineuses tombent du ciel, c'est-à-dire se précipitent des régions élevées de l'atmosphère à la surface de notre globe. C'est aux corps ayant cette origine que l'on donne le nom d'**aérolithes**, de deux mots grecs qui signifient « pierres de l'air. »

2. La chute des aérolithes est connue depuis la plus haute antiquité. Il en est, en effet, question non-seulement dans les écrivains le plus dignes de foi de la Grèce et de Rome, mais encore dans les Livres saints. Les plus anciens annalistes de la Chine en parlent également comme d'un fait à l'abri de toute contestation. Enfin, les auteurs, tant chrétiens que musulmans, qui ont illustré le moyen âge[1],

1. *Moyen âge.* On appelle ainsi la période de temps qui sépare l'antiquité des temps modernes, et que l'on fait généralement commencer en 476 de notre ère, date de la chute de l'empire romain d'Occident, et finir en 1453, année de la prise de Constantinople par les Turcs.

rapportent une foule d'exemples du phénomène. Malgré tant de témoignages irrécusables, les savants ont longtemps nié qu'il fût possible que des pierres tombassent du ciel, et ils ont traité de superstition populaire la croyance à ce fait jusqu'à la fin du dernier siècle, où les travaux du physicien Chladni[1] les ont forcés à se rendre à l'évidence.

3. Ordinairement, il ne tombe qu'un petit nombre d'aérolithes à la fois; souvent même, il n'en tombe qu'un seul; mais quelquefois, ils sont en quantité si considérable que leur chute constitue une véritable *pluie de pierres.*

4. Dans la plupart des cas, quand un aérolithe tombe, le phénomène est accompagné de météores lumineux qui traversent l'air avec une rapidité prodigieuse et ont, en général, la forme d'un globe de feu (*bolide*) ou d'une espèce de fusée d'artifice (*étoile filante*). Quelquefois, au contraire, c'est d'un nuage obscur, qui se montre tout à coup par un ciel serein, que ces pierres se précipitent. On connaît aussi plusieurs exemples d'aérolithes tombés sans accompagnement de phénomènes de feu ou de nuages; mais, presque toujours, la chute de ces masses a lieu avec des détonations semblables à des coups de canon ou au bruit du tonnerre (*fig.* 13). En même temps, en traversant l'air, elles font entendre un sifflement qui a été comparé, soit au bruissement des ailes des oies sauvages ou d'une étoffe qu'on déchire, soit au sifflement que produisent les projectiles.

5. Une des plus célèbres pluies de pierres dont on ait conservé le souvenir est celle qui eut lieu à Laigle, département de l'Orne, le 26 avril 1803.

Vers une heure de l'après-midi, le ciel étant serein, on aperçut de Caen, de Pont-Audemer, de Falaise et de Verneuil, un globe enflammé, d'un éclat très-brillant, qui se mouvait dans l'atmosphère avec beaucoup de rapidité. Quelques instants après, on entendit à Laigle et

1. Chladni (Frédéric), physicien allemand, né en 1756, mort en 1827.

aux environs de cette ville, dans un cercle de plus de trente lieues de rayon, une explosion très-forte qui dura cinq à six minutes : ce furent d'abord trois ou quatre détonations qui ressemblaient à des coups de canon suivis d'une espèce de décharge analogue à une fusillade, après laquelle on entendit comme un épouvantable rou-

Fig. 13. — Aérolithe.

lement de tambours. Le bruit partait d'un petit nuage qui parut immobile pendant tout le temps que dura le phénomène. Seulement, les vapeurs qui le formaient s'écartaient momentanément de différents côtés par l'effet des explosions successives. Ce nuage se trouvait à une demi-lieue environ de la ville : il était très-élevé dans l'atmosphère. Dans tout le canton sur lequel il planait, on entendit des sifflements semblables à ceux d'une pierre lancée par une fronde, et l'on vit en même temps tomber une quantité de masses minérales. L'étendue de pays sur lequel s'abattit cette pluie formait un ovale de près de deux lieues et demie de long sur une de large, et l'on estima le nombre des aérolithes à trois mille au moins, le plus petit pesant 8 grammes et le plus gros 8 kilogrammes 75 grammes.

Une autre chute de pierres, aussi remarquable que celle de Laigle, a été observée à Pultusk, en Pologne, le 30 janvier 1868. Comme la précédente, elle débuta par un globe de feu qui passa au-dessus de Varsovie, vers sept heures du soir, en laissant derrière lui une traînée blafarde. En quatre secondes et demie, il parcourut près de cinquante lieues. Après deux explosions très-violentes qui se terminèrent par une série de coups comparables au roulement prolongé de plusieurs tambours ou à un feu de file bien nourri, on entendit des sifflements dus au rapide passage des pierres à travers l'atmosphère. Celles-ci se distribuèrent sur une superficie de 16 kilomètres carrés. Quelques-unes ne pesaient guère plus d'un gramme, mais le poids de plusieurs autres allait jusqu'à 7 kilogrammes. Quant à leur nombre, on le supposa au moins égal à celui de la pluie de Laigle.

6. Nous venons de parler d'aérolithes pesant 7 et près de 9 kilogrammes. On en a recueilli d'autres d'un poids bien plus considérable. Tel est, entre autres, celui qui, en 1810, tomba non loin de Santa-Rosa, dans la Nouvelle-Grenade, en Amérique : il pesait 750 kilogrammes, et son volume était presque le dixième d'un mètre cube. Or on conçoit quels accidents peuvent produire des masses aussi énormes. Aussi, trouve-t-on, dans divers ouvrages, des récits d'hommes et d'animaux tués ou blessés par des aérolithes. On attribue également à des pierres de même nature l'incendie de plusieurs édifices. Ainsi, le 13 novembre 1835, un météore enflammé éclata près du château de Lauzières et mit le feu à une grange couverte en chaume. Tout fut détruit en quelques minutes, bâtiment, récoltes, bestiaux, et l'on trouva un aérolithe dans les décombres.

7. Quelle est la forme des aérolithes? Elle varie à l'infini, mais tous présentent un caractère commun : c'est qu'ils paraissent détachés par rupture d'une masse plus volumineuse. Quant aux substances qui les composent, elles

ne diffèrent en rien de celles que fournit le globe terrestre. Les métaux surtout y figurent en forte proportion, et, parmi eux, le fer à l'état pur se trouve en abondance.

8. Une question qui est loin d'être parfaitement résolue est celle de savoir d'où viennent les aérolithes. Toutefois, on ne croit plus aujourd'hui qu'ils soient lancés, soit par les volcans de la lune, soit par ceux de la terre, et on semble assez généralement les considérer comme des espèces de très-petits astres qui se meuvent autour du soleil, et qui se précipitent à la surface de notre globe, quand, par une cause encore inconnue, ils viennent à s'en approcher de très-près.

QUINZIÈME LECTURE.

Les Vents et les Tempêtes.

Ce que c'est que le « vent. » Comment il prend naissance. Utilité du vent. Direction du vent : comment on la détermine. Vitesse du vent : comment on l'évalue. Force du vent : comment on la mesure. Différentes vitesses du vent. Cas dans lesquels il y a « tempête » et « ouragan. » Pays où les ouragans sont le plus terribles. Idée des dégâts que ces phénomènes occasionnent. Ce qu'on entend par « vents réguliers, » « vents irréguliers. » Le « mistral, » le « simoun. » Les voyages maritimes rendus plus courts par l'étude des vents et des courants.

1. En parlant de la planète que nous habitons, nous avons vu que sa partie solide et sa partie liquide sont entourées d'une masse gazeuse dont l'épaisseur est d'environ 70,000 mètres, et que l'on désigne sous le nom d'*atmosphère*. Or, les **vents** ne sont autre chose que des courants d'air établis au sein de cette masse, dans une direction déterminée et avec une certaine vitesse.

2. Comment les vents prennent-ils naissance? Les vents peuvent provenir de plusieurs causes; mais, en général, ils ont pour origine l'échauffement ou le refroidissement

de l'atmosphère[1]. On conçoit, en effet, que lorsque la température s'élève sur un point quelconque de l'atmosphère, l'air qui occupe ce point augmente de volume et, par cette augmentation de volume, refoule nécessairement l'air extérieur et le chasse avec plus ou moins de force. On conçoit, en outre, que si la cause qui a produit l'élévation de température vient à cesser, l'air échauffé reprend son volume primitif, et il y a, par suite, formation d'un vide qui est immédiatement rempli par les couches d'air voisines. Dans l'un et l'autre cas, il s'établit un courant d'air, un vent, qui est plus ou moins violent suivant le plus ou moins d'intensité de la cause qui produit l'élévation ou l'abaissement de la température.

3. De quelque manière qu'ils se produisent, les vents jouent un rôle important dans la nature. En premier lieu, ils ont pour effet général de mélanger continuellement les couches de l'atmosphère et d'y entretenir une composition chimique constante[2]. En second lieu, ils renouvellent l'air des villes, et adoucissent les climats du Nord en leur apportant la chaleur du Midi. De plus, en amenant les nuages et la pluie dans l'intérieur des continents, ils y amènent en même temps la fertilité. En outre, ils aident à la propagation des plantes en transportant au loin le pollen des fleurs[3] et les graines. Enfin, ils facilitent les relations entre les peuples par l'impulsion qu'ils impriment à une nombreuse classe de navires sur les mers, et ils fournissent à l'homme une force motrice qui, dans certaines circonstances, rend des services d'autant plus considérables qu'ils sont généralement peu coûteux[4].

1. « Les causes les plus fréquentes des variations de température qui donnent naissance au vent, sont : la rotation de la terre et la succession des jours et des nuits, la révolution de la terre dans son orbite ou la succession des saisons, l'électricité atmosphérique, les courants d'eau chaude qui sillonnent les mers, la présence contiguë des terres et des mers, des terres cultivées et des forêts, la présence des nuages dans l'atmosphère, etc. » (A. M.)

2. Plus loin, en parlant de l'*air que nous respirons*, nous verrons qu'il se compose de plusieurs substances en proportions déterminées, et qu'il doit toujours conserver la même composition pour être propre à l'entretien de la vie.

3. *Pollen*, mot latin signifiant « fleur de farine. » On appelle ainsi la matière fécondante des plantes, parce qu'elle se présente le plus souvent sous la forme d'une poussière qui offre une grande ressemblance avec la fleur de farine.

4. Le vent peut être employé à mettre en mouvement toute sorte d'appareils; mais, comme sa direction et sa force varient, pour ainsi dire, à chaque instant,

4. On distingue trois choses dans le vent : la direction, la vitesse, la force.

Pour déterminer la direction, on emploie ce qu'on appelle la *rose des vents* (*fig.* 14); c'est une espèce de tableau sur lequel la circonférence entière de l'horizon se trouve divi-

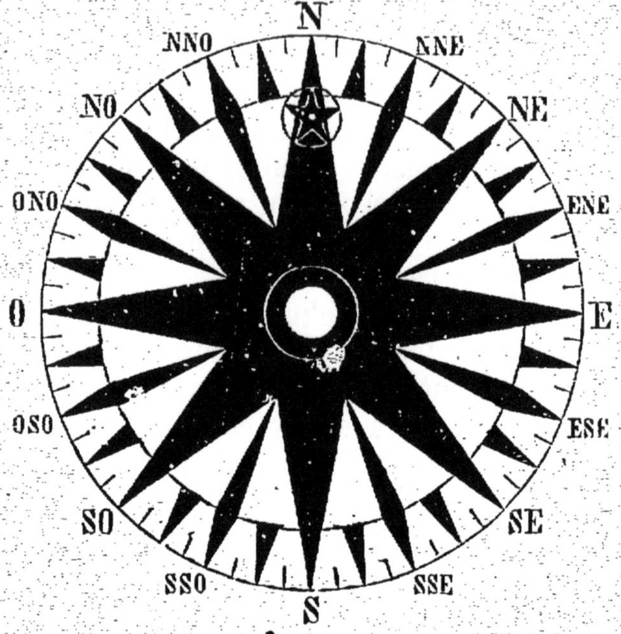

Fig. 14. — Rose des vents.

sée en trente-deux parties égales par autant de rayons, chacun portant un nom qui rappelle sa position relativement aux quatre points cardinaux[1].

il n'est guère possible de l'appliquer qu'aux opérations susceptibles d'être interrompues sans de grands inconvénients, telles que celles des moulins à farine, à tan, à huile, des épuisements et des irrigations. Dans tous les cas, la machine qui sert à l'utiliser est, sauf quelques détails de construction, généralement disposée comme on le voit dans les moulins à vent, si répandus dans les pays qui manquent de cours d'eau.

1. Il y a d'abord les vents correspondant aux quatre points cardinaux : N., E., S., O., et aux quatre points secondaires : N.-E., N.-O., et S.-O. Viennent ensuite huit autres directions placées entre les points cardinaux et les points secondaires, savoir : le N.-N.-E., entre le nord et le nord-est; le N.-N.-O., entre le nord et le nord-ouest; l'E.-N.-E., entre l'est et le nord-est; l'E.-S.-E., entre l'est et le sud-est; l'O.-N.-O., entre l'ouest et le nord-ouest; l'O.-S.-O., entre l'ouest et le sud-ouest; le S.-S.-E., entre le sud et le sud-est; et le S.-S.-O., entre le sud et le sud-ouest. Enfin seize divisions intermédiaires de plus donnent seize nouvelles directions, savoir : le N. 1/4 N.-E., entre le nord et le nord-nord-est; le N.-E. 1/4 N., entre le nord-nord-est et le nord-est; le N.-E. 1/4 E., entre le nord-est et l'est-nord-est; le N. 1/4 N.-O., entre le nord et le nord-nord-ouest; le N.-O. 1/4 N., entre le nord-nord-ouest et le nord-ouest; le

On évalue la vitesse du vent par le nombre de mètres qu'il parcourt dans une seconde : elle varie depuis 2 mètres jusqu'à 40 et 50 mètres.

Enfin, la force ou l'intensité du vent se mesure par la pression qu'il exerce sur une surface d'un mètre carré; elle varie depuis quelques grammes jusqu'à plus de 200 kilogrammes[1].

Les marins ont imaginé des noms particuliers pour indiquer les différentes vitesses et, par suite, les différents degrés de force du vent. Ainsi, ils appellent :

Petite brise, un vent très-faible qui parcourt à peine 2 mètres par seconde;

Jolie brise ou *vent frais*, un vent modéré qui parcourt 4 mètres par seconde;

Vent bon frais, un vent qui parcourt 7 mètres par seconde;

Forte brise, un vent qui parcourt 8 à 9 mètres par seconde;

Très-forte brise ou *vent grand frais*, un vent qui parcourt 10 mètres par seconde;

Très grand vent frais, un vent qui parcourt 15 mètres par seconde.

Quand la vitesse du vent atteint de 20 à 30 mètres par seconde, on a ce qu'on appelle une **tempête.** Enfin, quand elle dépasse 35 mètres, il en résulte un **ouragan**.

C'est dans les pays situés entre les tropiques que les ouragans sont les plus terribles. Alors, le vent parcourt ordinairement 160 kilomètres à l'heure, et il a une force si énorme qu'il déracine les plus gros arbres et renverse les plus solides édifices. Les faits qui suivent donneront

N.-O. 1/4 O., entre le nord-ouest et l'ouest-nord-ouest ; l'E. 1/4 N.-E., entre l'est-nord-est et l'est; l'E. 1/4 S.-E., entre l'est et l'est-sud-est; l'O. 1/4 N.-O., entre l'ouest-nord-ouest et l'ouest; l'O. 1/4 S.-O., entre l'ouest et l'ouest-sud-ouest; le S. 1/4 S.-E.. entre le sud et le sud-sud-est; le S.-E. 1/4 S., entre le sud-sud-est et le sud-est; le S.-E. 1/4 E., entre le sud-est et l'est-sud-est; le S. 1/4 S.-O., entre le sud et le sud-sud-ouest; le S.-O. 1/4 S., entre le sud-sud-ouest et le sud-ouest; le S.-O. 1/4 O., entre le sud-ouest et l'ouest-sud-ouest.

1. Il existe des appareils qui font connaître à la fois la direction, la vitesse et la force du vent. Les plus simples se composent de deux parties principales : une girouette, qui indique la direction du vent; un moulinet qui, dans un temps donné, exécute un certain nombre de tours en rapport avec la vitesse et la force du vent.

une idée des dégâts causés par les vents animés d'une telle vitesse.

Pendant un ouragan qui, le 25 juillet 1825, bouleversa la plus grande partie de la Guadeloupe, un grand nombre de maisons en excellente maçonnerie furent renversées, un grand bâtiment que le gouvernement venait de faire élever eut une aile entièrement rasée, des canons de 24 furent enlevés de dessus leurs affûts et jetés à terre. Les tuiles des toitures volaient avec une force si prodigieuse que plusieurs pénétrèrent dans des magasins en perçant comme des emporte-pièces des portes très-épaisses. Enfin, on vit une planche de sapin qui avait 1 mètre de long, 23 centimètres de large et 25 millimètres d'épaisseur, fendre l'air avec une telle rapidité qu'elle traversa d'outre en outre une tige de palmier de 45 centimètres de diamètre.

Une autre fois, à la Martinique, un brick fut jeté, avec ses mâts et ses vergues, dans la grande rue de la ville de Saint-Pierre, et l'on fut obligé de l'y démolir. Peu de temps après, dans la même île, un autre navire, d'un port un peu plus petit, fut enlevé par le vent et porté à près de 50 mètres dans les terres, par delà une colline, dans un endroit où la mer ne pouvait pénétrer.

Le 5 octobre 1864, un ouragan, qui a ravagé les bords du Gange depuis son embouchure jusqu'à Calcutta, a fait périr 12,000 personnes, détruit 120 navires de commerce, anéanti une multitude de villages, et occasionné des pertes dépassant 250 millions de francs.

Nous citerons encore, à cause de l'effet produit sur la végétation, un ouragan qui, le 23 février 1863, s'est abattu sur la Nouvelle-Calédonie. Le lendemain de la tempête, les environs de Port-de-France, loin de présenter la verdure éternelle des pays tropicaux, semblaient avoir subi un incendie général, qui n'avait pas laissé un brin d'herbe verte, un arbre couvert de feuilles. Tout ce qui n'avait pas été renversé était comme brûlé, et les feuilles desséchées jonchaient partout la terre. Toutes les récoltes qui se trouvaient sur pied étaient complétement perdues, et l'herbe qui couvrait les coteaux était imprégnée d'eau salée, jaunie, tout à fait impropre à servir de fourrage.

5. Parmi les vents, il en est qui sont très-irréguliers, alternant entre eux ou variant suivant les saisons, dominants dans quelques localités, momentanés dans d'autres : ce sont ceux de nos climats tempérés. Il y en a d'autres, au contraire, qui soufflent d'une manière régulière, soit pendant toute l'année, soit seulement à des époques, à des heures ou à des jours déterminés : tels sont les alizés, les moussons et les brises.

A. Les *vents alizés* appartiennent aux contrées tropicales[1]. Ils soufflent toute l'année : l'un, du nord-est au sud-ouest, dans l'hémisphère boréal[2]; l'autre, du sud-est au nord-ouest, dans l'hémisphère austral. Près de l'équateur, ils se neutralisent si complétement qu'une bougie brûle en plein air sans que sa flamme vacille. La bande ou zone où ce fait a lieu a reçu le nom de *région des calmes* ou *région des variables*, parce qu'elle est également sujette à des calmes complets, à des pluies torrentielles et à des tempêtes d'une violence extraordinaire.

Les vents alizés ont pour cause la progression décroissante de la température de l'équateur aux pôles; mais ils ne sont constants qu'à une certaine distance de la terre, parce que les côtes les interceptent à chaque instant et modifient leur direction.

B. On appelle *moussons* des vents périodiques qui changent de direction suivant les saisons. Dans la mer des Indes, ils soufflent du sud-ouest pendant six mois, du 15 avril au 15 octobre, et du nord-est pendant six autres mois, du 15 octobre au 15 avril. Au Brésil, un vent semblable souffle du nord-est au printemps, et du sud-ouest en automne.

1. C'est-à-dire situées entre les tropiques, dans la zone torride. (Voyez la note 1 de la page 53.)

2. *Hémisphère*. Du grec *hémi*, demi, et *sphæra*, sphère. On donne ce nom à la moitié de tout corps sphérique ou en forme de boule. On sait que l'équateur partage la terre en deux parties égales ou hémisphères : l'*hémisphère boréal* ou *septentrional*, du côté du pôle nord, et l'*hémisphère austral* ou *méridional*, du côté du pôle sud.

Les moussons sont généralement dirigées vers la terre en été, et en sens opposé en hiver. On les attribue à la différence qui existe entre la température des continents et celle des mers.

La Méditerranée possède aussi de véritables moussons. Ces vents, que les anciens appelaient *étésiens*, soufflent du sud au nord en été et du nord au sud en hiver. Ils ont pour cause l'échauffement en été et le refroidissement en hiver des couches de l'atmosphère situées au-dessus du désert de Sahara.

C. Les *brises* sont des vents légers qui ne sont sensibles que sur les côtes, et qui, chaque jour, soufflent alternativement de la mer vers la terre et de la terre vers la mer. Il y a donc une brise de *mer* et une brise de *terre.* Dans nos climats, la brise de mer s'élève à huit ou neuf heures du matin et augmente peu à peu de force jusqu'à trois heures de l'après-midi, où elle diminue graduellement pour céder la place à la brise de terre. Celle-ci commence peu après le coucher du soleil et atteint son maximum au moment du lever de cet astre. La cause de ces vents réside dans l'inégal échauffement de la terre et de la mer aux différentes parties de la journée, « Le matin, en effet, les rayons du soleil échauffent la surface de la terre plus que celle de la mer, les couches d'air en contact avec la mer, restées plus froides, se dirigent donc vers la côte. Le soir, la surface du sol se refroidit plus vite que celle de la mer, les couches d'air qui couvrent le sol, devenues plus froides, se dirigent donc vers la mer. (A.-M.) »

6. Quand les vents viennent de loin, ils possèdent une partie des propriétés des climats et des pays qu'ils traversent. C'est ainsi qu'en France les vents d'est sont généralement froids et secs, parce qu'ils ont parcouru la Russie et l'Allemagne, et n'ont rencontré sur leur passage que de très-petites étendues d'eau. Il en est de même de ceux du nord, parce qu'ils viennent des régions polaires, dont les glaces et les neiges leur ont cédé peu d'humidité. Au contraire, les vents d'ouest, surchargés de vapeurs qu'ils

ont balayées sur l'océan Atlantique, sont, non-seulement humides, mais encore presque toujours pluvieux pour peu que la température soit froide. Les vents du nord-ouest sont dans le même cas et pour la même raison. L'un d'eux cependant, le *mistral* de la Provence, est un vent très-sec, parce qu'avant d'atteindre nos départements du sud-est, il traverse l'Angleterre et le reste de la France et y dépose son humidité. Quant aux vents du sud et du sud-est, ils sont chauds et humides, parce qu'ils soufflent de l'intérieur de l'Afrique et qu'en roulant sur la Méditerranée, ils se chargent de vapeurs abondantes. Dans tous les cas, quand un vent est plus froid que les nuages, il les réduit en pluie; au contraire, lorsqu'il est plus chaud, il fait passer à l'état de vapeurs, invisibles dans l'air, les gouttelettes d'eau qui rendaient les nuages visibles : voilà comment les vents amènent tantôt la pluie, tantôt le beau temps.

Quelques vents chauds sont célèbres à cause des effets qu'ils produisent ordinairement. Ils prennent naissance dans les déserts de sable et dans les plaines presque stériles qui avoisinent les tropiques. En Perse, en Arabie et dans l'Afrique septentrionale, on appelle le vent du désert *simoun*, *samoun* ou *samiel*. En Égypte, on lui donne le nom de *khamsin*. Dans la partie occidentale du Sahara, on le nomme *harmattan*. Les Orientaux, naturellement portés à l'exagération, ont débité sur ce vent les contes les plus ridicules, jusqu'à prétendre qu'il tue à la manière d'un poison. La vérité est qu'il a une température excessive, parce que les régions qu'il parcourt sont constamment échauffées par un soleil d'une extrême ardeur, et que le sable brûlant, qu'il soulève presque toujours et transporte avec lui, augmente encore l'impression pénible que la chaleur fait éprouver. Quand il souffle avec une certaine violence, il remplit l'atmosphère d'une si prodigieuse quantité de sable, que le ciel en est comme obscurci, et ce sable, en pénétrant dans les yeux, dans la bouche, dans les narines, détermine des douleurs intolérables et une soif atroce. Pour empêcher cette pénétration du sable, les hommes se couvrent la tête, et les animaux, se tournant de façon à recevoir le vent par derrière, se couchent le nez contre le sol. Mais cette précaution ne les sauve pas toujours. En effet, le plus grand danger vient du manque d'eau, parce que celle qu'on emporte est bientôt épuisée, autant par l'évaporation que par l'usage, et que les rares puits qu'on rencontre de loin en loin sont très-souvent taris ou comblés par le sable. C'est à cette cause, c'est-à-dire à la soif, que la plupart de ceux qui périssent dans le désert doivent généralement leur perte[1].

7. Nous venons de voir qu'il y a des vents qui soufflent dans des directions constantes, soit pendant toute l'année, soit seulement pendant certaines saisons; mais, en parlant de la mer[2], nous avons vu aussi qu'il existe dans l'Océan des espèces de fleuves immenses, des *courants*, comme on les appelle, qui se dirigent toujours dans le même sens. La connaissance de ces faits remonte à la plus haute antiquité, et, de tout temps, les navigateurs en ont profité pour déterminer les routes à suivre entre les ports d'où ils partaient et ceux où ils voulaient se rendre. Néanmoins, ce n'est qu'à notre époque qu'ils ont attiré d'une manière sérieuse l'attention des savants. En étudiant avec soin le régime des vents et des courants dans les parages les plus fréquentés, on est parvenu de nos jours à modifier les anciennes routes de manière à diminuer considérablement la longueur des voyages. C'est ainsi, par exemple, que la traversée de New-York à San-Francisco, qui était de 180 jours, a été réduite à 100 jours, et que celle d'Angleterre en Australie, qui était de 250 jours, a pu se faire en moitié moins de temps[3].

1 Dans le midi de l'Europe, c'est-à-dire en Espagne, en Sicile et en Italie, il existe un vent brûlant qui vient du sud-est : c'est le *siroco* des Italiens et le *solano* des Espagnols. Ce vent fait subitement monter la température jusqu'à 50 degrés centigrades. Il est très-incommode par sa chaleur; mais, en général, il n'exerce pas d'influence fâcheuse sur la santé.

2. Voyez la sixième Lecture.

3. C'est à un officier de la marine militaire des États-Unis, le lieutenant Maury, que la navigation est redevable de ce grand progrès.

SEIZIÈME LECTURE.

Les Trombes.

Tourbillons sur les grands chemins. Dans quelles circonstances ils se produisent. A quoi on les reconnaît. Les « trombes » sont des tourbillons gigantesques. Signes qui précèdent leur apparition. Ce qu'on voit pendant une trombe. Trombes de vent, trombes de sable. Les trombes de mer ne sont pas aussi dangereuses qu'on le suppose. La trombe du capitaine Napier. Effets désastreux des trombes de terre. Trombes des environs de Trèves. Trombe de Monville.

1. Dans certaines circonstances, le vent forme des tourbillons qui ont la plus grande ressemblance avec ceux que l'on observe sur les fleuves et les rivières, quand deux courants animés d'une vitesse différente marchent à côté l'un de l'autre. Il n'est personne qui n'ait eu occasion de voir de ces tourbillons d'air sur quelque grande route, et qui ne sache qu'ils changent très-rapidement de place en tournant sur eux-mêmes. On les reconnaît à ce qu'ils entraînent dans leur mouvement et enlèvent à une hauteur de plusieurs mètres tous les corps légers, feuilles d'arbres, poussière, brins de paille, etc., qui se trouvent sur leur passage.

2. Les **trombes** sont des phénomènes analogues aux tourbillons, mais sur une échelle gigantesque, et dans la production desquels l'électricité atmosphérique [1] joue un rôle considérable. On en voit dans toutes les parties du globe, mais beaucoup plus fréquemment dans les pays chauds que dans les pays tempérés, et sur mer que sur terre.

3. Quelque temps avant l'apparition d'une trombe, des nuages orageux d'un noir plus ou moins intense s'agglomèrent dans un point du ciel, puis le nuage le plus bas descend peu à peu en forme de cône renversé, mais sans se détacher de la masse; il présente alors l'aspect d'une

1. Voyez, sur l'électricité atmosphérique, les Lectures relatives au *Feu du ciel*.

espèce de pain de sucre gigantesque dont la pointe serait en bas.

Si le météore a lieu sur terre, le sommet du cône touche bientôt le sol, puis le nuage entier marche en tournant sur lui-même, renversant les édifices, déracinant les plus gros arbres, hachant les récoltes, entraînant les corps légers, aspirant l'eau des mares, des étangs et des petites rivières.

Quand les choses se passent sur mer, à mesure que le nuage s'abaisse, les eaux situées au-dessous bouillonnent avec violence, des masses de vapeurs s'en élèvent et il en sort des gerbes d'écume qui vont tomber au loin. Quelquefois, le sommet du cône s'arrête à une certaine distance de la mer. Quelquefois, au contraire, il la touche et y creuse, en tournant, une grande dépression circulaire. Quelquefois, enfin, les eaux de la mer s'élèvent sous la forme d'un cône ou d'un cylindre et vont se réunir au cône du nuage. Dans tous les cas, sous quelque aspect qu'elles se présentent, les trombes sont presque toujours accompagnées d'un bruit étourdissant et, très-souvent, de pluie, de tonnerre et de grêle.

4. Nous venons de voir que les trombes partent de nuages orageux. Il y en a cependant qui ont leur origine, soit sur la mer, soit sur la terre. Ces dernières, surtout quand elles commencent sur le sol, sont, à proprement parler, de grands tourbillons de vent. Aussi les appelle-t-on *trombes sèches* ou *trombes de vent*. Dans les grands déserts de l'Afrique et de l'Asie, elles aspirent d'énormes masses de sable, qu'elles transportent parfois à de grandes distances; elles constituent alors ce qu'on appelle des *trombes de sable*.

5. Les *trombes de mer* sont généralement considérées comme très-dangereuses pour les navires qui ne peuvent les éviter; on va même jusqu'à prétendre qu'elles sont capables de les soulever et de les submerger. L'expérience a cependant prouvé bien des fois que de légères avaries dans les voiles et dans la mâture sont les plus grands malheurs qu'elles puissent causer. L'erreur commune

provient de récits mensongers ou exagérés de désastres qu'on leur a gratuitement attribués. Les marins emploient souvent le canon pour les rompre. Quand le boulet les traverse, on les voit quelquefois se séparer en deux parties qui, très-souvent, ne tardent pas à se réunir de nouveau ; mais quelquefois aussi, il ne produit aucun effet.

Le capitaine anglais Napier décrit ainsi une trombe qu'il eut occasion d'observer, le 6 septembre 1814, dans le voisinage des îles Bermudes :

« La trombe se forma à environ trois encâblures[1]. Elle semblait avoir le diamètre d'une barrique ; sa forme était celle d'un cylindre, et l'eau de la mer s'y mouvait avec rapidité : le vent l'entraînait vers le sud. Parvenue à la distance de 1,800 mètres du bâtiment, elle s'arrêta pendant quelques minutes. La mer, à sa base, parut en ce moment en ébullition et formait beaucoup d'écume. Des quantités considérables d'eau étaient transportées jusqu'aux nuages : on entendait une espèce de sifflement. La trombe en masse paraissait avoir un mouvement en spirale fort rapide ; mais elle se courbait, tantôt dans un sens, tantôt dans l'autre, suivant qu'elle était plus ou moins directement frappée par les vents variables, qui alors et en peu de minutes soufflaient successivement dans toutes les directions. Lorsque la trombe commença de nouveau à marcher, sa course était dirigée du sud au nord, c'est-à-dire en sens contraire du vent qui soufflait. Comme ce mouvement l'amenait directement sur le vaisseau, le capitaine fit tirer plusieurs coups de canon sur le météore[2]. Un boulet l'ayant traversé à une distance de la base égale au tiers de la hauteur totale, la trombe parut coupée horizontalement en deux parties, et chacun des tronçons flotta çà et là incertain et comme agité successivement par les vents opposés. Au bout d'une minute, les deux parties se réunirent pour quelques instants. Le

1. *Encâblure.* Dans la marine, on appelle ainsi la longueur d'un câble qui a 200 mètres, et l'on se sert de ce mot, en guise d'unité de mesure, pour estimer les petites distances.

2. Voyez, pour la signification de ce mot, la note de la page 39.

phénomène se dissipa ensuite tout à fait et l'immense nuage noir qui lui succéda laissa tomber un torrent de pluie. Il n'y eut ni éclairs, ni tonnerre. L'eau qui tomba des nuages sur le bâtiment était douce. La trombe eut son origine sur la mer même et parcourut un grand espace vers le sud, avant d'atteindre les nuages, à l'extension desquels elle contribua. »

6. Les *trombes de terre* sont infiniment plus rares que celles de mer; mais, presque toujours, elles produisent des dévastations considérables. Pour donner une idée du mal qu'elles font, nous allons décrire brièvement deux de celles qui ont été observées avec le plus de soin, l'une près de Trèves, dans la Prusse rhénane, l'autre en France, aux environs de Rouen. Parlons d'abord de la première.

« Le 25 juin 1829, vers deux heures de l'après-midi, raconte le professeur Grossmann, à une lieue au-dessous de Trèves, à l'est-nord-est de Ruwer et de Pfalzel, à environ 20° au-dessus de l'horizon, parut un phénomène, qui frappa d'étonnement et mit pendant une demi-heure dans une attente inquiète un grand nombre de personnes occupées aux travaux des champs. A la suite de la pluie qui venait de tomber, le ciel était encore couvert, quand, tout à coup, du sein d'un nuage noir qui s'élevait de l'est-nord-est, une masse lumineuse commença à se mouvoir en sens contraire et à le déchirer violemment. Ce nuage prit bientôt, vers le haut, la forme d'une cheminée de laquelle se serait échappée une fumée d'un gris blanchâtre, traversée de temps en temps par des jets de flamme, et sortant par plusieurs ouvertures avec autant de force que si elle avait été chassée par des soufflets.

« Le météore était arrivé au-dessus des vignes de Disburg, vis-à-vis de Ruwer, lorsqu'à quelque distance plus au sud, sur la rive droite de la Moselle, et tout à fait en contact avec le sol, s'en éleva subitement un autre. Celui-ci, qui était la trombe, dispersa des masses de charbon entassées autour d'un arbre, renversa un ouvrier d'un four à chaux, puis se précipita à travers la rivière avec un fracas épouvantable, pareil à celui que feraient un grand nombre de pierres se heurtant les unes contre les autres. L'eau s'élança en une haute colonne. Continuant alors à rouler avec le même bruit, et se tenant toujours à terre, le nouveau météore se dirigea, à travers les campagnes de Pfalzel, laissant des traces évidentes de sa route en zigzag à travers les champs de blé et de légumes. Une partie des récoltes fut entièrement détruite, une autre partie couchée et hachée, le reste enlevé au loin dans les airs. Deux ouvriers qui étaient montés sur un arbre observèrent le météore dans tout son trajet; un autre eut même la pensée courageuse de le suivre, et cela était facile en marchant d'un pas ordinaire. Mais, dans un des zigzags qu'elle décrivait, la trombe l'enveloppa tout à coup. Il se sentit, tantôt tiré en avant, tantôt violemment soulevé : il se pencha en s'appuyant fortement à terre avec ses outils; mais il n'en fut pas moins jeté à la renverse. Le tourbillon finit pourtant par l'abandonner et continua sa route. Il ne se souvient d'aucune impression particulière qui aurait affecté, soit l'odorat, soit le goût, mais seulement d'un bruit assourdissant. En outre, il affirme qu'il y avait deux courants, dont l'un s'élevait obliquement, entraînant les tiges et les épis avec d'autres corps légers, tandis que l'autre avait une direction contraire.

« La route que la trombe s'était frayée à travers les champs avait, suivant différents rapports, de dix à dix-huit pas de largeur, sur une longueur de 2,100 pas. Sa forme était à peu près conique; sa couleur, tantôt grise, blanche ou jaune, tantôt brun obscur, le plus souvent celle du feu.

« Le premier météore était dans l'air au-dessus de celui-ci, à peu près parallèle, en avant vers le nord; il présenta, pendant environ dix-huit minutes, une grande masse d'un gris blanchâtre, qui semblait souvent vomir de la fumée rouge de flamme, et qui, vue à la distance d'environ une demi-lieue, avait la forme d'un serpent de cent quarante pas de long, dont la tête était vers le nord-est et la queue à l'opposite. En huit à dix minutes, la queue s'était déjà changée en s'abaissant; au moment où elle allait toucher la terre, tout le phénomène disparut et, en même temps, le météore inférieur, sans que, ni de la partie élevée en l'air, ni, comme l'assure un témoin oculaire, de la partie inférieure, il y eût aucune explosion; mais alors une odeur de soufre très-puante[1] se répandit sur toute la campagne. Presque aussitôt un orage éclata sur les bois situés au nord-nord-ouest du lieu où s'était montré le météore, et fut accompagné d'une grêle à grains extraordinairement gros. Le soleil ne parut point pendant tout ce temps, à ce qu'affirment la plupart des spectateurs : il n'y avait aucun souffle de vent. »

Les ravages furent autrement considérables lors de la trombe dont il nous reste à parler.

« Le 19 août 1845, il régnait aux environs de Rouen un vent violent du sud. Dans l'après-midi, un vent du sud-ouest, chassant des nuages très-noirs, rencontra le vent du sud, et forma un violent tourbillon, animé d'un mouvement de translation qui arracha cent quatre-vingts gros arbres en les tordant presque tous, et renversa une sècherie dépendant d'une fabrique d'indiennes. Au même moment, il tomba une forte averse accompagnée de grêle et de tonnerre. Il n'y avait pas encore de trombe proprement dite. Après s'être éloigné et avoir parcouru 41 kilomètres, ce tourbillon revint tout à coup dans la vallée, près de Malaunay et Monville, en traversant un bois dont les arbres furent brisés près de leur base. C'est alors qu'il se forma un énorme cône à contours nettement dessinés, et noir comme la fumée du charbon de terre. Le sommet était d'un jaune rouge ; des éclairs s'échappaient du cône, et on entendait un fort roulement. En quelques secondes, la trombe se porta successivement, avec une rapidité effrayante et en zigzag, sur trois filatures considérables, qu'elle écrasa avec tous leurs ouvriers. Les toits furent soulevés, et il ne resta pas pierre

1. Voyez, sur cette odeur, la note de la page 45.

sur pierre. Les métiers étaient tordus, les fortes pièces brisées, principalement dans les endroits où il y avait de grandes masses métalliques. Les arbres, dans les environs, étaient renversés en tous sens, clivés[1] et desséchés, sur une longueur de 2 à 7 mètres. En déblayant, pour tâcher de sauver les malheureux ensevelis sous les décombres, on remarqua que les briques étaient brûlantes. On trouva des planches carbonisées, du coton brulé et roussi; beaucoup de pièces de fer ou d'acier se trouvèrent aimantées. Des cadavres présentaient des traces de brûlures; d'autres n'avaient pas de lésions apparentes, comme s'ils avaient été frappés de la foudre. Des ouvriers, qui furent lancés dans les prairies environnantes, s'accordèrent à dire qu'ils avaient vu de vives lueurs et senti une forte odeur de soufre. Des personnes placées sur des hauteurs virent les usines enveloppées par la trombe, couvertes de flammes et de fumée. La largeur de la bande ravagée était de 220 mètres sur le plateau de Malaunay, à 2 kilomètres du point où les dégâts avaient commencé; de 307 mètres au milieu, et de 60 mètres près de Clères, où la trombe disparut. Sa longueur à vol d'oiseau était de 15 kilomètres.

« Un résultat très-remarquable, c'est que des débris de toute sorte, ardoises, vitres, planches, pièces de charpente, mêlés de coton, sont tombés près de Dieppe, à une distance de 25 à 38 kilomètres du lieu de la catastrophe. Ces divers objets ont été aperçus dans les airs par plusieurs personnes qui les prirent pour des feuilles d'arbres, tant ils étaient élevés. Or, parmi ces débris, on cite une planche de 1 mètre 4 centimètres de longueur, 12 centimètres de largeur et 1 centimètre d'épaisseur. » (D.)

1. *Clivés*, c'est-à-dire fendus de mille manières, dans le sens de leur longueur.

DIX-SEPTIÈME LECTURE.

Les Nuages.

Composition des « nuages. » Circonstances dans lesquelles ils se forment. Dimensions des nuages. Leur distance à la terre, leur couleur. Différentes espèces de nuages. Utilité des nuages; comment ils contribuent à la fertilité de la terre. Phénomène singulier dû à l'ombre des objets terrestres sur les nuages : le « Brocken. »

1. Les **nuages** sont des amas de gouttelettes d'eau excessivement petites, qui flottent dans l'atmosphère, parce que l'état de division infinie où ces gouttelettes se trouvent donne à leur ensemble une surface relativement énorme qui oppose à leur chute une résistance très-considérable. Ils tombent cependant, mais avec une très-grande lenteur, et, à mesure qu'ils s'approchent de la terre, leur partie inférieure se dissipe dans les couches atmosphériques plus chaudes qu'elle traverse, tandis que leur partie supérieure s'accroît sans cesse par l'addition de nouvelles vapeurs condensées[1].

2. Les nuages se forment, quand la vapeur d'eau répandue dans l'atmosphère est exposée à une plus basse température. Les molécules[2] de cette vapeur passent alors à l'état de globules d'eau liquide; ils passeraient même à l'état de globules d'eau solide, c'est-à-dire de globules de glace, si la température s'abaissait suffisamment. La cause immédiate de la formation des nuages est donc le refroidissement; mais ils peuvent se produire de plusieurs manières.

« Lorsque, pendant une soirée d'été, dit le professeur Lecoq, on se trouve isolé sur une montagne, on voit bientôt, à mesure que l'atmosphère se refroidit, des nuages

1. *Condenser.* Se dit d'une vapeur qui passe à l'état liquide. La vapeur d'eau se condense quand elle se change en eau, ce qui a lieu lorsqu'elle est soumise à une température plus basse.

2. *Molécules.* On appelle ainsi les plus petites parties d'un corps quelconque, qui sont accessibles à nos sens.

translucides se former sur les prairies et dans tous les lieux humides; peu à peu, ils augmentent de densité, et cachent la terre aux yeux de l'observateur. Si alors un vent s'élève, il arrive que ces nuages bas sont emportés dans les hautes régions de l'atmosphère. Souvent, ils se forment de cette manière au-dessus des forêts, sur les plateaux élevés, sur la cime des pics isolés, et ils se déplacent ensuite pour flotter dans l'air. Ces nuages sont le résultat du refroidissement de l'air; ils augmentent en général pendant la nuit, au point même de couvrir le ciel, et le matin, quand le soleil commence à réchauffer l'atmosphère, ils s'y dissolvent et lui rendent sa transparence. D'autres causes peuvent aussi donner naissance aux nuages. Ils peuvent se former directement au milieu des airs par la condensation des vapeurs qui s'élèvent à une grande hauteur dans des couches d'air plus froides, ou par la rencontre de deux vents humides inégalement chauds. C'est presque toujours ainsi que se produisent les nuages qui apparaissent tout à coup au milieu d'un ciel pur. On observe encore fréquemment plusieurs couches de nuages superposées, et qui même marchent quelquefois dans des directions opposées. En général, ces couches sont d'autant plus élevées qu'elles sont plus blanches. Elles peuvent être produites indépendamment l'une de l'autre; mais fort souvent, c'est la couche inférieure qui donne naissance à la supérieure. La couche inférieure constitue alors pour ainsi dire un nouveau sol ou une nouvelle mer qui intercepte les rayons de chaleur, tant ceux qui viennent du soleil que ceux qui viennent de la terre. L'évaporation y acquiert une nouvelle activité, et produit, à une certaine hauteur, une seconde couche de nuages qui peut elle-même en produire une troisième, et ainsi de suite. »

3. Les dimensions des nuages varient beaucoup. Quelques-uns ont plus de 30 kilomètres de longueur et plus de 1,000 mètres d'épaisseur, tandis que d'autres n'ont qu'un petit nombre de mètres dans tous les sens. Leur distance à la terre n'est pas moins variable. Ainsi, il y en a qui rasent la surface du sol, pendant que d'autres sont

bien au-dessus des plus hautes montagnes[1]. En affirmant, dit un astronome, que la distance de certains nuages à la terre peut dépasser 50,000 mètres, on n'exagérerait rien, alors même qu'il s'agirait de nuages électriques, d'où part la foudre. Quant à la couleur des nuages, elle dépend de leur épaisseur, de leur densité[2], et de leur position à l'égard du soleil. Ils sont blancs ou d'un gris plus ou moins noir, quand le soleil est au-dessus de l'horizon; d'un rouge orangé ou jaunes, quand on les voit par transparence, au lever et au coucher de cet astre.

4. Quand on examine les apparences et les dispositions si nombreuses que présentent les nuages, il semble qu'ils ne puissent être soumis à aucune classification. Il n'en est rien cependant, car on a réussi à les ramener à quelques types principaux. On en distingue généralement quatre sortes : les *cirrus*, les *cumulus*, les *stratus* et les *nimbus*.

A. Les *cirrus*[3] se composent de filaments déliés et transparents dont l'ensemble a la plus grande analogie, tantôt avec un pinceau, tantôt avec des touffes de laine (*fig.* 15, trois oiseaux). Leur apparence leur a fait donner par les marins les noms de *queue de chat*, *queue de cheval*, *arbres de vent*. Ce sont les plus élevés, et, en raison de la très-basse température des régions qu'ils occupent, on les suppose formés de flocons de neige. Leur apparition annonce presque toujours un changement de temps et, en général, l'approche du beau temps.

B. Les *cumulus*[4], appelés vulgairement *balles de coton*, se reconnaissent à leurs formes arrondies en demi-sphère, à leurs contours bien définis, à leur blancheur éblouissante qui tranche sur l'azur du ciel (*fig.* 15, deux oiseaux). Ils s'entassent parfois les uns sur les autres, et alors ils constituent, à l'horizon, des masses qui ressemblent de loin à des montagnes couvertes de neige. Ces nuages sont plus

1. Pour la hauteur des montagnes les plus élevées, voy. la note 3 de la page 4.
2. C'est-à-dire du plus ou moins de gouttelettes d'eau qu'ils renferment. Voyez, pour la signification du mot « densité, » les notes des pages 26 et 51.
3. *Cirrus*. Mot latin qui signifie « filaments, touffe de cheveux. »
4. *Cumulus*. Mot latin qui signifie « monceau, masse amoncelée. »

fréquents en été qu'en hiver. Ils se montrent ordinairement le matin et disparaissent le soir. S'ils se maintiennent après le coucher du soleil, et deviennent plus nombreux, avec des cirrus situés au-dessus d'eux, on doit s'attendre à la pluie ou à un orage.

C. On donne le nom de *stratus*[1] à ces longues bandes de nuages, couleur de fumée et à contours vagues, qui se for-

Fig. 15. — Formes des nuages.

ment au coucher du soleil (*fig.* 15, un oiseau). Ils sont fréquents en été et rares dans les autres saisons. Beaucoup moins élevés que les précédents, ils sont quelquefois assez épais et assez étendus pour couvrir le ciel, mais ils ne donnent pas de pluie.

D. Les *nimbus*[2] sont des nuages lourds et volumineux, qui n'ont point de forme déterminée (*fig.* 15, quatre oi-

1. *Stratus.* Mot latin qui signifie « couché, étendu en long. »
2. *Nimbus.* Mot latin qui signifie « averse, ondée, pluie d'orage. »

seaux). Leurs bords sont frangés. Leur couleur est un gris uniforme plus ou moins foncé, passant quelquefois au noir. Ils annoncent toujours de la pluie : de là leur nom; souvent même, il pleut au moment où ils paraissent. Au reste, tout nuage qui donne de la pluie se change alors en nimbus.

E. Outre ces quatre sortes principales de nuages, on a donné des noms particuliers à des nuages qui, par leur aspect et leur position, ont quelque chose de commun avec deux de ceux dont nous venons de parler. Ce sont les *cirro-cumulus*, les *cirro-stratus* et les *cumulo-stratus.*

Les *cirro-cumulus* sont des nuages petits et arrondis, d'où partent quelquefois des traînées lumineuses. Ils sont un présage de chaleur. Quand ils sont nombreux, on dit que le ciel est *moutonné* ou *pommelé.* Leur présence alors annonce un changement de temps.

Les *cirro-stratus* se composent de petites bandes formées de filaments plus épais et plus compactes que ceux des cirrus. Ils se dissipent promptement et sont un indice de beau temps.

Les *cumulo-stratus* sont des cumulus entassés en très-grand nombre les uns sur les autres. Dans les beaux jours d'été, ils se montrent souvent à l'horizon, surtout du côté de l'ouest, et avec des aspects qui prêtent beaucoup aux jeux de l'imagination. Qui, en effet, n'a cru reconnaître, dans les contours changeants de ces nuages, des figures d'hommes, d'animaux, d'arbres, de montagnes, de châteaux? Quand ils se forment dans un ciel serein, ils annoncent la pluie; quand c'est dans un ciel couvert, ils annoncent le beau temps.

5. Les nuages contribuent plus qu'on ne pense à la fertilité du sol. Non-seulement ils sont les grands réservoirs des pluies, mais, en outre, en formant au-dessus de la terre comme une espèce d'écran, ils la préservent, pendant le jour, de l'ardeur excessive du soleil, et, pendant la nuit, ils empêchent sa chaleur propre de se perdre, par rayonnement[1], dans l'atmosphère ; puis, « quand leur tâche

1. *Rayonnement.* Ce mot s'emploie en physique pour désigner la propriété

est accomplie sur un point, les vents les transportent ailleurs pour y remplir le même rôle régulateur. »

6. L'ombre des objets terrestres, en se projetant sur les nuages, donne quelquefois naissance à des phénomènes singuliers, pour l'explication desquels les spectateurs ignorants ne manquaient jamais anciennement de faire intervenir des esprits surnaturels. Le plus curieux de ces phénomènes est peut-être celui que l'on désigne sous le nom de *spectre du Brocken.*

Le Brocken est une montagne du Hanovre qui, haute d'environ 1,000 mètres, domine une plaine de 70 lieues d'étendue. De tout temps, il a été le siége du merveilleux. Deux blocs de granit que l'on trouve à son sommet s'appellent encore la *chaise* et l'*autel du sorcier*. L'anémone qui croît sur ses flancs est la *fleur du sorcier*, et une source d'eau limpide qui s'en échappe est la *fontaine magique.* On suppose que ces dénominations doivent leur origine au culte d'une idole que les anciens Saxons venaient adorer sur la montagne avant leur conversion au christianisme. Comme le lieu où ce culte se célébrait était très-fréquenté, tout porte à croire que le spectre qui l'a rendu célèbre se montrait déjà à cette époque reculée. Aussi les traditions locales veulent-elles que ce spectre ait eu un rôle dans les rites de la religion idolâtre.

Le spectre du Brocken apparaît le plus souvent au lever du soleil. La meilleure description que l'on en possède a été faite, à la fin du siècle dernier, par le physicien Hane. Après être monté plus de trente fois au sommet de la montagne, cet observateur eut enfin le bonheur de contempler l'objet de sa curiosité. « Le soleil se levait à environ quatre heures du matin, par un temps serein; le vent chassait devant lui, à l'ouest, vers l'Achtermannshohe, des vapeurs transparentes qui n'avaient pas encore eu le temps de se condenser en nuages. Vers quatre heures un quart, le voyageur aperçut, dans la direc-

que possède la chaleur d'un corps, non-seulement de se répandre dans les corps environnants, mais encore de se transmettre en ligne droite, à travers l'air, avec une vitesse instantanée.

tion de l'Achtermannshohe, une figure humaine de dimensions monstrueuses. Un coup de vent ayant failli emporter le chapeau de M. Hane, il y porta la main, et la figure colossale fit le même geste. M. Hane fit immédiatement un autre mouvement, en se baissant, et ce mouvement fut reproduit par le spectre. M. Hane voulait faire d'autres expériences, mais la figure disparut. Il resta dans la même position, espérant qu'elle reparaîtrait. Elle se remontra, en effet, dans la même direction, imitant toujours les gestes de M. Hane, qui appela alors une autre personne. Celle-ci vint le rejoindre; et tous deux s'étant placés sur le lieu même d'où M. Hane avait vu l'apparition, ils dirigèrent leurs regards vers l'Achtermannshohe, mais ne virent plus rien. Peu après, deux figures colossales se montrèrent dans la même direction, reproduisant les gestes des deux spectateurs, puis disparurent. Elles se remontrèrent peu de temps après, accompagnées d'une troisième. Tous les mouvements faits par M. Hane et son compagnon étaient répétés par l'une ou plusieurs de ces trois figures, mais avec des effets variés. Quelquefois, les figures étaient faibles et mal déterminées; dans d'autres moments, elles offraient une grande intensité et des contours nettement arrêtés. » Nous n'avons pas besoin d'ajouter que le phénomène était produit par l'ombre des deux observateurs. Quant à la troisième image, elle était due à une troisième personne, placée derrière quelque anfractuosité de rocher.

DIX-HUITIÈME LECTURE.

Le Brouillard.

Nature du « brouillard. » Circonstances dans lesquelles il prend naissance et il se dissipe. Ce que c'est que la « bruine. » Lieux où le brouillard est le plus fréquent et le plus abondant. Brouillards sombres et brouillards transparents. Brouillards extraordinaires : la nuit en plein midi. Ce que c'est que les brouillards secs. Le « givre » et le « verglas. »

1. Qu'appelle-t-on **brouillards?** Les brouillards sont

des nuages formés à la surface de la terre ou à une très-petite hauteur au-dessus du sol. Ils prennent généralement naissance quand deux courants d'air saturés [1] d'humidité et d'inégale température viennent à se mélanger, et ils se dissipent aussitôt que l'air devient assez chaud pour que les gouttelettes qui les constituent puissent passer de nouveau à l'état de vapeur. Lorsqu'ils se condensent, c'est-à-dire passent à l'état d'eau, il résulte cette petite pluie fine que l'on désigne sous le nom de *bruine*.

2. Il y a des brouillards dans tous les pays. Néanmoins, c'est dans le voisinage des mers et des marais qu'ils sont les plus communs, parce que, là, beaucoup mieux qu'ailleurs, se trouvent réunies les conditions que réclame leur production.

3. Les brouillards sont tantôt sombres et tantôt transparents. On observe les premiers quand le ciel au-dessus est couvert d'épais nuages, ce qui annonce en général le mauvais temps. Les seconds se montrent lorsque le ciel au-dessus est serein, ce qui, le plus souvent, est un présage de beau temps.

4. Quelquefois les brouillards ont une densité et une étendue extraordinaires. Ainsi, en Angleterre, il n'est pas rare d'en voir dont l'épaisseur est telle qu'on est obligé d'allumer les becs de gaz en plein jour. Un brouillard de ce genre couvrit Paris le 24 janvier 1588. D'après le récit d'un témoin oculaire, à deux heures de l'après-midi, l'obscurité était si grande dans les rues, que deux personnes cheminant ensemble ne pouvaient se voir, et, pour éviter les accidents, on ne sortait qu'avec des torches ou des falots. Dans presque tous les quartiers, on trouva une multitude d'oies sauvages et d'autres oiseaux qui, s'étant heurtés en volant contre les maisons et les cheminées, étaient tombés étourdis sur le sol.

1. *Saturé.* On dit que l'air est « saturé » de vapeurs, quand il en renferme autant qu'il peut en contenir, et qu'il ne peut en recevoir de nouvelles. De même, l'eau est « saturée » de sel ou de sucre, quand elle en a dissous autant qu'elle peut en dissoudre.

5. De temps à autre, le ciel est plus ou moins obscurci par des masses de matières très-ténues, mais non aqueuses, qui flottent dans l'atmosphère. C'est aux phénomènes de ce genre que l'on donne le nom de *brouillards secs*. Tantôt, ils sont purement locaux ou n'occupent qu'un espace très-limité ; tantôt, au contraire, ils s'étendent sur de vastes régions, parfois même sur une grande partie de la surface du globe. Il y en a aussi qui semblent immobiles, tandis que d'autres se propagent ou se déplacent avec plus ou moins de vitesse. Ces brouillards paraissent provenir d'une foule de causes sur la nature desquelles on n'a encore recueilli que peu ou point de renseignements. On sait cependant que certains se composent uniquement de la fumée produite par les incendies qui se déclarent quelquefois dans les tourbières, et dans lesquelles il se consomme habituellement des millions de kilogrammes de combustible.

« Le brouillard si épais de 1834, dit à ce propos un météorologiste allemand, venait de la combustion des tourbières et des incendies qui ont signalé cette année. Pendant qu'on l'observait à la fin de mai dans le Hartz, aux environs de Bâle et d'Orléans, il y avait des incendies dans les tourbières. Ainsi, en particulier, la tourbière de Dachau, en Bavière, brûla jusqu'à la profondeur de trois mètres, et l'incendie se propagea même par-dessous des fossés pleins d'eau. Aux environs de Munster et dans le Hanovre, plusieurs tourbières furent consumées. Plus tard, en juillet, il y eut des incendies terribles de forêts et de tourbières près de Berlin, en Silésie, en Suède et en Russie ; la sécheresse favorisa la propagation de ces incendies et le transport de la fumée. »

6. Le *givre* n'est que du brouillard congelé. Il se produit quand le brouillard qui s'est formé pendant la nuit est soumis le matin à une basse température. Les gouttelettes qui le composent se convertissent alors en une multitude de petites aiguilles de glace, qui hérissent tous les corps froids. Le *verglas*, si fréquent en hiver, est une pluie fine qui s'est gelée en touchant le sol.

DIX-NEUVIÈME LECTURE.

La Pluie.

Qu'est-ce que la « pluie? » Comment elle se forme. Pluies sans nuages. La pluie dans les pays tempérés et dans les contrées tropicales. Quantité de pluie qui tombe annuellement. Pluies torrentielles. Nombre des jours pluvieux. Saison où la pluie tombe le plus souvent. L'eau de pluie est plus fertilisante que l'eau de pompe : pourquoi? Ce que devient la pluie.

1. Sans la **pluie**, la végétation aurait beaucoup à souffrir, parce que l'humidité que les brouillards et la rosée[1] procurent aux plantes n'est que momentanée.

Qu'est-ce donc que la pluie? C'est la chute des gouttelettes d'eau dont les nuages sont composés. Ce phénomène a lieu quand, pour une cause quelconque, un nuage vient à se refroidir. Alors, les gouttes infiniment petites qui le constituent se rapprochent, se réunissent plusieurs ensemble, et forment des gouttes plus grosses et plus pesantes qui ne peuvent plus rester suspendues dans l'air et tombent par leur propre poids. Le plus souvent, ces grosses gouttes s'accroissent dans leur chute, parce qu'elles condensent à leur surface les vapeurs qu'elles rencontrent. Quelquefois cependant, elles diminuent, elles disparaissent même, parce qu'elles trouvent sur leur passage des couches d'air assez échauffées pour les réduire de nouveau en vapeur. C'est ce qui explique pourquoi des pluies qu'on aperçoit à certaines hauteurs, dans l'atmosphère, n'arrivent pas jusqu'à la surface du sol.

2. Parfois la pluie tombe par un ciel parfaitement serein. Dans ce cas, les vapeurs suspendues dans l'atmosphère se changent directement en eau, c'est-à-dire sans passer par l'état intermédiaire de nuage. On observe généralement ces pluies sans nuages quand les régions supérieures de l'atmosphère sont violemment agitées, surtout quand les

1. Voy. sur la *Rosée*, la Lecture vingt et unième.

vents très-froids du nord y combattent les vents chauds du midi.

3. Dans les pays tempérés, il pleut dans toutes les parties de l'année. Au contraire, dans les pays tropicaux, les pluies sont périodiques, c'est-à-dire ne tombent qu'à des époques déterminées. Dans ces derniers, il pleut pendant une moitié de l'année et jamais ou du moins presque jamais pendant l'autre. Aussi, n'y connaît-on que deux saisons, une saison excessivement humide et une saison excessivement sèche. Toutefois, il faut se garder de croire que, pendant la saison humide, ou *saison des pluies,* comme on l'appelle, la pluie tombe sans interruption. En général, le ciel est serein le matin; il se couvre vers dix heures; la pluie commence vers midi, et bientôt une averse, qui dure quatre à cinq heures, s'abat sur la terre. Enfin, les nuages se dissipent au coucher du soleil, et il ne tombe pas une goutte d'eau pendant la nuit. Il n'y a pas de jour sans pluie, mais un jour de pluie continue est un phénomène très-rare.

4. La quantité de pluie qui tombe annuellement est fort différente pour les diverses parties de la surface de la terre[1]. Elle est la plus grande entre les tropiques, et elle va en diminuant à mesure qu'on s'éloigne de l'équateur et qu'on se rapproche des pôles; mais, dans toutes les contrées, quelle que soit leur situation sur le globe, une foule de circonstances la font varier d'une manière plus ou moins considérable. Ainsi, il pleut davantage sur les côtes que dans l'intérieur des continents, dans les pays de montagnes que dans les pays de plaines, dans les contrées cou-

1. Pour reconnaître la quantité de pluie qui tombe sur un même point de la terre, on se sert d'instruments spéciaux appelés *Pluviomètres* (du latin *pluvia*, pluie, et du grec *métron*, mesure). Ces appareils sont des tubes ou des vases fermés par un couvercle en forme d'entonnoir, et disposés en plein air de façon à recevoir la pluie. Celle-ci, en y tombant, forme des couches dont la hauteur est indiquée par une échelle, graduée ordinairement en millimètres. Ainsi, dire que, dans une averse, il est tombé 5 millimètres d'eau dans un endroit, c'est dire que si le sol de cet endroit eût été horizontal et imperméable, la pluie de l'averse, en s'y accumulant, aurait formé une couche de 5 millimètres. De même, dire que, dans un pays, il tombe annuellement 292 millimètres d'eau, c'est dire que si le sol de ce pays était horizontal et imperméable, la pluie, en s'y accumulant, formerait une couche de 292 millimètres de hauteur.

vertes de forêts que dans les contrées déboisées. Ainsi encore, il y a des régions où, malgré leur position géographique, il tombe des pluies excessives qui durent presque toute l'année, tandis qu'il en est d'autres où il ne pleut que deux ou trois fois par siècle, et quelques-unes même où il ne pleut jamais.

5. On sait que tantôt il pleut sur une immense étendue de pays, et tantôt sur un espace excessivement limité. Rien aussi n'est plus variable que la quantité d'eau qui tombe dans une pluie. Souvent, elle se réduit à quelques gouttes, mais parfois on dirait que de véritables torrents descendent du ciel sur la terre.

En Europe, les pluies qui donnent 2 à 3 centimètres d'eau en un jour sont déjà très-rares. On y a cependant observé quelques pluies extraordinaires. Ainsi, par exemple, à Joyeuse, dans l'Ardèche, il est tombé une fois 25 centimètres d'eau, et à Gênes, une autre fois, par une averse résultant d'une trombe, il en est tombé jusqu'à 81 centimètres.

Les pluies torrentielles ne sont fréquentes que dans les pays tropicaux. Dans l'Inde, dit un voyageur, « il pleut quelquefois, surtout au mois de juillet, pendant trente et quarante heures consécutives, et ce n'est point en traits fins, brisés et presque imperceptibles comme dans nos climats, mais généralement en lignes droites, parallèles, et souvent comme une nappe d'eau qui descend à la fois avec la fureur et l'impétuosité d'une cascade. Les chétives masures des malheureux habitants se détrempent sous cette avalanche continue, leurs toits s'écroulent et les ensevelissent, ou bien ils se trouvent exposés à toutes les intempéries de l'atmosphère et ils périssent en grand nombre. C'est l'époque d'une immense misère qui n'épargne pas même les riches et les conquérants; les reptiles les plus odieux, inondés dans leurs gîtes, s'élancent à la surface de la terre et cherchent un abri dans les habitations des hommes. De nombreuses variétés de couleuvres, de mille-pattes, de scorpions, remontent vos escaliers, envahissent vos demeures et s'introduisent dans tous les appartements.

Il est impossible de faire un pas dans sa chambre, la nuit, sans lumière, sans s'exposer à une morsure qui peut être mortelle. Il faut se défier de tout ce que l'on touche. Un dard cruel peut vous assassiner au fond d'une botte ou de la manche d'un habit. C'est, pour quelque temps, une vie d'alarmes et de contacts immondes. » Au Bengale, il tombe fréquemment de 10 à 15 centimètres d'eau par jour. A Cayenne, il en est tombé une fois plus de 28 centimètres en 10 heures.

6. Entre les tropiques, la quantité d'eau qui tombe dans un seul des mois de la saison humide est beaucoup plus considérable que celle qui tombe annuellement dans toute l'Europe. Malgré cela, c'est dans cette partie de la surface du globe que l'on compte le moins de jours pluvieux. Le nombre de ces jours est principalement déterminé par la direction des vents. Ainsi, en Europe, si le vent venait toujours de l'ouest, il ne cesserait presque pas de pleuvoir, parce que le vent nous arriverait constamment chargé des vapeurs de l'Atlantique. Au contraire, si le vent soufflait toujours du nord-est, il pleuvrait rarement, parce que le vent ne nous arriverait qu'après avoir parcouru d'immenses étendues de pays à peu près dépourvus d'humidité. La connaissance de ces faits explique pourquoi on trouve moins de jours de pluie à mesure qu'on va vers l'est. On en compte 208, dans l'année, sur la côte occidentale d'Irlande, 152 en Angleterre et dans nos départements occidentaux, 141 dans les plaines de l'Allemagne, 112 en Hongrie, 90 sur la frontière orientale de la Russie, 60 dans l'intérieur de la Sibérie.

7. Nous avons vu que, dans nos climats tempérés, la pluie tombe dans toutes les parties de l'année. Cependant, elle est plus abondante dans certaines saisons que dans d'autres. En France, c'est dans l'automne, puis en été, qu'il pleut le plus, et au printemps qu'il pleut le moins. Dans quelque saison qu'elle nous arrive, l'eau de pluie renferme « un peu d'acide carbonique, de l'ammoniaque, quelquefois même de l'acide nitrique en dissolution; et ce sont ces

substances qui la rendent plus fertilisante que l'eau de pompe. » (M.)

8. Que devient la pluie? Une partie s'infiltre dans les couches superficielles du sol pour en sortir bientôt en donnant naissance aux fleuves et aux rivières. Une autre descend dans les couches profondes et y forme des nappes, que nous allons chercher quand nous creusons des puits artésiens ou des puits ordinaires. De ce qui reste, une portion s'évapore directement, tandis que l'autre, pénétrant dans les plantes par les racines, monte peu à peu à la surface des feuilles, d'où elle s'évapore à son tour. En résumé, la pluie, quelque sort qu'elle éprouve après sa chute, finit toujours par se changer en vapeurs ; celles-ci produisent les brouillards et les nuages, qui, à leur tour, donnent naissance à la pluie. Il s'établit donc ainsi, entre la terre et les régions de l'atmosphère, un va-et-vient perpétuel de matière aqueuse, et c'est à cet admirable phénomène que la végétation doit son existence.

VINGTIÈME LECTURE.

Les Pluies étranges.

Curieux effets des trombes et des vents. « Pluies de cendres : » elles sont dues à des éruptions volcaniques. Prétendues « pluies de soufre : » nature véritable de la substance qu'on a prise pour du soufre. Ce qu'il faut penser des « pluies de sang. » Réalité des pluies de feuilles, » des « pluies de graines, » des « pluies de chenilles. » Y a-t-il des « pluies de crapauds, » des « pluies de grenouilles, » des « pluies de poissons? » Une « pluie d'oranges » à Naples. « Pluies de pierres. » Ce qu'étaient les « pluies de feu » mentionnées par les anciens auteurs.

1. Les vents violents et les trombes qui balayent la surface de la terre emportent quelquefois à de grandes hauteurs des substances diverses qu'ils abandonnent plus tard, et qui retombent ensuite, tantôt seules, tantôt avec la pluie. De là ces pluies extraordinaires de *cendres*, de *sou-*

fre, de *sang*, de *graines*, de *feuilles*, de *grenouilles*, de *crapauds*, etc., qui, de loin en loin, excitent la curiosité publique, mais qui, autrefois, ne manquaient presque jamais de frapper d'épouvante les populations, parce qu'on les regardait comme des prodiges et des signes particuliers indiquant la colère céleste ou l'imminence de quelque grand événement.

2. Les *pluies de cendres* sont uniquement dues à des éruptions volcaniques, et, en parlant des volcans[1], nous avons vu que les matières pulvérulentes lancées par ces montagnes sont souvent portées par les vents à des distances énormes. Parmi les plus remarquables de ces pluies, nous citerons celle qui fut observée à la Barbade, le 30 avril 1812. Dans la soirée de ce jour, on entendit, pendant quelques instants, « des explosions tellement semblables aux décharges de plusieurs pièces de gros calibre, que la garnison du château Sainte-Anne resta sous les armes toute la nuit. Le lendemain matin, 1er mai, l'horizon de la mer, à l'orient, était parfaitement clair ; mais, immédiatement au-dessus, on apercevait un nuage noir qui couvrait le reste du ciel, et qui même, bientôt après, se répandit dans la partie où commençait à poindre la lumière du crépuscule[2]. L'obscurité devint telle alors que, dans les appartements, il était impossible de distinguer la place des fenêtres, et qu'en plein air plusieurs personnes ne purent voir ni les arbres à côté desquels elles se trouvaient, ni les contours des maisons voisines, ni même des mouchoirs blancs placés à 15 centimètres des yeux. Ce phénomène était occasionné par la chute d'une grande quantité de poudre volcanique provenant de l'éruption d'un volcan de l'île de Saint-Vincent, située à plus de 80 kilomètres de distance. Cette pluie d'un nouveau genre et l'obscurité profonde qui en était la conséquence, ne cessèrent entièrement qu'entre midi et une heure; mais plusieurs fois, depuis le matin, on avait remarqué, en s'aidant d'une lanterne, comme des espèces

1. Voy. la deuxième Lecture.
2. Voy. sur le *Crépuscule*, la note 4 de la page 57.

d'averses pendant lesquelles la poussière tombait en plus grande abondance. Les arbres d'un bois flexible ployaient sous le faix; le bruit que les branches des autres arbres faisaient en se cassant contrastait d'une manière frappante avec le calme parfait de l'atmosphère. Les cannes à sucre furent totalement renversées. Enfin, toute l'île se trouva couverte d'une couche de cendres verdâtres qui avait 3 centimètres d'épaisseur. »

3. Les *pluies de soufre* n'ont absolument rien de réel. Il est très-vrai qu'après de fortes averses on a vu quelquefois la surface de la terre ou celle des eaux couverte d'une poussière jaunâtre; et, comme cette poussière s'enflammait aisément, on en a conclu à la légère que c'était du soufre; mais un examen attentif a fait immédiatement reconnaître qu'elle n'était autre chose que le pollen[1] de certains végétaux, particulièrement des pins, des sapins, des aulnes, des bouleaux et des lycopodes, pollen qui avait été balayé par les vents et précipité avec la pluie.

4. Ce que nous venons de dire des pluies de soufre s'applique entièrement aux *pluies de sang*. Le prétendu sang dont certaines averses ont parfois couvert la terre, était tout simplement de l'eau de pluie ordinaire colorée en rouge, tantôt par des poussières minérales enlevées par les vents, tantôt par des myriades de plantes ou d'animaux rougeâtres d'une petitesse excessive qui, dans des circonstances encore peu connues, se multiplient d'une manière prodigieuse dans les eaux. C'est aussi à la présence de corps semblables que l'eau de certaines sources doit la teinte rougeâtre qui les caractérise, et qui leur a valu le nom de *sources* ou *fontaines de sang*.

5. Les *pluies de feuilles d'arbres* et *de graines* s'expliquent très-facilement par l'action des vents et des trombes; il nous suffira donc de les indiquer. Il faut en dire autant des *pluies de chenilles* et d'autres insectes que signalent plusieurs auteurs.

6. Quant aux *pluies de grenouilles* et de *crapauds*, que

1. Voy. sur cette substance, la note 3 de la page 85.

certaines personnes regardent comme n'ayant jamais existé, des témoignages aussi nombreux que respectables prouvent qu'elles sont bien réelles. On conçoit, en effet, que les trombes, qui enlèvent fréquemment toute l'eau des mares et des étangs, doivent, en même temps, enlever les grenouilles et les crapauds qui s'y trouvent, soit à l'état de têtard[1], soit à l'état parfait[2]. Il y a plus, c'est qu'il peut y avoir pour la même raison, des *pluies de poissons*. On cite à ce sujet une trombe qui, le 13 septembre 1835, dans le pays de Caux, enleva toute l'eau d'un petit étang avec les poissons qui y vivaient. Or ces poissons ont dû retomber tôt ou tard et former quelque part une pluie de poissons.

7. Une pluie bien autrement singulière est celle qui eut lieu à Naples, le 8 juillet 1833. Une trombe s'étant formée aux environs de cette ville, fit irruption sur le rivage et vida complétement deux grandes corbeilles d'oranges. Quelques instants après et à une distance assez considérable du point où ce larcin avait été commis, une jeune fille qui se trouvait sur une terrasse vit une *pluie d'oranges* tomber autour d'elle, phénomène beaucoup plus gracieux qu'une pluie de grenouilles ou de crapauds, mais beaucoup plus étonnant encore, puisque les oranges sont bien autrement lourdes et volumineuses que ceux de ces animaux qu'on a vus figurer dans les pluies d'orage.

8. Outre les pluies extraordinaires qui précèdent, nous aurions encore à parler de celles de *pierres*, mais nous savons qu'on appelle ainsi les chutes abondantes d'aérolithes. C'étaient également des phénomènes du même genre que ces *pluies de feu* dont parlent quelques anciens auteurs, et que nous nommons aujourd'hui des *pluies d'étoiles filantes*.

1. On sait que les crapauds et les grenouilles naissent avec des formes tout à fait différentes de celles qu'ils auront à l'état adulte. Quand ils sont jeunes, ils semblent uniquement composés d'une grosse tête et d'une queue, et c'est à cette circonstance qu'ils doivent le nom de *têtards*, en languedocien *cap gros*. On sait aussi que les têtards sont exclusivement aquatiques, c'est-à-dire ne vivent que dans l'eau.

2. Toutefois, en ce qui concerne les crapauds, l'apparition subite d'un grand nombre de ces animaux peut, en quelques circonstances, être uniquement due à l'action de la pluie qui les a fait sortir des fissures du sol.

VINGT ET UNIÈME LECTURE.

La Rosée et la Gelée blanche.

Ce qu'on entend par « rosée. » Comment elle se forme. Elle est plus abondante par un ciel serein que par un ciel couvert ; pourquoi. Substances sur lesquelles elle se montre de préférence. Saisons dans lesquelles elle est plus commune. La « gelée blanche. » Circonstances où elle se produit. Procédé indien pour congeler l'eau. Désastreux effets de la gelée blanche sur la végétation. Moyens de les éviter. La « lune rousse. » Quelle est cette lune? Ce qu'il faut croire de l'action qu'on lui attribue.

I. Rosée. — 1. Par **rosée** on entend ces limpides gouttelettes qui, le matin, brillent comme des diamants sur les fleurs et sur les feuilles des arbres ; ce sont des portions de la vapeur aqueuse répandue dans l'atmosphère qui se sont déposées, pendant la nuit, en passant à l'état liquide.

2. Comment la rosée se forme-t-elle? La réponse à cette question est fort simple.

Le sol envoie continuellement vers les espaces célestes une partie de sa chaleur naturelle[1]. Ces mêmes espaces lui en renvoient à leur tour, mais en quantité tellement au-dessous de celle dont il se dépouille, qu'il doit nécessairement se refroidir. Ce refroidissement n'a pas lieu pendant le jour, parce que le soleil échauffe alors la terre au point de compenser et au delà la perte de chaleur qu'elle éprouve, mais les choses se passent tout autrement quand la nuit est arrivée. En effet, la surface du sol cédant alors plus de chaleur qu'elle n'en reçoit, ne tarde pas à se refroidir, et son refroidissement a lieu avec d'autant plus de force qu'on s'éloigne davantage de l'instant du coucher du soleil, en sorte que le moment où il est le plus grand arrive peu de temps avant le lever de cet astre. Il résulte de ce fait que les couches les plus basses de l'atmosphère,

1. Voy., sur la manière dont se fait cette cession de chaleur, la note de page 104.

se trouvant en contact avec un corps solide ayant une température inférieure à la leur, se refroidissent à leur tour, et elles ne peuvent le faire qu'en abandonnant une partie plus ou moins considérable de la vapeur aqueuse qu'elles tiennent en suspension. Cette vapeur se précipite donc sur le sol, qui, suivant les circonstances, est bientôt couvert, soit d'une multitude de gouttelettes d'eau, soit d'une couche continue d'humidité.

3. Le refroidissement est beaucoup plus sensible, par conséquent, la rosée beaucoup plus abondante, lorsque le ciel est serein que lorsqu'il est chargé de nuages, parce que, dans le premier cas, rien n'arrête la dispersion de la chaleur dans les espaces célestes, tandis que, dans le second, les nuages forment une espèce d'écran qui empêche cette même dispersion et qui, en outre, rend au sol presque autant de chaleur qu'il en reçoit. Les arbres, les haies, les murs, les abris de tout genre agissent de la même manière que les nuages. On a également observé que la rosée se forme plus facilement dans les lieux d'où l'on aperçoit une plus grande étendue de ciel libre. Aussi est-elle plus abondante sur le sommet des collines que dans les vallées. Enfin, les vents l'empêchent de se produire, parce qu'ils chassent les couches d'air qui touchent la surface du sol, avant qu'elles aient eu le temps de se refroidir, et qu'ils hâtent l'évaporation de l'humidité qui a déjà pu se déposer.

4. L'herbe, le bois, les feuilles des plantes, les fleurs sont les substances qui perdent plus promptement leur chaleur naturelle, et sur lesquelles, par conséquent, la rosée se forme en plus grande quantité. Les métaux polis, les étoffes de laine, possèdent la propriété contraire, mais à des degrés différents.

Tout le monde a remarqué que les gouttes de rosée roulent sur les feuilles de chou, de pavot et de plusieurs autres végétaux, sans les mouiller. Cette particularité, très-singulière en apparence, provient uniquement de ce que la surface de ces feuilles est recouverte d'une poussière, d'un duvet ou d'une matière huileuse qui s'oppose à ce qu'elles soient mouillées par l'eau.

5. C'est au printemps et à l'automne que la rosée se forme avec le plus d'abondance, parce que, dans ces deux parties de l'année, l'air renferme relativement plus d'humidité que dans les autres [1].

II. La gelée blanche. — 1. Quand, par suite du refroidissement qui a lieu la nuit, la température du sol descend au-dessous de zéro du thermomètre centigrade [2], la vapeur d'eau contenue dans l'air se change en glace, et l'on a la **gelée blanche** au lieu de la rosée [3]. Un usage très-répandu dans l'Inde pour faire congeler l'eau à peu de frais peut donner une idée de l'énergie de ce refroidissement. On se procure des vases larges et peu profonds, on les place sur une couche de paille peu tassée, puis, après les avoir remplis d'eau, on les abandonne en plein air, par une nuit très-claire. Dans ces conditions, on voit la température de l'eau s'abaisser jusqu'à 16 ou 17 degrés.

2. Nul n'ignore les effets désastreux que les gelées blanches produisent au printemps sur la végétation. En une seule nuit, elles détruisent quelquefois une récolte tout entière. Il existe cependant un moyen fort simple de combattre le mal. Ce moyen consiste à disposer un abri horizontal, une natte, par exemple ; au-dessus du sol, mais ce moyen, on

1. Nous voyons chaque jour une foule de phénomènes analogues à la rosée et dus à la condensation de la vapeur d'eau à la surface des corps froids. « Ainsi, les vitres des appartements, les glaces des voitures, refroidies par l'air extérieur, se couvrent de gouttelettes qui, en descendant par leur propre poids, s'unissent et arrivent à former des gouttes, puis des filets d'eau qui coulent à la surface des vitres et des glaces. Les vapeurs, ainsi condensées, proviennent de la respiration, de la transpiration cutanée des personnes qui ont séjourné dans l'appartement ou dans la voiture, de tous les liquides qui s'y sont vaporisés. La même cause produit l'espèce de rosée qu'on remarque dans un lieu chaud et habité par plusieurs personnes, sur les carafes et les verres remplis d'eau froide, sur les bouteilles qu'on remonte de la cave, sur les verres froids des lunettes, quand on entre pendant l'hiver dans un endroit chaud, etc. La vapeur sortie des cheminées des machines à vapeur se condense subitement au contact de l'air plus froid ou plus frais, et cette condensation a pour effet naturel la formation d'un nuage, ou même la précipitation sous forme de pluie, si le refroidissement est assez subit et assez intense. En hiver, le froid condense notre haleine humide et la rend visible sous forme de petit nuage, ce qui n'a pas lieu en été. » (M.)

2. Voyez, sur cet instrument, la note 1 de la page 3.

3. C'est aussi à un refroidissement plus intense à l'extérieur que, pendant l'hiver, dans les appartements, la vapeur, au lieu de se condenser simplement en gouttes ou filets sur la surface intérieure des vitres, y forme ces congélations arborescentes, c'est-à-dire en forme d'arbrisseaux, qui excitent si souvent notre admiration.

le comprend sans peine, ne peut réellement être employé que pour garantir des surfaces d'une très-faible étendue.

3. Ce que nous venons de dire des gelées blanches nous amène à parler de la **lune rousse**. Les jardiniers donnent ce nom à la lune qui, commençant en avril, devient pleine, soit à la fin de ce mois, soit plus ordinairement dans le courant de mai. Suivant eux, la lumière de cet astre, dans les mois d'avril et de mai, exerce une action fâcheuse sur les jeunes pousses des plantes. Ils assurent avoir observé que la nuit, quand le ciel est serein, les feuilles, les bourgeons exposés à cette lumière *roussissent*, c'est-à-dire se gèlent, quoique le thermomètre, dans l'atmosphère, indique plusieurs degrés au-dessus de zéro. Ils ajoutent encore que si un ciel couvert arrête les rayons de l'astre, les empêche d'arriver jusqu'aux plantes, les mêmes effets n'ont plus lieu dans des circonstances de température d'ailleurs exactement semblables. De là est née la croyance que la lumière de la lune possède la propriété de refroidir les plantes au point de les geler, et que cette propriété est plus particulièrement active au printemps.

4. Que faut-il penser de l'opinion des jardiniers ? Qu'elle est vraie relativement à la congélation des plantes en avril et en mai, mais qu'elle est absolument fausse en ce qui concerne la cause de cette congélation.

En effet, il arrive souvent, dans les nuits de ces deux mois, que la température de l'air n'est que de 4, de 5 ou de 6 degrés centigrades au-dessus de zéro. Quand il en est ainsi, les plantes exposées à la lumière lunaire, c'est-à-dire à un ciel sans nuages, peuvent, malgré les indications du thermomètre, se refroidir assez pour se geler. Au contraire, si la lune ne brille pas, en d'autres termes, si le ciel est couvert, la température des plantes ne descendant pas au-dessous de celle de l'air, il n'y a point de gelée, à moins que le thermomètre n'ait marqué zéro. La congélation des plantes à l'époque de la lune rousse n'est donc pas due à la lumière de cet astre ; la sérénité du ciel est l'unique cause de ce phénomène, qui a tout aussi bien lieu lorsque notre satellite[1] est couché que lorsqu'il est sur l'horizon.

VINGT-DEUXIÈME LECTURE.

La Neige.

Nature de la « neige. » Circonstances où elle prend naissance. Curieuses formes de la neige. Pourquoi la neige ne tombe qu'en hiver. Elle n'est pas également abondante dans tous les pays. Neiges perpétuelles. Pourquoi les nuits sont claires en temps de neige. Neige rouge. Rôle de la neige dans la nature. Ouragans de neige. « Avalanches. »

1. Nous savons que la pluie résulte du refroidissement des vapeurs répandues dans l'atmosphère. La **neige** n'a pas d'autre origine, mais les circonstances dans lesquelles elle se produit ne sont pas tout à fait les mêmes.

La neige se forme quand la température est au-dessous de zéro, l'air pur et le temps calme. Dans ces conditions, les vapeurs atmosphériques se congèlent en petites aiguilles qui, en se réunissant plusieurs ensemble donnent naissance à ces groupes que nous appelons *flocons*.

2. Rien de plus admirable et de plus régulier à la fois que les flocons de neige. Malgré les apparences, ils sont tous construits sur le même type, ils dérivent tous d'étoiles à six rayons diversement modifiées par des additions successives (*fig.* 16). Ces étoiles, « ces fleurs à six pétales, dit un auteur anglais, prennent les formes les plus variées et les plus merveilleuses ; elles sont dessinées par la plus fine des gazes, et, tout autour de leur angles, on voit quelquefois se fixer des rosettes de dimensions

1. Plusieurs planètes sont accompagnées, dans leur mouvement autour du soleil, par des astres plus petits qui leur servent en quelque sorte de gardes. Ce sont ces petits astres qu'on appelle *satellites*, d'un mot latin, *satelles*, qui veut dire garde, gardien. La lune est le satellite de la terre.

encore plus microscopiques. La beauté se superpose à la beauté, comme si la nature, une fois à la tâche, prenait

Fig. 16. — Formes de la neige.

plaisir à montrer, même dans la plus étroite des sphères, la toute-puissance de ses ressources. »

Remarquons en passant que les flocons qui tombent en même temps ont généralement la même forme ; mais, s'il y a un intervalle entre deux averses consécutives de neige, on trouve dans la seconde des figures différentes de celles de la première.

3. La neige tombe en hiver parce que sa formation suppose un refroidissement que l'hiver seul peut en général déterminer. Une basse température et une atmosphère très-humide étant des conditions indispensables pour qu'elle se produise, on conçoit qu'elle ne doit pas être également commune sur tous les points du globe. Aussi, n'en voit-on jamais dans la zone torride, rarement dans les parties les plus chaudes des zones tempérées[1], et elle tombe avec d'autant plus d'abondance qu'on se rapproche davantage des pôles; il est même des pays dont elle recouvre habituellement le sol. Toutefois, comme la température diminue à mesure qu'on s'élève dans l'atmosphère, il est évident que ce qui précède n'est vrai que pour les parties basses de la surface de la terre, et qu'à l'égard des montagnes il doit exister un autre ordre de choses. C'est effectivement ce qu'apprend l'expérience, car, sous l'équateur, les sommets des monts les plus élevés sont toujours couverts de neige.

4. Les neiges qui ne disparaissent jamais de la surface du sol sont dites *éternelles* ou *perpétuelles*[2]. Elles se trouvent dans tous les lieux dont la température ne s'élève jamais sensiblement et pour un temps assez long au-dessus de zéro, et l'ensemble de ces lieux forme ce qu'on appelle la *limite des neiges éternelles*. Cette limite n'est pas la même dans toutes les parties de la terre[3]. Dans tous les cas au-

1. *Zones*. Pour la signification de ce mot, voy. la note 1 de la page 53.

2. La chaleur de la terre fond toujours les portions de neige qui se trouvent en contact immédiat avec le sol, mais elle n'atteint pas les couches superficielles. Au retour de la saison rigoureuse, celles-ci, sont recouvertes par la nouvelle neige, et finissent à la longue par se trouver à la partie inférieure de la masse; elles fondent alors, d'autres les remplacent, et les choses se renouvellent continuellement de la même manière.

3. La *limite des neiges éternelles* varie suivant la hauteur des lieux et leur latitude, suivant aussi la chaleur et la durée des étés, la configuration des chaînes de montagnes, la direction des vents qui soufflent dans les régions supérieures de l'atmosphère, etc. Elle a été trouvée, en Islande, à 946 mètres au-dessus du niveau de la mer; dans les Alpes, à 2,700 mètres; aux Pyrénées, à 2,728 mètres; dans l'Oural, à 1,460 mètres; au Caucase, à 3,372 mètres; dans les Andes de Quito, à 4,820 mètres; dans les Andes du Chili, à 4,483 mètres; dans l'Himalaya, à 5,067 mètres, etc.

dessous, les neiges fondent quelquefois pendant l'été ; mais, au-dessus, elles existent toujours.

5. C'est un fait bien connu que les nuits sont très-claires quand la terre est couverte de neige. Cela provient de ce que la neige est phosphorescente[1], et que, de plus, elle rend, pendant la nuit, la lumière dont elle s'est emparée pendant le jour. Une particularité encore plus remarquable, c'est qu'elle est parfois de couleur rouge. La cause de cette coloration a longtemps exercé l'esprit des savants, mais on sait aujourd'hui qu'elle est due à la présence d'une multitude de champignons d'une petitesse excessive.

6. Accumulée sur les hautes montagnes, la neige, en fondant peu à peu, contribue à l'entretien des fleuves et des rivières, ainsi qu'à la formation des nappes souterraines qui alimentent nos puits. Dans les plaines et les vallées, elle tient la terre chaude pendant l'hiver, parce qu'elle la soustrait au refroidissement nocturne. Elle préserve donc les plantes de l'action de la gelée ; de plus, elle en favorise singulièrement la végétation, parce que, de même que la pluie, elle renferme des substances fertilisantes qu'elle abandonne graduellement au sol. C'est pour ces diverses causes que, dans les années où il tombe beaucoup de neige, les récoltes sont généralement plus abondantes.

7. Dans les plaines de nos climats, on ne connaît la neige que par ses bienfaits. Il n'en est pas de même dans les régions glaciales et sur les plateaux. Là, en effet, la neige, violemment enlevée par les vents, forme des tempêtes terribles que l'on appelle *écirs* en Norwége, *tourmentes* en Auvergne, dans les Alpes, aux Pyrénées. Quand règne un de ces ouragans, les dépressions du sol disparaissent sous les amas de neige qui s'y entassent, les chemins deviennent invisibles. En même temps, les hommes, aveuglés et suffoqués par les particules neigeuses qui tourbillonnent dans l'atmosphère, ne savent plus de quel

1. Voy. sur la « phosphorescence, » la note 2 de la page 33.

côté se diriger. Malheur alors à celui qui se trouve en route, si la Providence ne vient à son aide ! Dans les endroits les plus dangereux, on dispose bien, de distance en distance, des poteaux de bois ou des piliers de pierres, mais ce moyen ne suffit pas toujours pour guider le voyageur. On peut en dire autant de l'usage où l'on est de sonner les cloches, parce que, presque toujours, la violence du vent détourne le son de sa direction véritable.

8. Les pays de montagnes sont exposés à un autre danger peut-être encore plus terrible, celui des *avalanches*.

Une avalanche est une masse de neige qu'une cause quelconque détache du sommet d'une montagne. Cette masse se grossit sans cesse dans sa course, en entraînant avec elle la neige qui se trouve sur son passage, et acquiert ainsi un volume si énorme et une rapidité si considérable qu'elle renverse tout ce qu'elle rencontre, hommes, animaux, arbres, maisons, même des quartiers de roche. Il arrive souvent que des arbres, des habitations, des hommes et des animaux sont renversés, non pas par l'avalanche elle-même, mais seulement par le courant d'air qu'elle détermine, et qui marche devant elle avec une violence prodigieuse.

Les avalanches s'observent plus fréquemment sur les montagnes déboisées que sur celles qui sont couvertes de forêts. C'est au printemps qu'elles ont principalement lieu. Dans cette partie de l'année, la terre étant échauffée par les rayons du soleil, fond la couche neigeuse qui la couvre immédiatement, en sorte que les couches supérieures se trouvent bientôt sans point d'appui et comme suspendues. Il suffit alors de la moindre agitation de l'air pour détacher ces dernières. Les pas ou la voix des voyageurs, la détonation d'une arme à feu, le vent, à plus forte raison, les éclats du tonnerre, sont les causes qui produisent ordinairement le phénomène.

Le départ des avalanches est presque toujours annoncé par un bruit semblable à un coup de fusil, et ce bruit est bientôt suivi du fracas qui résulte du brisement des arbres et du choc des pierres et des fragments de toute sorte que la neige entraine en roulant sur le flanc de la montagne. Quand on entend un pareil bruit, le mieux est de ne pas quitter la place où l'on se trouve, parce qu'en voulant éviter le danger, on s'expose souvent à courir à sa rencontre.

VINGT-TROISIÈME LECTURE.

La Grêle.

Qu'est-ce que la « grêle, » le « grésil » et les « grêlons ? » Ce qu'on appelle « giboulées. » Forme des grêlons. Leurs dimensions. Tous les pays ne sont pas également exposés aux ravages de la grêle. Parties du jour où la grêle tombe le plus souvent. Aspect des nuages qui portent la grêle. Bruit qui précède la grêle : son origine. Grêles locales. Grêles extraordinaires. Dégâts causés par la grêle. Inanité des moyens proposés pour les prévenir.

1. Qu'est-ce que la **grêle ?** On donne ce nom à une averse de globules de glace. Chacun de ces globules est un *grêlon*, et l'on appelle *grésil* tout grêlon qui est très-dur et très-petit.

2. Le grésil semble se former quand des gouttelettes de pluie très-fines, provenant d'un premier nuage, se congèlent subitement en traversant un second nuage dont la la température est beaucoup plus basse. Il est ordinairement rond ou à peu près. Quant à ses dimensions, elles dépassent rarement 2 millimètres de diamètre. En général, il apparaît au printemps et pendant les coups de vent. C'est lui qui constitue les *giboulées*.

3. On regarde les grêlons comme des grains de grésil qui, en traversant une masse d'air ou un nuage saturé[1] de vapeur d'eau ou très-chargé d'eau, congèlent cette vapeur ou cette eau par leur contact, et s'entourent ainsi d'une ou de plusieurs couches de glace ; mais les circonstances

1. Pour la signification de ce mot, *saturé*, voyez la note de la page 107.

au milieu desquelles ils se produisent ne sont pas encore parfaitement connues.

4. Les grêlons sont le plus souvent arrondis ou en forme de poire. Ordinairement, ils ont à peu près la grosseur d'une petite noisette, mais il en tombe quelquefois d'énormes qui ravagent tout ce qu'ils rencontrent. C'est ainsi qu'à différentes époques on en a vu qui pesaient de 100 à 200 grammes. En 1831, pendant une grêle qui s'abattit sur Constantinople, on en ramassa qui étaient gros comme le poing, et dont plusieurs, une heure après leur chute, pesaient encore 500 grammes. Deux ans auparavant, à Cazorta, en Espagne, on en avait ramassé qui étaient encore plus énormes, car leur poids atteignait 2 kilogrammes. On conçoit ce que peuvent faire de pareilles masses ; elles sont capables de tuer les hommes et les animaux, même d'enfoncer les toitures légères.

5. Presque inconnues entre les tropiques, très-rares dans les régions glaciales, les chutes de grêle ne sont fréquentes que dans les pays tempérés. Elles ont lieu surtout l'été. Le plus souvent elles précèdent les pluies d'orage ; quelquefois elles les accompagnent ; presque jamais elles ne les suivent. Quant à leur durée, elle ne dépasse guère quelques minutes, et c'est un phénomène extraordinaire quand elle atteint un quart d'heure. Beaucoup de personnes croient que la grêle ne tombe pas pendant la nuit ; c'est une erreur souvent démentie par l'expérience. Il grêle, en effet, après le coucher du soleil tout aussi bien qu'après son lever : seulement, cela arrive moins souvent. Dans le jour, il y a des chutes de grêle à toutes les heures ; néanmoins, c'est à midi, ou peu après, c'est-à-dire au moment de la plus forte chaleur, qu'on observe les plus fréquentes.

6. Les nuages qui portent la grêle semblent avoir une très-grande profondeur, car ils répandent une obscurité très-sensible. Ils se distinguent ordinairement des autres nuages orageux par leur couleur, qui est grise ou roussâtre. De plus, leur surface inférieure présente d'énormes protubérances, et leurs bords ont des déchirures nom-

breuses et profondes. Quand la grêle les abandonne, on entend quelquefois, un peu avant qu'elle touche le sol, un bruit singulier, mais si fort qu'il couvre les éclats de tonnerre. Ce bruit a été comparé à celui que feraient des sacs de noix violemment entre-choqués ou des escadrons de cavalerie courant sur le pavé d'une ville. On n'en connaît pas positivement la cause, mais on suppose, non sans raison, qu'il est dû, soit au choc des grêlons les uns contre les autres, soit à la rapidité prodigieuse avec laquelle ils traversent l'atmosphère.

7. Dans la plupart des cas, la chute de la grêle a un caractère purement local, c'est-à-dire est circonscrite dans un espace très-limité. C'est ainsi qu'il existe des localités qui sont ravagées presque tous les ans, tandis que les localités voisines ne le sont jamais ou à peu près. Quelquefois, au lieu d'être locale, la grêle tombe sur une vaste étendue de pays, qui prend habituellement la forme d'une zone étroite, mais très-longue. Un curieux fait de ce genre fut observé le 13 juillet 1788, lors de l'orage qui traversa la France dans toute sa longueur et pénétra ensuite en Belgique et en Hollande. Cet orage s'étendit sur deux bandes en zones dirigées du sud-ouest au nord-est, et presque parallèles. La bande occidentale avait une largeur moyenne de 16 kilomètres et une longueur de 800, et la bande orientale une largeur moyenne de 8 kilomètres et une longueur de 700. Elles étaient séparées par un espace d'environ 20 kilomètres de large, où il ne tomba qu'une pluie abondante. La grêle tomba sur chaque bande pendant 7 à 8 minutes consécutives, et avec une force telle que toutes les récoltes furent hachées. On trouva des grêlons qui pesaient un peu plus de 250 grammes. Enfin, on évalua à 1,039 le nombre des communes dont le territoire fut ravagé, et à 25 millions de francs les pertes de notre agriculture.

8. Les dégâts causés par la grêle sont incalculables. En France seulement, ils s'élèvent, année moyenne, à plus de 40 millions. Il serait donc du plus grand intérêt de pouvoir en préserver les récoltes, mais tous les moyens

proposés jusqu'à présent ont échoué de la manière la plus complète; la plupart étaient même absolument impraticables.

VINGT-QUATRIÈME LECTURE.

Les Ravageurs des récoltes.

Rôle des « insectes » dans la nature. A quoi ils servent. Pourquoi ils ont des ennemis. Insectes nuisibles à nos cultures : énumération sommaire de ceux qui attaquent les céréales, les forêts, les arbres fruitiers, la vigne, les plantes fourragères, etc. Pertes énormes que l'agriculture doit aux insectes. Ravages occasionnés par certaines espèces.

1. « Répandus en nombre immense dans la nature, les **insectes** sont indispensablement nécessaires à l'équilibre et à l'harmonie de notre monde. Ils ont surtout des rapports plus ou moins intimes avec les végétaux, soit pour protéger leur multiplication, soit pour la restreindre, afin de conserver de justes proportions entre eux, et pour qu'aucun ne puisse dépasser les limites qui lui sont assignées par le Créateur. C'est la connaissance des rapports que la plupart d'entre eux ont avec les végétaux qui a permis de déterminer approximativement le nombre d'espèces d'insectes qui existent. Ainsi, on admet que chaque végétal nourrit au moins six espèces d'insectes, ce qui fait, en adoptant le calcul de M. de Candolle[1], qui porte le nombre des espèces végétales à 120,000, qu'il peut bien y avoir 7 à 800,000 espèces d'insectes sur notre globe. » (G.-M.)

2. Les insectes ne sont donc pas un hors-d'œuvre dans la nature, ils y tiennent, au contraire, une place utile, puisque, ainsi que nous venons de le dire, ils ont pour mission de régler la multiplication des plantes; mais ils

1. De Candolle (Augustin), botaniste suisse, né à Genève en 1778, mort en 1841.

sont eux-mêmes soumis à cette merveilleuse loi d'équilibre, car, comme ils ne manqueraient pas d'être nuisibles s'ils devenaient trop nombreux, des ennemis de plusieurs sortes, mammifères, oiseaux, poissons, etc., sont chargés de leur faire incessamment la guerre, afin que leurs innombrables générations ne puissent dépasser certaines limites. L'homme a aussi un intérêt de premier ordre à ce qu'ils ne se multiplient pas outre mesure, parce que, pour remplir le rôle qui leur a été assigné, ils lui font un mal immense en l'attaquant directement ou indirectement dans ses moyens d'existence.

3. Le nombre des insectes nuisibles à nos cultures est

Fig. 17. — Taupin des moissons. Fig. 18. — Ver blanc.

énorme, et ils sont d'autant plus redoutables qu'ils échappent, pour la plupart, par leur petitesse et leur fécondité[1], à tous les procédés de destruction. Les uns exercent leurs ravages sur toutes les plantes indistinctement, tandis que les autres attaquent de préférence quelques-unes d'entre elles, et ce sont presque toujours celles qui contribuent à notre nourriture, ou qui nous fournissent des matériaux pour élever nos habitations ou confectionner nos vêtements.

1. « Qui, excepté le petit oiseau, pourrait guetter et saisir le charançon, long de 5 millimètres, quand, au milieu d'un champ de blé, il s'apprête à déposer ses œufs dans les grains en voie de formation ? Qui pourrait saisir le papillon de la pyrale, alors que, dans le même but, il voltige autour des ceps, ou la chenille du même insecte, quand elle sort au printemps, longue de 4 à 5 millimètres ? » (Bonjean.) Pour avoir une idée de la fécondité des insectes, il suffira de savoir que la pyrale pond de 100 à 130 œufs, le hanneton de 70 à 100 et le charançon du blé de 70 à 90. On a calculé que douze paires de charançons dans un hectolitre de blé y produisent, en une année, 75,000 individus, dont chacun détruit 3 grains, ce qui représente environ 12 pour 100 de blé.

Dans tous les cas, c'est principalement à l'état de *larve*[1] qu'ils font le plus de dégâts.

4. Les céréales nourrissent douze ou quinze espèces différentes, dont plusieurs peuvent, en peu de temps, détruire

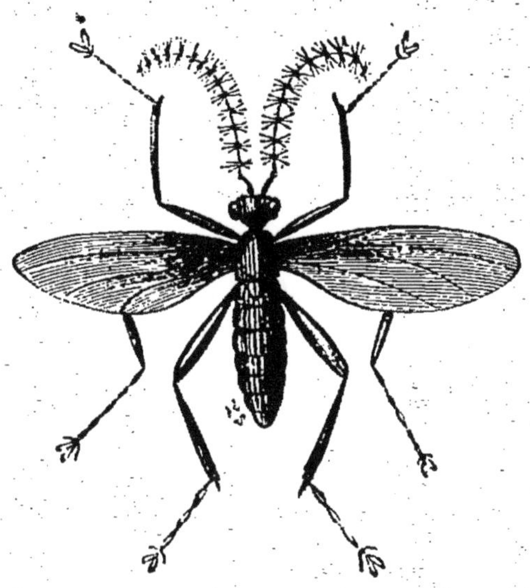

Fig. 19. — Cécidomyie du froment.

les plus belles récoltes. On regarde, avec raison, comme de véritables fléaux, le *taupin des moissons* (*fig.* 17) et le *ver*

1. Presque tous les insectes se reproduisent par des œufs, que, sauf quelques exceptions, la femelle pond peu de temps avant de mourir. Aussi, comme elle sait qu'elle ne pourra pas élever les petits, a-t-elle soin de faire sa ponte dans un endroit où ils trouveront la nourriture qui leur sera nécessaire pour se développer. Certains insectes ont, dès la naissance, la forme propre à leur espèce, mais la plupart n'acquièrent cette forme qu'après avoir subi plusieurs changements qu'on appelle des *métamorphoses*. Chez ceux qui sont dans ce cas, les petits sont allongés et semblables à des vers : on leur donne alors le nom de *larves;* mais, dans le langage vulgaire, on remplace ce mot par celui de *chenilles,* quand il s'agit des larves des papillons, et par celui de *vers,* lorsqu'on parle des larves des autres insectes. Au bout d'un certain temps, la larve abandonne sa forme de ver et en prend une autre, qui est à peu près celle qu'elle doit avoir à l'état parfait. Dans ce nouvel état, qui est celui de *nymphe,* l'animal ne peut faire aucun usage de ses membres, il reste dans une immobilité complète et ne prend aucune nourriture. En outre, chez certaines espèces, il est comme emmaillotté dans une enveloppe dure, qui tantôt le cache entièrement, et tantôt en dessine parfaitement les contours. Les nymphes qui présentent cette particularité se nomment *chrysalides* ou *fèves*. Enfin, quand la nymphe est parvenue à son développement complet, elle éprouve une transformation à la suite de laquelle l'insecte se montre avec les formes, les organes et les couleurs de l'état parfait. Les métamorphoses sont alors terminées, et l'insecte vit de la vie propre à son espèce.

blanc[1] (*fig.* 18), qui attaquent la jeune plante dans ses racines; la *cécydomyie du froment* (*fig.* 19), vulgairement, *mouche à blé*, qui dévore la fleur en train de se former; le *charançon* ou *calandre du blé* (*fig.* 20), l'*alucite des céréales* (*fig.* 21) et la *teigne des blés* (*fig.* 22), qui dévastent le grain récolté et conservé dans les greniers; le *chlorops* (*fig.* 23), dont la larve détruit les jeunes tiges.

B. Parmi les insectes ravageurs des forêts, les *papillons* sont les plus nuisibles, tant à cause de la facilité prodigieuse avec laquelle ils se multiplient, que par l'insatiable voracité avec laquelle leurs larves ou chenilles se jettent sur toutes les parties des arbres. Les coléoptères[2] fournissent aussi une foule d'espèces nuisibles, telles que les *scolytes*, les *bostriches*, les *chrysomèles*, les *hannetons*, etc. A l'état de larve ou de ver blanc, ce dernier attaque les racines; à l'état d'insecte parfait (*fig.* 24), il dévore les bourgeons et les feuilles.

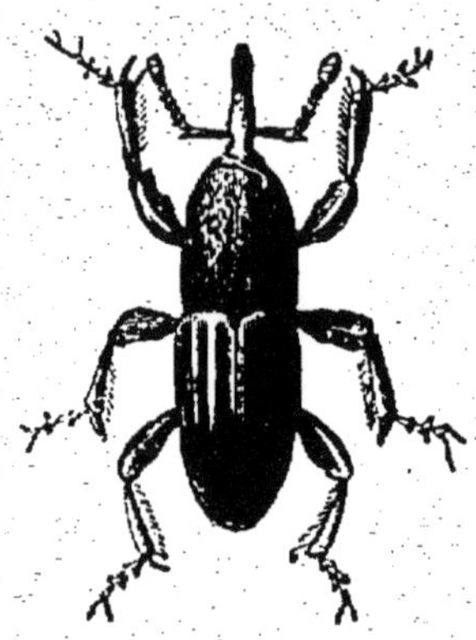

Fig. 20. — Charançon.

C. Les arbres fruitiers, notamment l'amandier, le prunier, le pommier, le pêcher, etc., ont également leurs ennemis. L'olivier, cette richesse de l'Europe méridionale, en compte même tant et de si acharnés que, dans plusieurs localités, on s'est souvent demandé s'il ne conviendrait pas de renoncer à sa culture. Ceux de la vigne ne sont pas moins nombreux. Tantôt, c'est la *pyrale*, papillon de très-petite taille, qui sévit quelquefois dans des départements tout entiers; tantôt, c'est l'*altise*, coléoptère appelé vulgairement *tiquet*, qui ronge la feuille et donne aux vignes une couleur rougeâtre, comme si le feu y avait passé. Un autre coléoptère non moins redoutable est l'*eu-*

1. On sait que le *ver blanc*, appelé aussi *man* ou *turc*, est la larve du hanneton.

2. *Coléoptères*, du grec *coléos*, étui, et *ptéron*, aile. On appelle ainsi tous les insectes qui ont quatre ailes, dont les supérieures ou élytres, plus ou moins dures ou coriaces, servent d'étui ou de gaîne aux inférieures, qui sont membraneuses. Le hanneton la coccinelle, la cantharide, sont des coléoptères.

molpe, que les vignerons désignent sous le non d'*écrivain*, parce que sa larve, en attaquant les feuilles, y trace des sillons auxquels on a trouvé une certaine ressemblance avec des caractères d'écriture. Citons encore le *phylloxère ravageur*, espèce de puceron microscopique, qui pique les racines pour se nourrir de leurs sucs et produit la maladie appelée vulgairement *étisie*.

D. Les plantes fourragères résistent à peine, en certaines localités, aux ravages de plusieurs espèces de coléoptères et de papillons. Dans les jardins potagers, les

Fig. 21. — Alucite des céréales.

racines de toutes les légumineuses sont mangées par les *courtilières* ou *taupes-grillons* et autres insectes fouilleurs, tandis que les *puces de terre* et les *pucerons* se portent sur leurs tiges et sur leurs feuilles, et que les *bruches* s'établissent dans leurs graines, dont elles ne nous laissent que l'enveloppe.

E. Enfin, le colza, le chanvre, le lin, le tabac, le houblon, la betterave et les autres plantes industrielles sont attaqués chaque jour par des milliers d'insectes, qui les détruisent, soit avant, soit après leur sortie de terre.

4. Les pertes occasionnées à l'agriculture par les insectes sont incalculables. Quoiqu'on ne possède pas encore les renseignements nécessaires pour en faire une évaluation complète, ceux qu'on a pu recueillir permettent cependant de s'en former une idée assez exacte.

En ce qui concerne les céréales, on estime à 4 millions de francs, au moins, la valeur du blé que la seule larve de la cécydomyie fait avorter, en un an, dans l'un de nos départements de l'Est ; et plusieurs savants n'hésitent pas à regarder ce même insecte comme la cause de l'insuffisance de nos récoltes durant les trois années qui précédèrent 1856. D'après les calculs d'un de nos principaux agronomes, tous les insectes ensemble nous feraient perdre annuellement pour plus de 200 millions de céréales.

Pour la vigne, à la suite d'une enquête minutieuse, il a été établi qu'en dix ans, de 1828 à 1837, et seulement dans vingt-trois communes du Mâconnais et du Beaujolais, représentant trois mille hectares de vignobles, la pyrale avait fait pour plus de 34 millions de dégâts, c'est-à-dire plus de 3 millions par an. Dans une de ces communes, une propriété qui produisait ordinairement 5,000 hectolitres de vin, n'en avait rapporté que 22, en 1837.

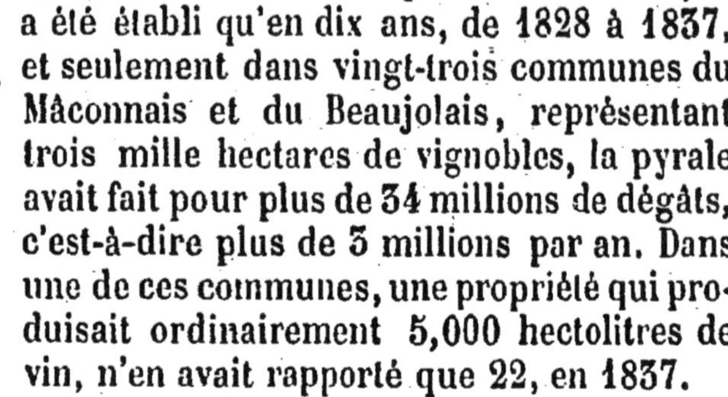

Fig. 22. — Grains de blé portant les œufs de la teigne.

Dans nos départements méridionaux, on porte à 6 millions de francs la perte qui résulte, pour la récolte de l'huile d'olive, des attaques des ennemis de l'olivier.

Relativement au colza, on a constaté que, sur vingt siliques ou gousses prises au hasard et fournissant 504 graines, 296 de ces dernières étaient saines ; les autres, au nombre de 208, avaient été dévorées par les insectes ou s'étaient flétries par l'effet de leurs piqûres : de là une perte en huile de plus de 32 pour 100. On a ensuite calculé qu'une récolte, ayant, dans ces conditions, produit 4,500 francs, se serait vendue 7,200 fr., c'est-à-dire 2,700 fr. de plus si elle n'avait pas été décimée par les insectes.

5. Quelques faits nous feront maintenant connaître jusqu'où peuvent s'étendre les ravages des insectes dans les pays forestiers. En Allemagne, d'après le naturaliste Latreille [1], un papillon, la *nonne*, a détruit des forêts entières. L'agronome Baudrillart [2] raconte qu'en 1810, dans

1. Latreille (Pierre-André), naturaliste français, né à Brive (Corrèze) en 1762, mort en 1833.

2. Baudrillart (Jacques-Joseph), agronome français, né à Givron (Ardennes) en 1774, mort en 1832.

le département de la Roër[1], la forêt de Tannesbuch fut tellement envahie par les bostriches que, pour empêcher ces

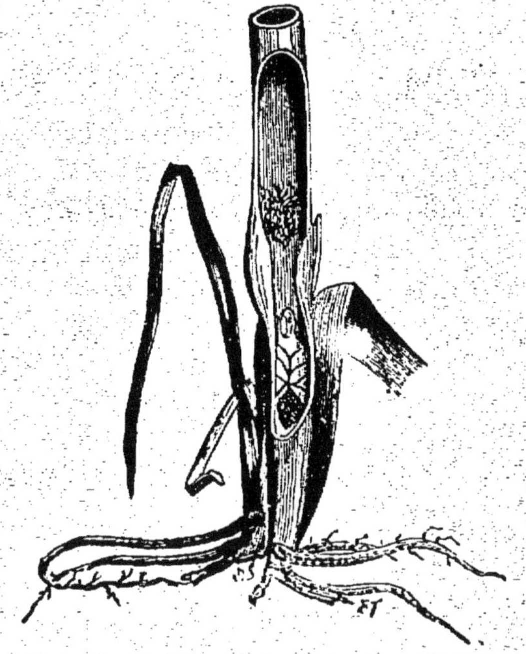

Fig. 23. — Tige de blé renfermant une larve de Chlorops.

ravageurs de se porter sur les forêts voisines, on dut l'abattre et en brûler sur place les débris. A une époque toute récente, dans la Prusse orientale, on a été obligé de couper plus de 20 millions de mètres cubes de sapins, uniquement parce que les arbres périssaient sous les attaques des insectes.

Veut-on savoir de quoi sont capables les hannetons ? (*fig.* 24). Laissons parler un savant, qui a étudié leurs mœurs avec soin.

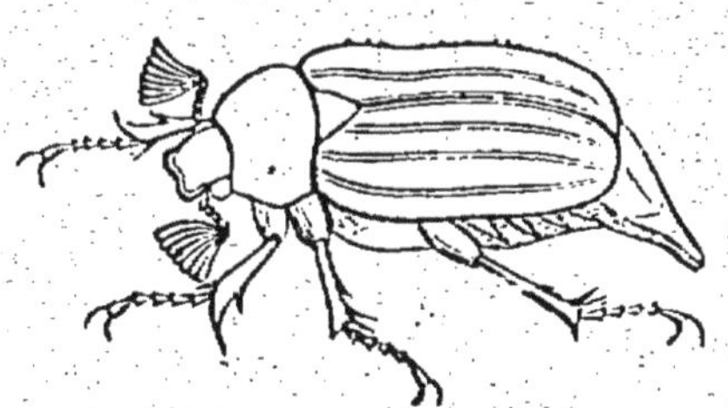

Fig. 24. — Hanneton.

Ces destructeurs de toute végétation « paraissent

1. Département de l'empire français, sous Napoléon Ier. Il comprenait une partie de la Prusse rhénane et avait pour chef-lieu la ville d'Aix-la-Chapelle. Il tirait son nom de la Roër ou Ruhr, un des principaux affluents de la Meuse.

quelquefois par milliards. Après avoir dévoré tout le feuillage d'une contrée, ils émigrent pour porter ailleurs la même dévastation.

« En 1804, un vent violent en précipita des nuées immenses dans le lac de Zurich, en Suisse. Les cadavres amoncelés formèrent des bancs épais qui, rejetés sur le rivage, répandirent dans tous les alentours des exhalaisons putrides.

« Le 18 mai 1832, à 9 heures du soir, la route de Gournay à Gisors fut envahie par des myriades de ces insectes, à telles enseignes qu'à la sortie du village de Talmontiers, les chevaux de la diligence, effrayés par cette grêle d'un nouveau genre, surexcités d'ailleurs par les attouchements pénibles ou les chatouillements désagréables qu'ils éprouvaient, refusèrent opiniâtrément d'avancer et forcèrent le conducteur à revenir sur ses pas.

« En 1838, c'est une tempête qui porta des légions innombrables de hannetons des environs d'Altdorf jusque dans la vallée de Schœchen, où on ne les avait pas encore vus.

« En 1841, ils ont dépouillé les vignes de la rive gauche de la Saône de leur feuillage naissant, puis, traversant la rivière, ils sont allés s'abattre, en masses considérables, sur les vignobles de la rive opposée. Tous cependant n'arrivèrent pas de l'autre côté. De nombreux essaims tombèrent sur Mâcon ; certaines rues en étaient jonchées ; on les y ramassait à la pelle.

« Ce sont, avons-nous dit, les feuilles des arbres qui disparaissent sous leur insatiable voracité. Ils s'établissent, pour commencer, sur les cerisiers, les pruniers, les noyers, etc. ; mais, dès que les feuilles du chêne ou du hêtre se montrent, ils les attaquent avec prédilection. Au surplus, tout y passe : tilleuls, châtaigniers, charmes, frênes, érables, peupliers, mélèzes, noisetiers, aubépine, arbres en espaliers, arbres en plein vent, pépinières, vigne, arbustes, rien ne leur échappe. Ils ne touchent que par exception aux plantes herbacées. Dépouillés et flétris, les arbres présentent, dans la belle saison, l'aspect des tristes jours de l'hiver. Ils périssent rarement, mais ils conservent longtemps toutes les apparences de la souffrance, et, pendant une ou deux années, les arbres fruitiers demeurent stériles. En 1840 et 1842, des bois entiers du Jura et de la Suisse furent complétement dévastés et ne recommencèrent à verdir qu'en juillet.

« Cependant les ravages occasionnés par l'insecte parfait ne sont pas comparables à ceux des larves (*fig.* 18). Dès les premiers temps de leur éclosion, celles-ci s'en prennent aux racines et font, par là, une immense destruction de plantes de toutes sortes. Elles choisissent d'abord les plus tendres et vont de l'une à l'autre en parcourant ainsi des distances considérables, portant la mort dans toute l'étendue d'une plate-bande, d'un champ, d'un semis, d'une plantation. Les salades, les fraisiers, les colzas, les luzernes, les prairies naturelles, les pommes de terre, les haricots, les pois, les céréales, les rosiers, les arbustes, les arbres, tout est exposé à leurs meurtrières atteintes; elles sont un fléau pour les agriculteurs, les maraîchers, les pépiniéristes, les horticulteurs. On a vu des jardins complétement dévastés, des récoltes réduites au quart, d'immenses prairies jaunir et rester sans produits. Les racines étaient si bien coupées, toutes dans les herbages de Normandie, en 1840, qu'on enlevait par grandes plaques ou par longues bandes tout le gazon. Cela fait, le ver blanc, mis à nu, mourait bientôt sous l'ardeur du soleil ou disparaissait sous les recherches de la corneille, des volailles, du chien. On cite des pièces d'avoine qui ont blanchi et péri sur pied; des champs de blé dont le tiers ou le quart des tiges tombaient longtemps avant la moisson. On a parlé d'une glandée de six hectares, trois fois semée en cinq ans avec une entière réussite, et qui, autant de fois, a été détruite par le ver blanc. » (GAYOT.) On cite encore un pépiniériste qui en une année, a éprouvé, par suite des ravages de cette larve, des pertes supérieures au montant de toutes les contributions de sa commune. En 1854, en Prusse, un semis de 320 hectares de pins fut anéanti par la même cause.

VINGT-CINQUIÈME LECTURE.

Les Gardiens des récoltes.

Impuissance de l'homme pour détruire les insectes ennemis de l'agriculture. Auxiliaires que la Providence lui a donnés. Mission de l'oiseau dans la nature. Services qu'il rend à nos champs, à nos vergers, à nos vignes, à nos greniers. Revue sommaire des oiseaux utiles : oiseaux de proie, granivores, insectivores, etc. Réhabilitation du moineau. Ingratitude de l'homme; guerre acharnée qu'il fait aux oiseaux. Les dénicheurs de nids. Plus on détruit d'oiseaux, plus les insectes pullulent; ce qui en résulte pour l'agriculture. Ce qu'il faut faire pour prévenir le danger. Utilité de la « taupe, » de la « musaraigne, » etc. Insectes protecteurs des récoltes.

1. Si considérables que soient les ravages des insectes, « on est étonné qu'ils ne le soient pas davantage, quand on considère la prodigieuse fécondité dont sont douées ces espèces malfaisantes ; et, si Dieu n'y eût pourvu par des moyens dignes de sa sagesse, depuis longtemps, toute végétation aurait disparu de la surface de la terre.

« Et, en effet, contre de tels ennemis, l'homme est frappé d'impuissance. Son génie peut mesurer le cours des astres, percer les montagnes, faire marcher un navire contre la tempête ; les monstres des forêts, il les tue ou les soumet à ses lois ; mais devant ces myriades d'insectes qui, de tous les points de l'horizon, viennent s'abattre sur les champs cultivés avec tant de sueurs, sa force n'est que faiblesse. Son œil n'est pas assez perçant pour apercevoir seulement la plupart d'entre eux; sa main est trop lente pour les frapper ; et d'ailleurs, quand il les écraserait par millions, ils renaissent par milliards. D'en haut, d'en bas, à droite, à gauche, leurs innombrables légions se succèdent et se relayent sans trêve ni repos. Dans cette indestructible armée, qui marche à la conquête de l'œuvre de l'homme, chacun a son mois, son jour, sa saison, son arbre, sa plante: chacun connaît son poste de combat, et nul ne s'y trompe jamais.

« Dès le commencement des âges, l'homme eût succombé dans cette lutte inégale, si Dieu ne lui eût donné un auxiliaire puissant, un allié fidèle qui s'acquitte à merveille de l'œuvre que lui, homme, ne saurait accomplir[1]. »

Quel est cet auxiliaire si précieux, cet allié qui ne nous refuse jamais ses services?

2. En parlant du rôle des insectes dans la nature nous avons dit que, pour empêcher leurs légions de devenir trop nombreuses, le Créateur avait placé à côté d'eux des ennemis chargés de leur faire une guerre implacable. Il y a de ces ennemis dans presque tous les ordres du règne animal, parmi les mammifères comme parmi les poissons, parmi les reptiles comme parmi les mollusques; mais l'ennemi par excellence des insectes, celui qui, à lui seul, en anéantit mille fois plus que tous les autres ensemble: c'est l'**oiseau**.

3. Oui, l'oiseau n'a pas été uniquement créé pour égayer de ses chants nos bois et nos prairies, il a une mission providentielle bien autrement importante à remplir. Consommateur né de l'insecte, il est le protecteur des biens de la terre, comme celui-ci en est le ravageur. Par la guerre sans trêve ni merci qu'il lui fait, il sauve de la destruction nos plantes et nos fruits. Aussi, n'est-ce pas sans raison qu'on l'a surnommé « l'ange gardien de l'épi de blé, » de ces beaux épis dorés qui nous donnent notre pain quotidien. Mais l'oiseau ne nous délivre pas seulement des insectes, il étend encore ses services à la destruction de plusieurs espèces de petits animaux, rats, souris, mulots, etc., contre lesquels nos efforts sont presque toujours impuissants. « Sans l'oiseau, dit un agronome suisse, aucune agriculture, aucune végétation même ne serait possible. En détruisant les insectes, il fait un travail que des millions de mains d'hommes ne feraient pas de moitié aussi bien et aussi complètement. »

1. Bonjean, *Rapport au Sénat.*

4. On évalue à trois cent trente au moins les espèces d'oiseaux qui pondent dans notre pays, mais toutes ne sont pas également utiles à notre agriculture ; il y en a même, dans le nombre, qui font beaucoup de mal, non pas directement en attaquant nos récoltes, mais indirectement en détruisant beaucoup d'oiseaux chasseurs d'insectes.

A. Presque tous les oiseaux de proie diurnes sont, pour la raison qui précède des êtres malfaisants [1]. Tels sont, entre autres le *faucon*, le *hobereau*, l'*émerillon*, la *cresserelle*, l'*épervier*, le *milan*, l'*autour* le *buzard*. La *buse commune* et la *buse hondrée*, dont chaque individu dévore annuellement près de 6,000 souris, méritent seules qu'on fasse une exception honorable en leur faveur. Parmi les oiseaux de proie nocturnes, le *grand-duc* est véritablement seul à redouter. Quant à la *chouette*, au *hibou*, au *scops*, à l'*effraie*, à la *chevêche*, etc., que l'ignorance poursuit sottement comme oiseaux de mauvais augure, le cultivateur devrait les bénir, car, mille fois mieux que les chats, ils poursuivent les rats et les souris dans les granges et les greniers, et dans les champs, ils détruisent d'innombrables quantités de campagnols, de mulots, de loirs et de lérots. Notons encore que, dans la saison des hannetons, toutes ces espèces en font leur principale nourriture, et qu'enfin, seules avec l'*engoulevent*, elles peuvent faire la chasse aux papillons nocturnes et aux insectes crépusculaires [2].

B. Dans la famille des corbeaux, la *pie*, le *geai* et la *corneille noire* sont généralement considérés, et souvent avec raison, comme nuisibles [3] ; mais le *corbeau* ne mérite pas tout le mal qu'on en dit, car c'est un grand des-

1. *Oiseaux de proie*. On appelle ainsi les oiseaux carnassiers qui ne vivent que de rapines. Tous ont la vue très-perçante ; mais les uns ne peuvent l'exercer que pendant le jour : ce sont les *diurnes* ; et les autres que pendant la nuit : ce sont les *nocturnes*.

2. *Crépusculaires*. On appelle ainsi les insectes qui ne sortent que le soir et restent cachés pendant le jour.

3. N'oublions pas cependant que la *pie* chasse vigoureusement les larves, qu'elle va chercher jusque dans la laine des moutons et sur le dos des vaches, où elles forment des tumeurs quelquefois très-volumineuses.

tructeur de lombrics, de larves, surtout de vers blancs. La *corneille mantelée* ou *meunière*, le *freux* ou *corneille moissonneuse*, le *choucas* ou *petite corneille des clochers*, sont aussi des oiseaux éminemment utiles. Il en est de même du *rollier* ou *corneille bleue*, qui se plaît sur les tas de gerbes au moment de la moisson et se nourrit uniquement de gros insectes, plus particulièrement de sauterelles,

C. Parmi les oiseaux des autres familles, plusieurs, tels que les *alouettes*, le *moineau*, le *bruant*, la *mésange*, le *friquet*, le *pinson*, la *linotte*, le *bouvreuil*, le *loriot*, le *tarin*, le *chardonneret*, le *verdier*, l'*étourneau* ou *sansonnet*, la *caille*, la *perdrix*, etc., sont granivores, ou plutôt à double alimentation, car tous se nourrissent, en même temps ou suivant les saisons, de graines ou d'insectes. Nuisibles sous le premier rapport, utiles sous le second, il y aurait à établir la balance entre le mal qu'ils occasionnent et le bien qu'ils font ; mais, tout compte fait, la somme des avantages l'emporte de beaucoup sur celle des inconvénients : c'est du moins l'opinion de plusieurs naturalistes, tant français qu'étrangers, qui ne l'ont certainement pas formulée à la légère. Il est d'ailleurs à remarquer que la plupart des espèces de cette catégorie font surtout une grande consommation de fruits sauvages et de graines de plantes inutiles, parfois même nuisibles à nos cultures [1].

Un de ces oiseaux suspects, le moineau domestique, notre vulgaire *pierrot*, mérite que nous lui consacrions spécialement quelques lignes, parce qu'il est le plus mal famé de tous, et qu'on le regarde généralement comme un effronté pillard [2].

1. Les *pigeons* eux-mêmes, aussi bien les sauvages que les domestiques, nous rendent d'incontestables services; car, s'ils ne détruisent pas d'insectes et s'ils font quelque dommage au temps des semailles, ils consomment, pendant le reste de l'année, les graines de la nielle, du bleuet, de la vesce sauvage, plantes nuisibles aux récoltes, et surtout celles de l'érule, qui sont vénéneuses et que les autres granivores ne peuvent manger impunément.

2. Au siècle dernier, on allait jusqu'à prétendre qu'en France seulement le moineau détruisait, chaque année, près de deux millions d'hectolitres de blé, ce qui était une absurdité.

Eh bien, malgré les apparences, c'est peut-être, à cause de son caractère sociable et de la facilité prodigieuse avec laquelle il se reproduit, un des plus précieux auxiliaires que la Providence nous ait donnés. On raconte, à ce sujet, qu'un jour sa tête ayant été mise à prix en Hongrie, dans le pays de Bade et dans plusieurs parties de l'Angleterre, il déserta complétement ces contrées inhospitalières ; mais, bientôt, on s'aperçut que lui seul pouvait débarrasser les récoltes des hannetons et des milliers d'autres insectes qui les dévastaient, en sorte que ceux-là même qui avaient établi des primes pour le détruire furent obligés d'en établir de plus fortes pour le rapatrier. Pareille chose arriva en Prusse au siècle dernier. Le roi Frédéric le Grand eut un jour l'idée de déclarer la guerre aux moineaux, parce qu'ils avaient l'audace de ne pas respecter son fruit favori, la cerise. Les oiseaux disparurent, mais les chenilles pullulèrent à tel point qu'au bout de deux ans, non-seulement les cerisiers ne portèrent plus de cerises, mais encore les autres arbres fruitiers devinrent presque tous stériles. Force fut alors de rappeler les proscrits, et l'on s'estima heureux de signer la paix, au prix de quelques cerises, avec les moineaux réconciliés. Du reste, on a constaté que les insectes entrent pour moitié au moins dans le régime alimentaire de ces oiseaux, et qu'ils ne donnent pas d'autre nourriture à leurs petits.

Il y a quelques années, on voulut connaître le nombre de hannetons dont un couple de moineaux peut débarrasser nos cultures quand il a sa progéniture à élever. Dans l'espace de douze jours, la moyenne des carapaces tombées sous la cage où l'on avait placé le nid, fut, chaque jour, de 60 à 65[1]. « Si, dit à ce propos un agronome, on admet qu'un couple de moineaux puisse détruire, pendant douze jours, 60 hannetons par jour, pour la nourriture de ses petits, c'est-à-dire 10 à 12 par tête, on trouve un total de 720 hannetons, sans compter ceux qu'il a détruits pour sa propre nourri-

1. Par *carapaces*, on entend les parties solides, par conséquent, impropres à servir de nourriture, que les oiseaux rejettent, et qui recouvrent, comme une espèce de cuirasse, le haut du corps des hannetons.

ture, et dont le nombre peut bien être porté à 25 environ par jour et par couple, soit 300 pour ces douze jours ou 1,000 pour la famille entière. En admettant qu'il y ait la moitié de femelles, soit 500, qui eussent pondu de 20 à 30 œufs chacune, et qu'on multiplie 500 par 25, chiffre moyen, on trouve 12,500 œufs, dont ces 500 femelles eussent confié le dépôt à la terre. Si l'on continue ce calcul, l'on arrive à reconnaître que, après trois ou quatre générations (on sait que la larve du hanneton reste trois ans en terre), ces 500 femelles de hannetons, en tenant compte des chances diverses de destruction par les oiseaux, les animaux, etc., ces 500 femelles, dis-je, détruites en douze jours par un couple de moineaux, eussent eu une descendance à compter par millions. Et aux époques où le moineau, qui fait trois ou quatre pontes chaque année, n'a pas de hannetons à sa disposition pour nourrir ses petits, de combien de milliers de chenilles et de papillons, du chou particulièrement, un couple de ces oiseaux ne purge-t-il pas nos jardins et nos vergers ! combien ne détruit-il pas de milliers de ces petites chenilles et de ces larves qui, développées d'abord sous les fleurs de nos pommiers et de nos poiriers, ou dans les feuilles enroulées par elles, ont bientôt détruit fleurs, fruits naissants et feuilles ! » (CHATEL.)

Les autres granivores ne sont pas moins destructeurs d'insectes que le moineau, et il s'en trouve qui, à l'exemple de la pie, passent une partie de leur vie à *épucer* jusqu'à nos bestiaux, sur le dos desquels ils montent impunément, dans les prés, à la satisfaction des bestiaux eux-mêmes. Ainsi, on a trouvé que, pour sa nourriture et celle de ses dix petits, un couple de sansonnets consomme chaque jour 364 limaces ou l'équivalent en scarabées, chenilles, papillons de toute taille et de toute espèce [1]. Enfin, il y a peu de temps, un propriétaire du département du Doubs a calculé, montre en main, le nombre de chenilles que deux mésanges

1. En 1852 et 1857, deux espèces de coléoptères exercèrent des ravages considérables dans les forêts de sapin de Grunheim, en Saxe. Une somme de 21,000 francs fut dépensée, mais inutilement, pour la destruction de ces insectes. On ne put y remédier qu'en y lâchant une centaine de couples de sansonnets.

pouvaient apporter à leur nichée, et il est arrivé au chiffre presque incroyable de 20 à 25 par minute.

D. Les oiseaux qui précèdent nous font payer un peu leurs services. Au contraire, ceux qui sont exclusivement insectivores nous les rendent gratuitement. Tels sont les *grimpereaux*, les *pics*, les *hirondelles*, les *fauvettes*, les *rousserolles*, les *pouillots*, les *pipits*, les *motteux* ou *culs-blancs*, les *grives*, les *traquets*, les *bergeronnettes*, les *lavandières* ou *hochequeues*, le *rossignol*, le *roitelet*, le *coucou*, le *troglodyte*, l'*engoulevent*, le *rouge-gorge*, la *gorge-bleue*, etc. Toutes ces espèces poursuivent les insectes partout et toujours, dans l'air, sur terre, sur l'eau, dans les broussailles, sous le gazon, au milieu des haies les plus impénétrables, chacune suivant son aptitude. La plupart ne se livrent à cette chasse que pendant le jour, mais quelques-unes la continuent dans le crépuscule, souvent même pendant la nuit entière, comme, par exemple, l'engoulevent, si sottement appelé *tette-chèvre*. Il y en a aussi qui sont d'une utilité en quelque sorte spéciale. Tel est le coucou, qui seul détruit les chenilles velues, que les autres oiseaux n'osent attaquer. Un naturaliste allemand raconte qu'en 1847 une forêt de sapins souffrit tellement des attaques de ces insectes, qu'elle commençait déjà à se dessécher, lorsque, par un bonheur providentiel, une bande de coucous vint s'y établir : en quelques semaines, ces oiseaux la nettoyèrent si bien, que, l'année suivante, le mal ne se renouvela pas.

Le *vanneau*, le *pluvier*, le *courlis*, la *bécasse*, la *cigogne*, qui ne se nourrissent que d'insectes, de limaces et de vers de terre, nous rendent aussi des services et à titre gratuit.

5. Nous venons d'exposer très-sommairement le bien que les oiseaux font à nos champs, à nos jardins, à nos vignes et à nos bois. En reconnaissance des services qu'il en reçoit, l'homme aurait donc dû les prendre sous sa protection spéciale. Loin de là, c'est lui qui est leur ennemi le plus impitoyable, et, comme si le fusil n'était pas assez meurtrier, il a mis son esprit à la torture pour inventer des engins barbares au moyen desquels il en fait périr des centaines à la fois. On ne saurait se faire une idée de la quantité de petits

oiseaux que l'on détruit, chaque année[1], et, par suite, des monceaux de blé, des pièces d'huile et de vin, dont on diminue nos récoltes. « Et, comme si ce n'était pas assez des hommes dans cette guerre d'extermination, voilà les enfants qui viennent y prendre part avec l'impitoyable insouciance de leur âge.

Cet âge est sans pitié,

a dit la Fontaine. Oh! oui, véritablement sans pitié sont ces enfants des campagnes, qui font l'école buissonnière pour aller *dénicher des nids*, comme ils disent. Les œufs et les jeunes couvées, tout leur est bon : n'ont-ils pas à briser les uns, à faire périr misérablement les autres de faim et de tortures ?

« Et les parents de ces jeunes drôles, au lieu de les renvoyer à l'école convenablement fustigés, assistent avec une froide indifférence à ces actes de cruauté. Parents et enfants ignorent sans doute cette belle parole de l'Écriture : « Si en te promenant tu trouves en ton chemin, sur un arbre « ou à terre, un nid d'oiseaux et la mère couvant les petits « ou les œufs, tu ne prendras point la mère ni les petits; « mais tu les laisseras en liberté, pour qu'il ne te mésarrive « et que tu vives longtemps. » Si, au moins, à défaut de l'Écriture, ils connaissaient leur intérêt!

« Ce qu'on détruit de cette manière est incalculable; ceux qui ont habité la campagne savent qu'il n'est pas rare de voir un enfant, au bout de sa journée, rapporter une centaine d'œufs de toute provenance[2].

1. En France, dans les départements du Sud, depuis le Var jusqu'aux Pyrénées-Orientales, le massacre des petits oiseaux prend des proportions inouïes, lorsque le retour du printemps les ramène dans nos contrées, que les rigueurs de l'hiver les avaient forcés d'abandonner momentanément. Pendant les deux ou trois mois que dure le passage, tout le monde, pour ainsi dire, est chasseur, et chaque individu tue de cent à deux cents oiseaux par jour; on peut même, en se servant de certains filets, en détruire de trente-cinq à quarante douzaines, c'est-à-dire de 420 à 424.

2. On estime qu'en France seulement, on détruit, chaque année, de quatre-vingts à cent millions d'œufs d'oiseaux. Indépendamment des chutes auxquelles ils s'exposent, les dénicheurs de nids sont quelquefois cruellement punis par les oiseaux eux-mêmes. Voici, à ce propos, ce que racontait, il y a quelques mois, un journal du département de la Manche, comme s'étant passé dans une commune des environs d'Avranches : « Un hibou avait fait son nid assez près d'une

« Comment ces races sans défense ont-elles pu survivre à cette guerre acharnée?... C'est un de ces mystères que peut seule expliquer la merveilleuse bonté avec laquelle Dieu répare sans cesse les fautes de l'homme, sa créature de prédilection.

« Ne nous faisons pas d'illusion, toutefois : le mal est grand ; et, si l'on n'y prend garde, bientôt peut-être sera-t-il sans remède. » (BONJEAN.)

6. Une observation faite à peu près partout montre, en effet, que les oiseaux insectivores ont beaucoup diminué et qu'ils diminuent chaque jour davantage. Il résulte de cette diminution que les insectes qui cherchent leur nourriture sur les végétaux utiles à l'homme augmentent à un tel point que l'existence de forêts entières et de plantations de toutes sortes, en est profondément affectée. L'agriculture en souffre gravement ; et, si l'on n'y obvie pas avec autant de promptitude que d'énergie, elle amènera, pour la génération présente et plus encore pour les générations futures, des dommages dont il est impossible de prévoir l'étendue. « Subissant les effets d'une étrange aberration, dit un des écrivains qui ont le mieux étudié la question, nous avons poursuivi à outrance, non les insectes qui nous enlèvent le prix de nos travaux, mais l'oiseau, le chasseur-né, le dévorant par état, infatigable et insatiable de l'insecte. Quelle inconséquence et quelle faute ! »

7. Mais il n'est jamais trop tard pour écouter les bons conseils et les bons avis. Néanmoins, ce n'est pas par des

ferme, dans un vieux tetard de chêne ; la femelle avait paisiblement couvé les œufs. Un garçon de la ferme avisa le nid, et, cédant à l'antipathie qu'inspirent, dans les campagnes, les hibous et les chouettes, il massacra les petits. Le père et la mère résolurent de se venger de l'imprudent qui les privait ainsi de leur famille. Les soirs qui suivirent, quand le jeune paysan rentrait des champs, on ne manquait pas d'apercevoir le mâle volant tout autour de la maison, mais on n'y prenait pas garde. Il paraissait naturel qu'il revînt voltiger autour de son ancien nid. Mais il était guidé par un autre instinct : il guettait le destructeur de ses petits. Pendant quatre jours, il fit le même manége sans oser attaquer. Enfin, le cinquième, le garçon sortait de la ferme, quand du haut d'un arbre s'élança le hibou, qui fondit sur lui, et, d'un coup de griffe, lui arracha presque l'œil gauche. Le paysan, fou de douleur, poussa un cri de désespoir et tomba sans connaissance ; l'oiseau de proie était déjà loin. On porta secours au blessé. Le lendemain, il fut visité par un médecin, qui constata que la griffe du hibou avait déchiré l'iris dans toute sa largeur. L'œil est complétement perdu. »

procédés empiriques que l'on peut espérer de remédier au mal, car toutes les forces humaines ne sauraient y suffire. Pour détruire les insectes, pour soustraire nos récoltes à leurs attaques, toutes nos inventions seraient impuissantes sans l'aide des oiseaux. Protégeons donc les oiseaux, respectons leurs couvées et leurs nids, et les ravageurs de nos bois et de nos vignes, de nos moissons et de nos vergers, seront bientôt dans l'impuissance de nous nuire. Enfin, n'oublions jamais, ainsi que l'a dit un illustre prélat[1], que si « l'oiseau peut vivre sans l'homme, l'homme ne peut pas vivre sans l'oiseau[2]. »

8. Mais les oiseaux ne sont pas les seuls protecteurs que le Créateur ait donnés à nos récoltes. La tâche dont ils s'acquittent dans l'air, la *taupe* l'accomplit sous le sol avec le même soin et la même prestesse. Contrairement à l'opinion vulgaire, ce petit mammifère ne mange pas les racines des plantes, mais se nourrit exclusivement de vers blancs, de courtilières, de souris et de jeunes rats, et c'est pour leur faire la chasse qu'il creuse ses galeries souterraines. Ce qu'il dévore d'insectes nuisibles est incalculable. C'est, qu'en effet, la faculté qui domine chez lui est la faculté digestive. Il faut qu'il mange toujours; quelques heures de

1. Monseigneur Donnet, archevêque de Bordeaux.

2. En Suisse et en Allemagne, non-seulement on protége les oiseaux mangeurs d'insectes, mais on s'attache encore à en favoriser la multiplication. On pousse le soin, dans ces deux pays, jusqu'à fabriquer des *nids artificiels*, que l'on installe sur les arbres, dans les bois, dans les jardins, et qui sont, paraît-il, fort appréciés des hôtes ailés auxquels ils sont destinés. Ces nids, faits en bois ou en poterie, sont percés d'un petit trou qui sert d'entrée, et ils offrent aux oiseaux un abri des plus sûrs contre les intempéries et contre leurs ennemis. Notons, en passant, que les oiseaux que nous poursuivons avec le plus d'acharnement sont, au contraire, recherchés avec empressement, dans les contrées où ils ne sont point indigènes. Tel est, entre autres, le cas de notre moineau ou pierrot, qui a été, depuis peu, introduit aux États-Unis. « C'est en 1852, dit un journal américain, que les trois premières paires furent importées à Portland. Dans les années suivantes, on en dota les principales villes de l'Union. Choyés par la population, ils se multiplièrent rapidement, grâce à l'abondance de nourriture que leur offraient les milliards de chenilles et autres insectes qui dévoraient régulièrement les feuilles des arbres des promenades. Grâce à eux, les squares et allées de New-York ne sont plus maintenant, dès le mois de juin, dépouillés de leur verdure. En reconnaissance de ce service si éminent, d'avoir presque détruit les affreuses chenilles qui, des arbres, tombaient en masse sur les passants et s'introduisaient dans les maisons, beaucoup d'habitants de New-York ont établi sur leurs fenêtres de jolis cages toujours ouvertes, où nos moineaux, devenus familiers, trouvent un bon gîte et des friandises. » (*Atlantic Monthly*, 15 juin 1868.)

jeûne le tueraient. Aussi, est-il obligé de travailler sans relâche pour se procurer la nourriture qui lui est nécessaire, et qui est presque aussitôt digérée qu'avalée. On a calculé qu'une seule taupe dévore chaque jour une quantité de vers ou d'insectes égale à trois ou quatre fois le poids de son corps. Qu'on juge par là le nombre immense de ces parasites qu'elle consomme dans l'année.

En même temps qu'elle poursuit les vers et les courtilières, la taupe draine[1], ameublit la terre, et exécute ce travail beaucoup mieux que l'homme pourrait le faire. Le grand nombre de galeries dans lesquelles l'air circule pour vivifier les racines des plantes, est un bienfait que rien ne saurait remplacer. Pour les prairies, tous ces petits monticules soulevés par les taupes sont un vrai labour qui ramène les terres du fond à la surface, où elles viennent s'imprégner des diverses substances fertilisantes que l'air et la pluie tiennent en suspension, et qu'elles abandonnent ensuite au grand profit de la végétation. Les agriculteurs anglais ne s'y trompent pas, et ces *taupinières*, dont se plaignent les nôtres, sont considérées par eux comme un autre service dont on est redevable aux taupes. « Sans doute, dit le maréchal Vaillant, la taupe ne fait pas la chasse aux vers blancs et ne sillonne pas de mille galeries un potager ou un jardin fleuriste sans déranger quelques plantes, sans mettre même parfois quelques racines à nu ; mais tout cela est facilement réparable, et le profit qui résulte de la présence des taupes l'emporte de beaucoup sur le dommage qu'elles causent. »

Fig. 23. — Carabe doré.

Au lieu donc de tuer la taupe, conservons-la soigneusement, car, sans elle, nos terres seraient très-souvent dévastées.

1. *Drainer*, assainir le sol en le criblant de rigoles, de petits canaux, qui facilitent l'écoulement des eaux nuisibles et la circulation de l'air.

9. La protection que nous demandons pour la taupe, nous la demandons aussi pour la *musaraigne* et la *chauve-souris*, qui sont, l'une et l'autre, de grands destructeurs d'insectes, et que l'on traite généralement avec une barba-

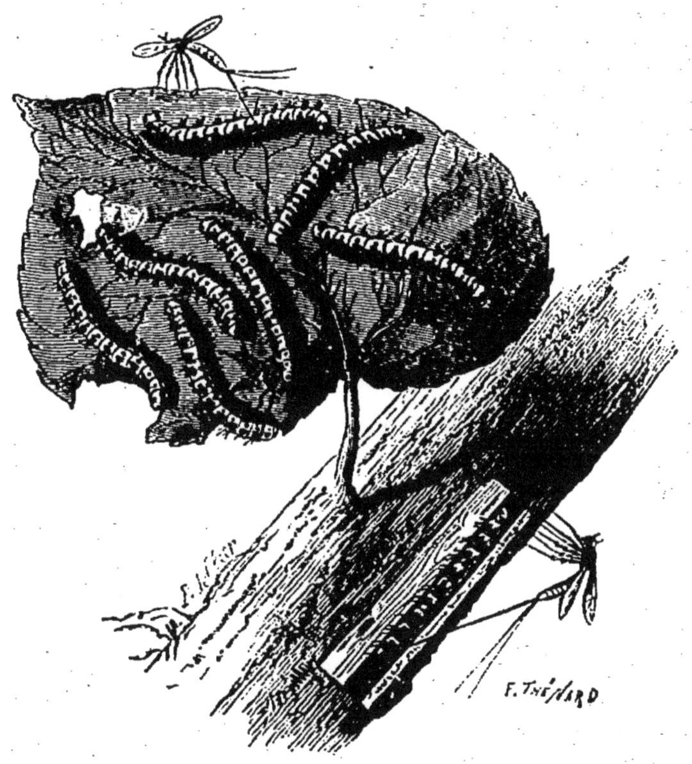

Fig. 26. — Ichneumon poursuivant les chenilles.

rie révoltante. Protégeons encore le *hérisson*, parce qu'il fait une guerre acharnée aux serpents venimeux. Enfin, épargnons le *crapaud*, le hideux crapaud, parce que, grand consommateur de limaces et de limaçons, il est un des plus utiles auxiliaires de la culture maraîchère[1], c'est-à-dire de

1. Aux abords des grandes villes, où la culture maraîchère est excessivement développée, le commerce des crapauds ne manque pas d'une certaine importance. A Paris, les maraîchers payent ces reptiles 2 fr. 50 la douzaine, mais ceux de Londres en donnent jusqu'à 9 fr. 50. Beaucoup de crapauds sont expédiés en Angleterre.

cette partie de l'art des jardins qui s'occupe spécialement de la production des plantes potagères.

10. Plusieurs insectes nous rendent aussi des services par la guerre qu'ils font à ceux des autres espèces. Tels sont la *coccinelle* ou *bête à bon Dieu*, qui dévore les pucerons ; le *carabe doré* (*fig.* 25), appelé vulgairement le *jardinier ;* et les nombreuses variétés d'*ichneumons*, si connues sous le nom de *mouches vibrantes*, qui font une consommation effroyable de larves et de chenilles. Ces derniers sont armés d'une longue tarière au moyen de laquelle ils introduisent leurs œufs dans le corps des chenilles, jusque sous l'écorce des arbres (*fig.* 26), afin que les petits trouvent en naissant une abondante nourriture.

VINGT-SIXIÈME LECTURE.

Sur l'origine de nos Végétaux utiles.

Ancienneté des efforts entrepris pour introduire en Europe les végétaux utiles des autres parties du monde. Origine de nos plantes potagères, de nos plantes textiles, de nos principales céréales, de nos arbres fruitiers, de nos plantes d'ornement. Histoire de l'introduction du « mûrier blanc, » de la « pomme de terre, » du « tabac, » de « l'igname-patate. »

1. Dès les temps les plus reculés, on a cherché à introduire en France et dans les autres parties de l'Europe les végétaux étrangers qui peuvent nous rendre le plus de services ; mais combien n'a-t-il pas fallu de soins et de persévérance pour les habituer à vivre et à se multiplier dans leur nouvelle patrie ?

2. Presque toutes nos plantes potagères ont une origine étrangère. Quelques-unes seulement, telles que la *carotte*, le *panais*, la *raiponce*, les *raves*, les *navets*, les *choux*, la *laitue*, vivent à l'état sauvage sur quelques points de l'Europe. L'*oignon* paraît venir de la partie de l'Asie comprise entre la Palestine et l'Inde, tandis que l'*ail* est probable-

ment sorti du pays des Kirghis, l'*épinard*, ainsi que l'*aubergine*, de l'Asie Mineure, l'*échalote* de la Syrie, la *carde* du nord de l'Afrique, la *citrouille* des environs d'Astrakan, le *melon* de la Barbarie ou de l'Asie. C'est du Chili que nous avons tiré la *pomme de terre* et la *tomate*. On ne connaît pas la patrie primitive de la *fève*, de la *lentille*, du *pois chiche* et du *haricot*, mais on sait que le *pois commun* croît spontanément en Crimée, sur les collines qui avoisinent le détroit d'Iénikalé.

3. Nos deux grandes plantes texiles[1], le *chanvre* et le *lin*, nous sont venues d'Asie. Le premier est spontané au nord de l'Inde et en Sibérie, et le second au sud du Caucase. Personne n'ignore que le *tabac* est une importation américaine, et que la *vigne* nous a été donnée par les environs de la mer Caspienne, probablement par l'Arménie.

4. Parmi les céréales[2], le *sarrasin* semble sorti de la Sibérie ou de la Russie orientale, le *riz* de l'Inde ou de la Chine, le *seigle* de la Hongrie ou de la Dalmatie, l'*orge à deux rangs* du sud de la Caspienne. Quant au *froment*, on ne l'a jamais rencontré à l'état sauvage. On présume cependant que le froment ordinaire a sa patrie primitive dans la région comprise entre les montagnes de l'Asie centrale et les côtes de la Méditerranée, et que celle du froment poulard peut se trouver vers le sud ou l'ouest de cette même mer. Le *grand épeautre* est spontané en Perse et dans l'ancienne Mésopotamie, tandis que le *petit épeautre* semble l'être en Crimée et dans le Caucase oriental. On a beaucoup discuté sur l'origine du *maïs*. Toutefois, il est aujourd'hui acquis qu'il a, de tout temps, été cultivé dans l'Inde et en Amérique, et que ces pays l'ont fourni à l'Europe, le premier, par la Perse et la Turquie, et le second par l'Espagne. De là, les noms de « blé d'Inde, » « blé de Turquie, » « blé d'Espagne, » qu'on lui donne quelquefois.

5. Nous devons aussi beaucoup d'arbres fruitiers à l'étranger. Tels sont le *figuier*, le *noyer* et l'*amandier*, que

1. *Textile*, qui sert, qui est propre à être tissé, à faire des étoffes. Voy. plus loin la lecture relative aux *Matières textiles*.
2. *Céréales*. De *Cérès*, déesse de la moisson chez les anciens.

l'on croit indigènes du midi du Caucase. Plusieurs variétés de *pruniers*, de *poiriers* et de *cerisiers* viennent des mêmes contrées. L'*olivier* nous a probablement été donné par l'Asie Mineure, l'*abricotier* par l'Arménie, le *pêcher* par la Perse, le *limonier*, ainsi que le *bigaradier*, le *cédratier* et l'*oranger*, par le nord de l'Inde. Le *cognassier* vit à l'état sauvage dans l'Italie méridionale, en Grèce, aux environs de Constantinople et dans l'Asie Mineure. C'est de ce dernier pays que nous avons tiré le *mûrier blanc* et le *mûrier noir*, qu'il avait lui-même empruntés à la Chine. Le *grenadier* passe généralement pour être originaire du nord de l'Afrique, parce que les Romains le trouvèrent près de Carthage ; mais plusieurs auteurs lui assignent, pour patrie primitive, la Palestine, la Syrie et la Phénicie, où les Carthaginois l'auraient pris.

6. Relativement aux plantes d'agrément, à l'exception d'une cinquantaine d'espèces, en tête desquelles il faut placer le *rosier*, produit de l'églantier, tout le reste vient du dehors. Nous devons le *lis* à la Syrie, le *jasmin* à l'Inde, la *reine-marguerite* à la Chine, la *tulipe* aux côtes méridionales de la mer Noire, le *lilas* à la Perse, le *dahlia* au Mexique, le *camélia* au sud de l'Asie, l'*hortensia* à la Chine et au Japon, le *magnolia* à l'Asie tropicale et à l'Amérique du Nord.

7. La plupart des végétaux que nous venons de nommer ont été introduits en Europe à une époque si ancienne, que le souvenir de leur arrivée dans nos climats s'est entièrement perdu. Ceux à l'importation desquels on peut assigner une date à peu près certaine sont en très-petit nombre, et ce sont naturellement les plus récents. Trois, parmi ces derniers, méritent que nous consacrions quelques lignes à leur histoire. Ce sont le *mûrier blanc*, dont les feuilles servent à nourrir les vers à soie ; la *pomme de terre*, qui, depuis un siècle, tient une si grande place dans le régime alimentaire de l'homme ; le *tabac*, qui, sous certains rapports, nous rend aussi des services.

8. Le *mûrier blanc*, nous le savons déjà, est originaire de la Chine, et c'est de ce pays qu'il s'est successivement répandu en Tartarie, en Perse, en Syrie, dans l'Asie Mineure, et, enfin, mais plus tard, en Grèce, en Italie, en Es-

pagne et en France. Les Chinois font remonter à l'an 2698 avant Jésus-Christ l'époque où ils ont commencé à le cultiver en vue de l'éducation du ver à soie, et ils attribuent la première idée de cette nouvelle branche d'industrie à l'impératrice Houi-Tsen, femme de l'empereur Hoang-Ti.

Les Grecs connurent le mûrier peu avant les guerres d'Alexandre le Grand, roi de Macédoine[1]; mais ils n'en commencèrent sérieusement la culture que très-longtemps après, sous le règne de Justinien, empereur d'Orient[2], c'est-à-dire lors de l'arrivée du ver à soie dans le Péloponèse. A partir de ce moment, l'histoire de cet arbre se confondit avec celle de la précieuse chenille[3].

C'est par le comtat Venaissin que le mûrier a pénétré en France. Peu après 1274, les papes, alors maîtres d'Avignon, l'introduisirent dans cette province, d'où il se répandit peu à peu en Provence et en Languedoc. Vers la fin du XVe siècle, Louis XI en dota la Touraine (1470), et Guy-Pape, seigneur de Saint-Alban, le Dauphiné (1494). L'un des pieds plantés par ce dernier existait encore en 1802 aux environs de Montélimart. Au siècle suivant, l'illustre Olivier de Serres[4] usa de toute l'influence que donnent le mérite personnel et la sagesse des vues pour propager un arbre si utile, et Henri IV[5] en fit faire de nombreuses plantations dans toutes les propriétés de la couronne. Sous Louis XIV (1643-1715), le génie de Colbert[6] ranima une culture que les troubles de la première moitié du XVIIe siècle avaient presque entièrement anéantie, et, depuis cette époque, elle s'est non-seulement conservée, mais encore étendue dans toutes les parties de notre pays, dont le climat et la nature du sol lui ont été favorables.

1. Alexandre le Grand, roi de Macédoine, né en 356, roi en 336, mort en 323 avant Jésus-Christ.
2. Justinien, né vers 484, empereur en 527, mort en 565.
3. Voyez, sur l'introduction du ver à soie en Europe, la Lecture qui suit.
4. Olivier de Serres, agronome français, né à Villeneuve-de-Berg (Ardèche), en 1539, mort en 1619.
5. Henri IV, né le 13 décembre 1553, roi le 2 août 1589, mort le 14 mai 1610.
6. Colbert (Jean-Baptiste), né à Reims, en 1619, mort en 1683, ministre de Louis XIV, un des hommes qui ont le plus fait pour la prospérité de l'industrie française.

9. C'est le Chili qui paraît être la patrie primitive de la *pomme de terre;* mais, à l'époque de la découverte de l'Amérique, elle était déjà cultivée dans presque toute la moitié méridionale de ce continent. Quant à son introduction en Europe, on n'est pas d'accord relativement à celui à qui l'on en est redevable.

Suivant la plupart des auteurs, la première tentative pour doter nos climats de la pomme de terre aurait été faite par le capitaine anglais John Hawkins. Ils racontent à ce sujet qu'en 1565, cet officier s'étant procuré à Santa-Fé-de-Bogota, dans la Nouvelle-Grenade, un certain nombre de tubercules[1], les apporta en Irlande, où l'on n'en fit aucun cas. Peu de temps après, un de ses compagnons de voyage, le célèbre navigateur Francis Drake, prévoyant tous les services que la pomme de terre ne manquerait pas de rendre aux classes pauvres de son pays, entreprit de faire un nouvel essai. Il commença par l'acclimater en Virginie, où elle réussit admirablement, et ce ne fut qu'après ce succès qu'il se décida à réaliser son projet. De retour en Angleterre, en 1586, il remit à son jardinier une petite provision de tubercules, en lui recommandant de prendre le plus grand soin des plantes qui en sortiraient. Il en donna aussi à un botaniste de Londres, nommé Gérard, qui en distribua une partie à ses amis, notamment au botaniste français Charles de l'Ecluse[2]. Tout porte à croire que, vers la même époque, les conquérants du Pérou firent passer des pommes de terre en Espagne et en Italie; mais les renseignements que l'on possède sur ce point ne sont pas bien précis.

Quoi qu'il en soit, le nouveau végétal ne fut apprécié nulle part. On se contenta de le regarder comme une curiosité, il paraît même qu'on finit par le délaisser. Les choses en étaient à ce point, lorsque, dans le courant de 1623, un autre marin anglais, l'amiral Walter Raleigh, apporta en Angleterre une provision assez considérable de tubercules

1. *Tubercules.* On appelle ainsi ces excroissances plus ou moins volumineuses que présente la portion souterraine de certaines plantes, et qui, dans la pomme de terre, l'igname et la patate, constituent la partie alimentaire.

2. Lécluse ou l'Écluse (Charles de), né à Arras, en 1526, mort en 1609.

qu'il avait pris en Virginie ou dans la Caroline. Cette fois, les agriculteurs anglais comprirent si bien l'utilité de la plante américaine, qu'ils mirent un grand empressement à la multiplier, et, dès 1684, elle se trouva définitivement acclimatée dans le comté de Lancastre et dans les comtés voisins.

D'Angleterre, la culture de la pomme de terre ne tarda pas à passer sur le continent. La Saxe, où elle existait déjà vers 1717, fut le premier pays qui la posséda.

En ce qui concerne particulièrement la France, les avantages de la pomme de terre y furent signalés, dès 1588, par Charles de l'Écluse, qui, comme nous l'avons vu, en avait dû la connaissance au botaniste Gérard; mais ce fut en vain. Quatre ans plus tard, c'est-à-dire en 1592, Gaspard Bauhin[1] décida plusieurs fermiers des environs de Lyon et des Vosges à faire quelques essais de culture. Ces essais réussirent parfaitement; néanmoins on n'y donna pas suite, parce qu'on fit courir le bruit que la pomme de terre était un aliment dangereux. A partir de ce moment, on ne rencontra guère cette plante que dans les jardins de quelques amateurs; et les rares tubercules qu'on en voyait de temps en temps étaient uniquement destinés à figurer, comme des raretés, sur la table des riches. Vers 1750, de nouvelles tentatives de culture en grand eurent lieu, et avec succès, dans quatre ou cinq de nos provinces; mais ceux qui les entreprirent eurent généralement peu d'imitateurs. Enfin, à partir de 1783, l'exemple et les conseils de quelques amis de l'humanité, ceux surtout de l'illustre Parmentier[2], parvinrent à détruire tous les préjugés, et, en peu d'années, la pomme de terre fut définitivement acquise à notre pays. En 1793, on lui consacrait déjà 35,000 hectares du sol cultivable; en 1815, on en comptait près de 350,000.

Aujourd'hui, la pomme de terre est répandue dans toute l'Europe. C'est un des végétaux qui rendent le plus de ser-

1. Bauhin (Gaspard), médecin et naturaliste, né à Bâle (Suisse), en 1560, mort en 1624.

2. Parmentier (Antoine-Augustin), illustre agronome, né à Montdidier, Somme), en 1737, mort en 1815.

vices, soit au point de vue alimentaire, soit sous le rapport industriel. Ses tubercules constituent la base de la nourriture de peuples entiers, et, cuits ou crus, jouent, depuis cinquante ans, un rôle d'une extrême importance dans l'engraissement des animaux domestiques. En outre, on en extrait une fécule qui rivalise avec l'amidon des céréales, et que l'on convertit en gomme, en sucre et en alcool, pour les besoins de l'économie domestique et de l'industrie.

10. L'usage de fumer le *tabac* était déjà très-répandu en Amérique à l'époque de la découverte. Aussi, les Européens en eurent-ils connaissance dès leur arrivée dans cette partie du monde. Christophe Colomb raconte qu'au mois d'octobre 1492, aussitôt qu'il eut débarqué dans l'île de San-Salvador[1], plusieurs de ses compagnons, envoyés à la découverte, rencontrèrent des naturels, tant hommes que femmes, qui tenaient à la main un rouleau fait des feuilles d'une certaine herbe, dont ils avaient allumé un bout, tandis qu'ils en aspiraient la fumée par le bout opposé. Suivant l'évêque Las Casas[2], les Caraïbes d'Haïti appelaient ces rouleaux *tabaccos*, nom qui a passé à la plante elle-même, et qui n'a pas été emprunté, comme on le croit généralement, à celui de l'île de Tabago.

Les premiers Espagnols qui s'établirent en Amérique s'empressèrent d'adopter la coutume indienne. De plus, vers 1518, ils envoyèrent des graines de tabac en Espagne, où elles furent l'objet d'une culture attentive. D'Espagne, la nouvelle plante pénétra bientôt en Portugal, et ces deux pays l'introduisirent peu à peu dans les autres parties de l'Europe, à l'exception cependant de l'Angleterre, qui la reçut directement du Brésil, en 1585, par les soins du navigateur Francis Drake, et de la Turquie, qui en dut la connaissance aux Anglais, en 1600 ou 1601.

1. L'île de San-Salvador fait partie de l'archipel de Bahama ou des Lucayes, en avant du golfe du Mexique. Christophe Colomb y débarqua le 12 octobre 1492. C'est la première terre du nouveau monde dont il fit la découverte.

2. Las Casas (Barthélemy de), célèbre prélat espagnol, né à Séville en 1474, mort à Madrid en 1566. Il passa une partie de sa vie dans le nouveau monde, où il ne cessa de prêcher l'Évangile aux populations indigènes et l'humanité à leurs oppresseurs.

Le tabac parut en France, pour la première fois, dans le courant de 1560. Il y fut introduit par Jean Nicot, ambassadeur du roi François II près la cour de Portugal, qui, à son retour de Lisbonne, en apporta une petite provision à la reine Catherine de Médicis. Le tabac dut à cette double circonstance de recevoir chez nous, dans le principe, les noms de *nicotiane*, d'*herbe à la reine* et d'*herbe médicée*. On l'appela aussi *herbe du grand prieur*, parce qu'un prince de la maison de Lorraine, qui était grand prieur de France, contribua beaucoup à le mettre à la mode; *herbe de Tournabon* et *herbe de Sainte-Croix*, parce que les cardinaux de ce nom le rendirent populaire en Italie; et, enfin, *herbe sainte* et *herbe à tous les maux*, parce que certaines personnes le regardaient comme une panacée[1]. Le nom de *tabac*, dans le langage ordinaire, et celui de *nicotiane*, dans le langage de la science, ne prévalurent qu'assez tard.

Nous venons de voir que, dans l'origine, certaines personnes attribuaient au tabac des propriétés médicales merveilleuses. Par contre, d'autres n'y voyaient qu'un poison des plus violents. Il dut, à diverses époques, au triomphe de cette dernière opinion, d'être momentanément proscrit dans quelques pays, notamment en Angleterre, sous Jacques Ier (1603-1625), en Turquie, sous Amurat IV (1623-1640), en Russie, sous Michel III (1613-1645). Le pape Urbain VIII (1623-1644) se montra également hostile au tabac, mais ce fut pour un autre motif. En effet, à l'usage américain de fumer les Européens avaient ajouté celui de priser. Or, comme on ne vendait pas encore du tabac en poudre, chaque consommateur était obligé de préparer lui-même celui dont il avait besoin, et, pour l'avoir plus frais, il ne pulvérisait à la fois que la quantité rigoureusement nécessaire. On avait imaginé, pour cela, des moulins assez petits pour être portés à la poche, mais qui ne fonctionnaient qu'en produisant une espèce de grincement assez désagréable. Si maintenant l'on suppose plusieurs centaines de priseurs réunis

1. *Panacée*. Mot qui signifie remède à tous les maux, et que l'on emploie pour désigner les substances auxquelles le charlatanisme des uns et la sottise des autres attribuent la propriété de guérir toutes les maladies.

dans une église, on comprendra le bruit agaçant que devaient faire tant de moulins criant ensemble. C'était uniquement à cause de ce bruit, qui troublait le service divin, que le souverain pontife se rangea parmi les ennemis du tabac en frappant d'excommunication les fidèles qui priseraient dans les églises.

En moins de cent cinquante ans, le tabac a pénétré partout, non-seulement en Europe, mais encore en Asie, en Afrique, jusqu'en Océanie, en sorte qu'il y a peu de végétaux qui soient devenus l'objet d'une culture aussi étendue.

11. Les acquisitions de nouvelles plantes utiles faites par l'Europe, plus particulièrement par la France, depuis le commencement de ce siècle, ne sont pas bien nombreuses. Nous ne citerons que l'*igname patate*, dont les tubercules, étroits et allongés, fournissent à l'homme une nourriture aussi saine et aussi abondante que ceux de la pomme de terre. Elle paraît originaire du nord de la Chine. Dans tous les cas, on la cultive, de temps immémorial, dans ce pays et dans l'Indo-Chine, et l'on en retire chaque jour d'inappréciables services. En 1846, à son retour d'un voyage aux Indes, le vice-amiral Cécille en apporta un tubercule qui, remis au Jardin des plantes de Paris, y donna naissance à une plante. Quelques années plus tard, en 1849, 1850 et 1855, d'autres tubercules furent envoyés en France par M. de Montigny, notre consul à Shang-Haï. Ces derniers furent distribués à plusieurs agronomes, qui s'empressèrent de les confier à la terre. Ils réussirent partout admirablement, et bientôt ils se trouvèrent multipliés d'une manière si remarquable qu'on put les cultiver sur une assez grande échelle.

L'igname patate est aujourd'hui entièrement acclimatée chez nous, et, ce qu'il y a de plus précieux, c'est que, non-seulement elle s'accommode de nos divers climats et de nos différents terrains, mais, de plus, elle résiste à nos hivers du Nord mieux que la pomme de terre, se développe plus rapidement et ne semble pas exposée aux mêmes maladies.

VINGT-SEPTIÈME LECTURE.

Origine de nos Animaux utiles.

Ancienneté des efforts entrepris par l'homme pour faire servir les animaux à ses besoins. Ce qu'on entend par « animal apprivoisé » et « animal domestiqué. » Facilité de l'apprivoisement, difficultés de la domestication. Nombre des espèces anciennement domestiquées : mammifères, oiseaux, insectes, poissons. Histoire sommaire de leur domestication. Nouvelles espèces qu'on cherche à façonner à la vie domestique : l'yack, le lama, la vigogne, la chèvre d'Angora, etc.

1. Aussi loin qu'on remonte le cours des âges, on voit l'homme faire les plus grands efforts pour soumettre les animaux sauvages à ses besoins ou à ses plaisirs; mais, si le succès a été souvent complet quand il a simplement voulu les conserver en captivité ou les apprivoiser, il n'en a plus été de même lorsqu'il s'est proposé de les réduire en domesticité. C'est que, s'il est généralement facile de priver un animal de sa liberté ou de le plier aux conditions de l'apprivoisement, l'entreprise présente des difficultés bien autrement considérables quand il s'agit de le façonner à l'état domestique.

2. « Un animal captif est comparable à un prisonnier arraché violemment à ses habitudes, et prêt à reprendre sa liberté à la première occasion favorable. Un animal apprivoisé, au contraire, peut être assimilé à un esclave qui, réduit en servitude dès son enfance ou depuis de longues années, vit paisiblement, sans espoir, souvent même sans désir de liberté, sous un joug que l'habitude lui a rendu léger.

« La captivité n'étant qu'un état passif, l'homme peut y soumettre tous les animaux sans exception. L'apprivoisement, au contraire, est un état actif qui suppose chez l'animal la possibilité de se plier à de nouvelles habitudes, la connaissance du maître, et par conséquent un certain degré d'intelligence et de volonté. On voit par là qu'un grand nombre d'animaux ne sauraient être véritablement apprivoisés, mais seulement pliés ou accoutumés à la privation de leur liberté.

« En retenant captifs et en apprivoisant des animaux, l'homme n'a souvent pour but que de se procurer un plaisir : tel est, notamment, le cas que présente l'apprivoisement des oiseaux au chant mélodieux ou au brillant plumage. Mais, d'autres fois, il se propose de tirer une utilité quelconque des nouvelles conquêtes. Ainsi, plusieurs oiseaux comestibles, les ortolans, par exemple, dans quelques parties de la France, avant d'être livrés à la consommation, sont retenus captifs pendant quelque temps et gorgés d'une nourriture abondante, afin de rendre leur chair plus succulente. Ainsi encore, des civettes, des autruches, des marabouts, sont souvent élevés en Afrique, par les naturels, désireux de se procurer, pour eux-mêmes et surtout pour le commerce, les produits précieux de ces animaux[1]. Des exemples plus remarquables encore, puisqu'il s'agit ici, non plus de simple captivité, mais d'apprivoisement porté aussi loin que possible, nous sont offerts par le gerfaut, le hobereau, le faucon, et autres espèces d'oiseaux de proie que les fauconniers dressent à la chasse; par le guépard[2], que les Indiens ont quelquefois contraint à leur rendre de semblables services; enfin, par l'éléphant, dont les Indiens, à toutes les époques historiques, et les peuples du nord de l'Afrique, dans l'antiquité, ont su se faire à la fois un esclave si docile pendant la paix, et un si redoutable allié pendant la guerre.

« Ces derniers exemples nous montrent des animaux simplement apprivoisés rendant autant de services à l'homme que les espèces le plus complétement domestiques. Toutefois, une différence capitale sépare les uns

1. Ces trois espèces animales fournissent au commerce, savoir : l'autruche et le marabout, des plumes pour la parure des femmes ; la civette, qui est un petit quadrupède de la taille du renard, une matière odorante très-employée en parfumerie.

2. Le guépard est un quadrupède de la famille et à peu près de la taille du tigre, dont il a les mœurs. Aussi l'appelle-t-on *tigre des chasseurs*, à cause de l'usage qu'on en fait, pour la chasse, dans les lieux où on le trouve. Il habite l'Afrique et l'Asie.

des autres : c'est l'impossibilité où l'homme a toujours été, où il est encore, de multiplier les premiers en raison de ses besoins. Ici donc, comme dans tous les autres cas d'apprivoisement, l'homme ne possède que des individus en plus ou moins grand nombre enlevés isolément à la vie sauvage. Ce n'est qu'une conquête imparfaite, mal assurée, et dans laquelle l'homme ne peut se maintenir que par l'emploi, sans cesse renouvelé, des moyens qui l'ont fondée primitivement ; car la mort, diminuant journellement le nombre des individus soumis, chaque génération humaine se voit obligée de recommencer l'œuvre de ses aînées, et de se faire, par la force, de nouveaux esclaves pour réparer ses pertes. La véritable domesticité, au contraire, offre pour caractère essentiel la possession acquise à l'homme, non pas seulement d'individus isolés, quelque nombreux et quelque apprivoisés qu'on veuille les supposer, mais d'une race. Alors la conquête est complète, assurée indéfiniment ; les générations d'autrefois, en domestiquant les animaux et en les obligeant, après s'être livrés eux-mêmes à l'homme, de lui livrer aussi leur postérité, ont transmis aux générations qui leur ont succédé, non-seulement leur exemple et leurs enseignements, mais les résultats eux-mêmes, et, pour ainsi dire, les produits matériels de leur industrie. La domesticité d'une espèce est donc la conquête de cette espèce accomplie au profit de tous les hommes et transmise aux générations futures. S'être rendu complétement maître d'une race, c'est, pour le genre humain, avoir en ses mains le pouvoir de la multiplier, non-seulement presque autant qu'il le veut, mais aussi presque partout où il le veut, car les différences elles-mêmes des climats ne sauraient arrêter l'homme dans la propagation graduelle d'une race domestique, opérée par les soins lentement prudents de plusieurs générations successives[1]. »

3. Ce qui précède montre l'énorme différence qui existe entre un animal captif, un animal apprivoisé et un animal rendu domestique. Si maintenant, nous examinons le

1. Isidore Geoffroy Saint-Hilaire.

nombre des espèces qui, au commencement de ce siècle, vivaient en Europe à l'état de domesticité, nous trouverons qu'il ne dépassait pas vingt-sept, savoir :

Douze mammifères : le *bœuf*, le *cheval*, l'*âne*, le *renne*, la *chèvre*, le *mouton*, le *porc*, le *chien*, le *chat*, le *furet*, le *lapin*, le *cochon d'Inde* ;

Onze oiseaux : le *pigeon*, le *coq*, le *dindon*, la *pintade*, le *faisan commun*, l'*oie commune*, le *canard commun*, le *paon*, le *serin des Canaries*, la *tourterelle*, le *cygne* ;

Deux poissons : la *carpe vulgaire* et le *poisson rouge* ou *carpe dorée de la Chine* ;

Deux insectes : l'*abeille* et le *ver à soie* du mûrier.

4. La domestication de beaucoup de ces animaux remonte à la plus haute antiquité.

A. Ainsi, tous les anciens peuples civilisés ont possédé le *cheval*, le *bœuf*, l'*âne*, le *mouton*, la *chèvre*, le *chien*, le *chat*, le *porc*, le *pigeon*, le *coq*, le *cygne*, la *tourterelle*, le *paon*, l'*abeille*, peut-être aussi l'*oie* et le *canard*. Il en a été de même, de tout temps, du *renne*, chez les Lapons.

B. Les Grecs passent pour avoir façonné le *faisan* et la *pintade* à la vie domestique : ils avaient tiré le premier des bords du Phase, aux environs de la mer Noire, et la seconde du nord de l'Afrique.

C. Quant aux Romains, on leur attribue généralement l'asservissement du *lapin*, qu'ils avaient trouvé à l'état sauvage en Espagne, et celui du *furet*, qu'ils avaient rencontré en Afrique. Il est probable qu'on leur doit également la domestication de la *carpe*. Ce poisson est indigène dans les parties méridionales de l'Europe, d'où, à partir du seizième siècle, il a été peu à peu introduit dans celles du Nord.

D. Personne n'ignore que le *ver à soie* du mûrier est originaire de la Chine. Il n'a paru en Europe qu'en 555, époque à laquelle des moines de Saint-Basile, qui avaient appris l'art de l'élever à Khotan, dans la Petite-Boukharie, en apportèrent des œufs à Constantinople. L'éducation de ce petit animal se répandit rapidement dans tout l'empire grec. Dans le douzième siècle, Roger II, roi de Sicile

(1130-1154), en dota ses États. Une centaine d'années plus tard, le pape Grégoire X (1271-1276) la fit connaître au comtat d'Avignon, d'où elle ne tarda pas à pénétrer dans la Provence, le Languedoc et le Dauphiné. L'Espagne la possédait déjà depuis le neuvième siècle: elle la devait aux Arabes[1]. Enfin, dans les temps qui suivirent, le ver à soie fut introduit dans les autres parties de l'Europe où la nature du climat permet au mûrier de se développer d'une manière convenable.

E. Au commencement du quinzième siècle, le *serin* des Canaries fut apporté par les premiers navigateurs qui fréquentèrent les îles de ce nom.

F. Au siècle suivant, l'Amérique nous envoya l'inutile *cochon d'Inde* et le *dindon*. Ce dernier fut introduit par les Espagnols, qui l'avaient trouvé au Mexique, suivant les uns, dans le Yucatan, suivant les autres. On croit généralement qu'il parut en France entre les années 1515 et 1520, c'est-à-dire sous le règne de François Ier, mais le fait est très-douteux. Le naturaliste Anderson est probablement plus dans le vrai quand il assure que le premier oiseau de ce genre qu'on ait vu dans notre pays est celui qui fut servi à Mézières, en 1567, à un repas donné à l'occasion du mariage de Charles IX avec Élisabeth d'Autriche. Quoi qu'il en soit, le dindon était encore très-rare sous Henri IV, mort, comme on sait, en 1610.

5. Depuis la fin du seizième siècle jusqu'à notre époque, aucun animal véritablement utile n'est venu s'ajouter aux espèces déjà acquises. Tout s'est borné, dans le cours de cette période, à l'acclimatation de quelques oiseaux destinés à l'ornement de nos volières et de nos bassins. Encore même, la plupart d'entre elles sont tout à fait modernes, car elles datent à peine d'une cinquantaine d'années. Mais il semble qu'aujourd'hui on ait à cœur de réparer le temps perdu. En conséquence, dans presque toutes les parties de l'Europe, on rivalise d'efforts pour augmenter le nombre

1. Les Arabes possédaient alors la presque totalité de l'Espagne. Ils l'avaient conquise en 711, et ils n'en furent définitivement expulsés qu'en 1492.

des animaux utiles, soit en acclimatant certaines espèces domestiquées ailleurs, soit en soumettant à la vie domestique certaines espèces qui vivent encore à l'état sauvage[1]. D'importants résultats ont été obtenus.

Au premier rang des espèces exotiques domestiquées dont on attend le plus de services, figure l'*yack*. C'est un mammifère du genre bœuf, qui est originaire des montagnes du Thibet et qui abonde, en outre, dans plusieurs parties de la Chine. On l'élève, d'abord, comme bête de somme, puis pour sa chair, qui est excellente, pour sa laine, qui sert à faire des étoffes moelleuses, et, pour son lait, qui est exquis. Cet animal a été introduit en France en 1854 par M. de Montigny, notre consul à Sang-Haï, et il s'est si bien habitué à sa nouvelle patrie, que son acclimatation peut être considérée comme définitive. Dans quelques années, il sera probablement possible d'en dire autant du *lama*, de l'*alpaca*, du *guanaco* et de la *vigogne*, qui, dans les montagnes de l'Amérique du Sud, rendent les mêmes services que l'yack dans celles du Thibet. Nommons encore la *chèvre d'Angora*, qui vit au centre de l'Asie, et dont le poil est si recherché pour la fabrication de certains tissus de luxe.

Les espèces sauvages qu'on cherche à introduire sont très-nombreuses. Nous citerons seulement :

Parmi les mammifères, le *tapir d'Amérique*, qui fournit une viande de bonne qualité ; l'*hémione* et le *dauw*, qui appartiennent au genre cheval et sont originaires, la première de l'Indoustan, le second du cap de Bonne-Espérance ; plusieurs espèces de cerfs, tels que l'*axis* de l'Inde, le *cerf* de Virginie, etc. ;

Parmi les oiseaux, le *casoar* de la Nouvelle-Hollande, le *nandou* d'Amérique, l'*autruche* d'Afrique, dont la chair constitue un aliment agréable ; l'*agami* de l'Amérique du Sud qui, dans la basse-cour, pourrait remplir l'office que le chien de berger remplit ailleurs ; et une foule d'espèces de chasse ou de simple agrément ;

1. Il s'est établi à cet effet de grandes associations particulières composées de savants, d'agriculteurs et de grands propriétaires. La plus importante qui existe en France est celle qui, sous le nom de *Société zoologique d'acclimatation*, a été fondée à Paris en 1854.

Parmi les insectes, plusieurs vers à soie plus rustiques[1] que celui que nous possédons, tels que le *ver à soie de l'ailante*, le *ver à soie du ricin*, le *ver à soie du chêne*, etc.

VINGT-HUITIÈME LECTURE.

Les Cétacés industriels[2].

Idées sur la constitution extérieure et l'organisation des « cétacés. » Leur manière de vivre. « Baleines » et « cachalots. » Notions sur la taille et le poids de la baleine. En quoi elle diffère des autres cétacés. Ce qu'on appelle « fanons. » Principales espèces de baleines. Mers où elles vivent. Ancienneté de la pêche de la baleine. Peuples qui s'y sont successivement livrés. Description sommaire de cette pêche. Diminution continue du nombre de baleines. Pourquoi on pêche la baleine. Ce qui distingue le « cachalot » de la baleine. Mers dans lesquelles il vit. Comment se fait sa pêche. Matières qu'il fournit à l'industrie.

1. La Baleine, le Cachalot, le Dauphin et tous les animaux qu'on appelle *cétacés*[3], ressemblent extérieurement à des poissons. Comme ces derniers, ils vivent également dans l'eau; mais, si l'on examine leur organisation intérieure, on reconnait bien vite qu'ils sont de véritables mammifères, c'est-à-dire qu'ils appartiennent à la même série d'êtres que les quadrupèdes et l'homme lui-même. Ce sont, en général, des animaux stupides ou d'un instinct très-borné. Dépourvue d'écailles, leur peau recouvre une énorme couche de lard qui forme comme une espèce de cuirasse destinée à les rendre insensibles aux variations du froid et du chaud.

2. Les cétacés ont tous une grande taille. Quelques-uns paraissent propres aux eaux douces, mais la plupart, et ce

1. On dit qu'un animal est plus « rustique » qu'un autre quand il est moins délicat, plus facile à élever.
2. On appelle « industriels » tous les animaux dont une partie quelconque est utilisée par l'industrie. Ainsi, le ver à soie, l'abeille, la cochenille, sont des animaux industriels, tout aussi bien que la baleine, l'éléphant, le cheval, le bœuf, le mouton, etc.
3. *Cétacés*, du grec *cétos*, qui signifie « animal marin de grande taille. »

sont les plus monstrueux, habitent exclusivement les mers. Toutefois, parmi ceux-ci, il en est qui remontent parfois les fleuves. On en trouve sous toutes les latitudes, mais les uns paraissent préférer les climats tempérés, tandis que les autres ne sont réellement communs que dans les climats les plus froids. Dans tous les cas, ils vivent généralement en troupes.

3. En raison de leur organisation semblable à celle des autres mammifères, les cétacés sont obligés de venir fréquemment puiser à la surface des flots l'air nécessaire à leurs poumons, car ils ne peuvent rester sous l'eau qu'un temps très-court, vingt-cinq à trente minutes au plus. De cette obligation résulte la disposition particulière de leur appareil respiratoire. L'ouverture extérieure des narines n'est point à l'extrémité du museau, comme dans les autres mammifères, car l'animal eût été obligé de prendre à chaque instant une position verticale et d'interrompre sa course. Elle est placée à la partie la plus élevée de la tête, de façon qu'elle se trouve nécessairement au-dessus de l'élément liquide. On donne le nom d'*évents* aux conduits qui communiquent dans le larynx [1], et par lesquels les cétacés lancent avec bruit l'eau mêlée à l'air respiré.

4. Les cétacés qui appartiennent à la famille des *baleines* et des *cachalots* doivent à leur graisse et à quelques autres substances qu'ils fournissent à l'industrie d'être l'objet d'une pêche très-active. Toutefois, ce n'est que fort tard que l'homme s'est décidé à leur faire la guerre.

5. Les **baleines** sont les plus grands animaux connus, mais on a beaucoup exagéré leurs dimensions. Les plus colossales qu'on ait vues ne dépassaient pas 23 mètres de longueur ; il est même rare d'en rencontrer ayant plus de 20 mètres. Un animal de cette dernière taille pèse 70,000 kilogrammes, et son corps, mesuré un peu en arrière des nageoires pectorales, c'est-à-dire à l'endroit de son diamètre maximum, a de 10 à 13 mètres de circonférence. Sa queue,

1. On appelle *larynx* l'organe où se produit la voix. C'est une sorte de boîte ouverte en haut et en bas, qui est située à la partie antérieure et supérieure du cou.

à peu près en forme de triangle, n'a pas moins de 6 à 7 mètres de largeur, et constitue une arme des plus redoutables.

6. Ce qui distingue surtout la baleine des autres cétacés c'est la conformation particulière de la bouche. La partie inférieure, dépourvue de dents, renferme la langue, laquelle est très-épaisse, fixe et presque entièrement formée de graisse. La partie supérieure, également sans dents, est garnie, des deux côtés, de grandes lames très-élastiques et semblables à de la corne, qui sont longues d'environ 3 mètres et au nombre de 7 à 800. Ces lames, appelées *fanons* par les naturalistes, sont fortement serrées sur leur plat les unes contre les autres, et leur extrémité, plus ou moins effilée, se loge, quand la bouche est fermée, dans une espèce de rainure qui est limitée en dedans par le bout de la langue et en dehors par la lèvre. Il résulte de cette disposition que la baleine se trouve dans l'impossibilité de mâcher, ce qui ne lui permet pas de se nourrir de corps tant soit peu volumineux. Ce sont, en effet, des poissons et des mollusques de petite taille qui composent son alimentation. Quand elle ouvre son énorme bouche, une grande masse d'eau s'y précipite, attirée par l'aspiration, et y entraîne ceux de ces animaux qui se rencontrent dans le voisinage. Le rapprochement des mâchoires, opérant ensuite la compression du liquide, celui-ci se tamise à travers les fanons, et ce qui en reste est rejeté par les évents. Quant aux mollusques et aux poissons, ils sont retenus par les fanons, après quoi ils passent dans l'estomac du cétacé

7. Il existe plusieurs espèces de baleines, mais les seules sur lesquelles on possède des renseignements bien précis sont celles qu'on désigne sous les noms de *baleine franche*, *baleine nord-caper* et *baleine du Cap*. Elles diffèrent surtout par certaines particularités de forme. Malgré leur énormité, ces animaux nagent avec une grande vitesse, et, pour se déplacer, ils se servent uniquement de leur queue, qui est plate, horizontale et douée d'une puissance prodigieuse. Quand ils voyagent, ils font habituellement une dizaine de kilomètres à l'heure; mais, lorsqu'ils sont pour-

suivis, ils se meuvent avec une rapidité presque double.

8. Anciennement, les baleines se rencontraient assez souvent sur les côtes de l'Europe tempérée ; mais, depuis longtemps, elles ne se trouvent guère que dans les mers polaires du Nord et dans les mers australes. Dans l'hémisphère boréal, elles sont surtout communes entre les rives désolées du Groenland et du Spitzberg. Dans l'autre hémisphère, c'est entre la Nouvelle-Calédonie et la Nouvelle-Zélande qu'elles se tiennent en plus grand nombre: de là le nom de *Champ de baleines* donné par les pêcheurs anglais à cette partie de la mer du Sud.

9. La pêche de la baleine paraît avoir été pratiquée, de temps immémorial, par les Norwégiens, les Danois et les Islandais. Toutefois, c'est par les Basques, qui s'en occupaient depuis au moins le IXe siècle, qu'elle fut soumise, pour la première fois, à une organisation régulière. Au XVe siècle, époque de leur plus grande prospérité, ces derniers y employaient chaque année de cinquante à soixante navires et de neuf à dix mille hommes. Au siècle suivant, le sceptre de l'industrie baleinière passa aux Pays-Bas, à qui les Anglais essayèrent vainement de l'enlever, et qui le conservèrent pendant près de cent cinquante ans. Aujourd'hui, la pêche de la baleine se trouve presque exclusivement entre les mains des Américains du Nord qui y occupent annuellement de sept cent cinquante à huit cents navires montés par plus de vingt-cinq mille marins.

10. Les navires qu'on emploie à la pêche de la baleine ont habituellement de trente-cinq à quarante mètres de longueur, sur dix de largeur et quatre de profondeur. Ils sont construits avec une extrême solidité, afin de pouvoir résister au choc des glaces flottantes, et ont à leur bord six à sept chaloupes, appelés *baleinières*. Leur équipage est de quarante à cinquante hommes.

Ce sont les chaloupes qui servent à attaquer les baleines. Chacune d'elles, longue d'environ huit mètres et large de deux, est montée par un patron, quatre rameurs et un ou deux harponneurs. Elle est pourvue de trois harpons, de cinq ou six lances, et de sept paquets de cordes ou lignes ayant chacune près de deux cents mètres de longueur. Les harpons sont des dards de fer, triangulaires, très-effilés, tranchants des deux côtés et barbelés sur les bords. Ils sont terminés à l'extrémité opposée par une douille, dans laquelle on fait entrer un manche, et, près de cette douille, ils ont un anneau pour attacher une corde. Leur longueur totale est de trois à quatre mètres, dont deux à trois pour le manche. Les lances, ou *pelles*, sont longues de cinq mètres, y compris

Fig. 27. — Pêche de la baleine.

le fer, qui en forme le tiers. Elles diffèrent surtout des harpons en ce qu'elles ne présentent ni ailes ni oreilles, ce qui permet d'en porter rapidement plusieurs coups.

Voici maintenant comment on procède à la pêche. Un matelot est placé dans le haut de la mâture. Quand il aperçoit une baleine, il en prévient ses camarades. Les chaloupes sont alors mises à l'eau et se dirigent vers l'animal avec le moins de bruit possible. Dès que l'une d'elles est à portée, c'est-à-dire à environ dix mètres, un harponneur, profitant du moment où le cétacé vient respirer à la surface de l'eau, lui lance un harpon auquel est attachée une corde (*fig.* 27).

Aussitôt que la baleine se sent blessée, elle plonge en entraînant la ligne fixée au harpon. Elle peut rester sous l'eau jusqu'à une demi-heure, et faire, pendant ce temps, beaucoup de chemin. Il faut que la ligne se déroule avec la plus grande facilité, car si elle venait à s'accrocher, la chaloupe serait infailliblement submergée avec son équipage. Le frottement qu'éprouve le bordage de l'embarcation est si considérable que le bois ne manquerait pas de prendre feu si l'on n'avait soin de l'arroser sans cesse. Enfin, à mesure que l'animal s'éloigne, on ajoute de nouvelles lignes à celles qui ont déjà été employées : il en faut quelquefois une longueur totale de plus de trois mille mètres. Mais, quoi qu'elle fasse, la baleine est toujours obligée de revenir à la surface de l'eau pour reprendre sa respiration. Les chaloupes saisissent cet instant, soit pour lui envoyer un second harpon, soit, si elle se trouve suffisamment affaiblie par la perte de son sang, pour l'attaquer à coups de lance. Dans tous les cas, on a bien soin d'éviter sa redoutable queue, qui, tombant horizontalement sur l'eau, mettrait en pièces les embarcations et les pêcheurs.

11. Quand la baleine est morte, les chaloupes la remorquent vers le navire. Alors, pendant qu'elle est maintenue par des cordes, le long du bâtiment, des hommes, chaussés de bottes munies de crampons de fer, sautent sur son dos et la dépècent de la tête à la queue. Le lard, la langue et les fanons sont les seules parties qu'on enlève ; on abandonne le reste aux oiseaux marins, qui s'y posent comme sur une île flottante. Le lard et la langue sont fondus dans d'immenses chaudières, et l'huile ou graisse qui résulte de cette opération est enfermée dans des tonneaux arrimés dans la cale. Quant aux fanons, on se contente de les laver grossièrement, après quoi on les empile les uns sur les autres.

12. On admet généralement que, pour faire le chargement d'un navire de capacité ordinaire, ou de 400 tonneaux[1],

1. En termes de marine, on entend par *tonneau* une mesure qui sert à déterminer la capacité ou, comme on dit, le *tonnage* des navires de commerce. En France, il représente une contenance d'environ 13 mètres cubes, évaluée à un poids de 979 kilogrammes.

il faut prendre environ 30 baleines. Cette circonstance, jointe à l'activité qu'a reçue de nos jours la pêche de ces animaux, explique pourquoi le nombre des baleines diminue de plus en plus. Cette diminution est même si rapide, que l'époque n'est peut-être pas éloignée où les cétacés de cette famille auront entièrement disparu.

13. Il nous reste maintenant à dire quelque mots de l'usage des produits de la pêche de la baleine, c'est-à-dire de l'huile et des fanons. L'huile sert quelquefois pour l'éclairage; mais on l'emploie surtout pour la fabrication des savons, l'apprêt des étoffes et la préparation de certaines sortes de cuirs. Quant aux fanons, on en fait des garnitures d'ombrelles et de parapluies, des cannes, des éventails, des fleurs artificielles, des corsets de femme, etc. Ils constituent la substance que l'on désigne vulgairement, dans le commerce, sous le nom de *baleine*.

14. En parlant des cétacés industriels, nous avons nommé le **cachalot**. C'est un animal presque aussi grand que la baleine. Il diffère principalement de celle-ci en ce qu'il a la tête de dimensions colossales, et que sa mâchoire supérieure est dépourvue de fanons, tandis que l'inférieure est armée de dents très-meurtrières.

15. Le cachalot se rencontre dans presque toutes les mers; néanmoins c'est dans les mers australes qu'il est le plus abondant. On assure qu'il peut rester sous l'eau pendant 1 heure 20 minutes, et qu'il nage avec une vitesse de 10 à 16 kilomètres à l'heure.

16. La pêche du cachalot se fait de la même manière que celle de la baleine: elle présente aussi les mêmes dangers. On poursuit ce cétacé, non-seulement pour son huile, qui sert aux mêmes usages que celle de la baleine, mais encore pour une matière grasse, appelée vulgairement *spermati ceti* ou *blanc de baleine*, qui remplit de grandes cavités situées à la partie supérieure de son énorme tête, et dont on tire surtout parti pour faire des bougies de luxe. Le cachalot fournit aussi, mais en très-petite quantité, une substance aromatique, appelée *ambre gris* [1], qui paraît due à une ma-

1. Cette substance ne doit pas être confondue avec celle qui est désignée sous

ladie particulière, et qui est employée en pharmacie et en parfumerie.

VINGT-NEUVIÈME LECTURE.

Le Corail.

Aspect du « corail. » Quelle est la nature de cette matière? Quelle en est l'origine? Les animaux du corail. Histoire de leur vie. Comment se forme une branche de corail. Aspect qu'elle présente. Mers où se trouve le corail. Moyens par lesquels on se le procure. Description de la pêche du corail. Mesures destinées à prévenir la dévastation des bancs de corail.

1. Tout le monde connait le **corail,** cette substance dure et polie, dont la couleur varie du rose le plus tendre au rouge le plus vif, et qui, depuis la plus haute antiquité, sert à faire des objets de parure; mais beaucoup de personnes ignorent assurément sa curieuse origine et le prennent souvent pour une pierre précieuse.

2. Le corail est bien, en effet, de nature pierreuse. Toutefois, par sa provenance, il ne saurait être confondu avec les minéraux, et, par sa forme arborescente, c'est-à-dire en arbrisseau, quand il n'est point taillé, il ne saurait être pris pour un végétal.

Qu'est-ce donc que le corail? C'est le support solide de l'agrégation d'une multitude de très-petits animaux sous-marins qui possèdent la propriété singulière de vivre en commun sous une peau commune[1]. Une branche vivante de corail est une véritable république d'animalcules soudés,

les noms d'*ambre jaune*, *karabé*, *succin*. Celle-ci est une résine durcie que l'on trouve enfouie dans le sol d'un petit nombre de lieux, et que l'on croit provenir d'arbres de la famille des pins et des sapins, dont les analogues n'existent plus. Elle est surtout abondante dans les sables des bords de la Baltique, entre Memel et Kœnigsberg, en Prusse. On en fait des colliers, des chapelets et divers autres objets d'utilité ou de simple ornement.

1. C'est le médecin français Peyssonnel, dans la première moitié du siècle dernier, qui a découvert la vraie nature du corail. Avant lui, on le regardait, tantôt comme une plante, tantôt comme une espèce de pierre.

sous une peau unique, sur une tige rameuse qu'ils produisent eux-mêmes, et organisés de telle sorte, que la nourriture prise par chacun profite à tous les autres. A l'état vivant, cette peau forme comme une couche gélatineuse qui sert de gaîne à la tige centrale. Quand le corail est mort, elle se dessèche et se détache comme une écorce friable.

3. A sa naissance, l'animal qui produit le corail ressemble à un ver entièrement mou, d'une taille très-exiguë, de couleur blanche et en forme de massue. Ce ver s'allonge peu à peu. Il nage avec assez de rapidité ; mais, dans ses mouvements, il progresse toujours à reculons et se dirige généralement de bas en haut. Quand il s'arrête, il tombe lentement au fond et se repose appuyé sur la bouche.

Au bout de quelques jours de ce genre de vie, l'animal, parvenu à toute sa croissance, se fixe par sa partie postérieure sur un corps solide quelconque, le plus souvent sur un bloc de rocher. Alors il s'épate et se transforme en un disque plat adhérant par toute sa base et offrant à son centre une ouverture circulaire qui n'est autre chose que la bouche. Bientôt cette ouverture s'entoure d'un bourrelet sur lequel ne tardent pas à se montrer huit mamelons qui, s'allongeant peu à peu, finissent par devenir des espèces de bras frangés sur les bords. L'animal est alors arrivé à sa forme définitive, et, quand ses bras ou tentacules sont déployés, il offre l'aspect d'une fleur à huit pétales [1]. A ce moment, des corpuscules calcaires [2] de couleur rose passant ensuite au rouge, commencent à se montrer dans le disque qui sert de pied.

4. Jusqu'à présent nous n'avons assisté qu'au développement d'un seul animal. Plus tard, sur un point quelconque du corps de ce petit être, on voit paraître une sorte de bouton assez semblable à un furoncle. Ce bouton, d'abord plein, se creuse ensuite, à l'intérieur, d'une cavité, qui augmente

1. *Pétale*, du grec *pétalon*, feuille. On appelle ainsi les pièces qui composent la partie la plus voyante des fleurs, et que, dans le langage vulgaire, on nomme improprement « feuilles. »

2. « Calcaires, » c'est-à-dire contenant de la chaux. En effet, le corail est une simple variété de chaux carbonatée colorée par des matières organiques.

graduellement et finit par percer la peau. Un bourrelet vient alors border cette ouverture; huit mamelons se montrent sur ce bourrelet, s'allongent, se transforment en bras dentelés, et un second individu se trouve greffé sur le premier. Celui ci donne à son tour naissance à un autre animal, et les choses continuent de la même manière pour ainsi dire à l'infini. A mesure que la colonie s'accroît par bourgeonnement successif, la partie solide qui la supporte augmente de longueur et de diamètre, de façon qu'au bout d'un certain temps, la petite république ressemble tout à fait à un arbrisseau dont les branches deviennent de plus en plus nombreuses (*fig.* 28). Il arrive très-souvent que deux colonies voisines viennent à se rencontrer. Dans ce cas, elles luttent fatalement l'une contre l'autre, chacune tendant invinciblement à empiéter sur sa rivale. Si la force d'extension est égale des deux côtés, les deux colonies continuent à croître en s'adossant l'une à l'autre. Si, au contraire, il en est une qui l'emporte, et c'est ce qui arrive le plus généralement, alors la plus forte passe sur la plus faible et la recouvre ou la détruit, suivant que celle-ci est plus ou moins solide.

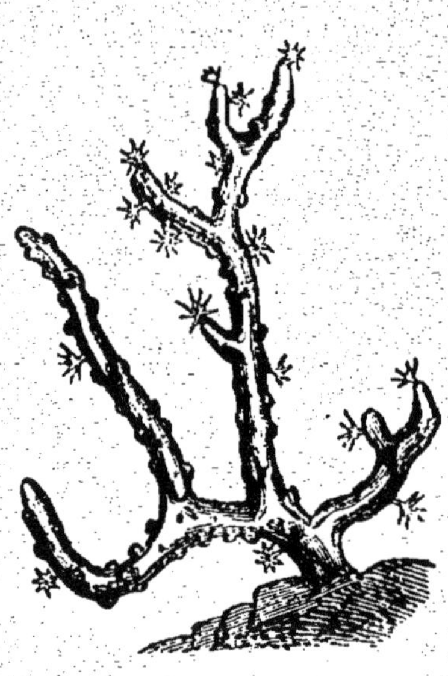

Fig. 28. — Branche de corail.

5. Une branche de corail résulte du travail de centaines et de milliers d'animaux. On suppose qu'il ne faut pas moins d'une dizaine d'années pour qu'elle atteigne une hauteur d'environ 50 centimètres. Dans les temps calmes, cette branche offre l'aspect d'un arbrisseau d'un rouge plus ou moins vif recouvert de fleurs blanches, à peu près grosses comme des clous de girofle et provenant, on le comprend sans peine, de l'épanouissement des tentacules de tous les membres de la colonie. Mais une cause

quelconque vient-elle à troubler l'eau, aussitôt les petits animaux rentrent simultanément leurs bras, et, à la place des fleurs, on ne voit plus qu'un égal nombre de boutons contractés. Du reste, quoique vivant d'une vie commune, les animaux du corail n'en jouissent pas moins d'une activité vitale propre et, sous beaucoup de rapports, indépendante. C'est ainsi, par exemple, que, sur la même branche, certains individus épanouissent leurs tentacules, tandis que les autres les rentrent, et que la mort des uns n'empêche pas leurs voisins de continuer à se développer.

6. Le corail vit exclusivement dans la Méditerranée. Il se rencontre sur la plupart des points de cette mer, mais c'est principalement sur les côtes d'Algérie, de Naples,

Fig. 20. — Pêche du corail.

de Sicile, de Sardaigne et dans l'Archipel grec, qu'il est le plus abondant. On le trouve à des profondeurs de 25 à 200 mètres, d'où l'on ne parvient à l'arracher qu'au prix des plus grandes fatigues.

7. La pêche du corail est, en effet, une industrie des plus pénibles. Elle se fait au moyen d'un instrument assez

grossier, appelé *engin* ou *salabre*, qui consiste en deux fortes pièces de bois liées de manière à former une croix à branches égales. A l'extrémité de chacune de ces branches est suspendu un filet disposé comme une poche. Enfin, au point où elles se croisent, sont attachés un poids suffisamment lourd pour les entraîner au fond de la mer, et une corde très-solide dont le bout libre s'enroule sur l'axe d'un cabestan installé sur le bateau. Jeté dans l'eau, l'engin arrive promptement sur le banc de corail. On le promène aussitôt sur ce dernier, en faisant marcher le bateau, soit à la voile, soit à l'aviron (*fig.* 29). A l'aide de cette manœuvre, il brise les branches de corail qui se trouvent sur son passage, celles-ci tombent dans les filets, et, quand on juge la récolte assez abondante, on le remonte à bord au moyen du cabestan. On conçoit qu'un procédé de pêche si grossier ne peut avoir d'autre résultat que de dévaster les bancs de corail, souvent même au point de les ruiner complétement. C'est pour prévenir une conséquence si désastreuse que, presque partout, on a pris le parti de soumettre les pêcheries à des règlements destinés à limiter l'avidité des exploitants. En Algérie, par exemple, chaque pêcherie est partagée en dix sections ou coupes dont une seule peut être explorée chaque année. De cette façon, le repeuplement des bancs est toujours assuré, et le corail récolté a toutes les qualités convenables, parce qu'il a eu le temps nécessaire pour atteindre son développement. On a aussi proposé de pêcher le corail à la main en se servant des appareils de plongeur usités pour les recherches sous-marines[1] ; mais, jusqu'à présent, cette innovation n'est pas passée dans la pratique; et l'on n'y a encore eu recours que pour ramasser celles des menues branches détachées par l'engin que les filets ont laissé échapper.

1. Voyez la description de ces appareils dans notre HISTOIRE DE L'INDUSTRIE et dans nos ARTS ET MANUFACTURES.

TRENTIÈME LECTURE.

L'Ivoire et l'Éléphant.

Ce qu'on entend par « ivoire. » Origine de l'ivoire utilisé par l'industrie. L' « éléphant » décrit à vol d'oiseau. En quoi consiste la « trompe; » à quel usage elle est destinée. Ce qu'on appelle « défenses. » Pays qu'habite l'éléphant. Erreurs vulgaires sur cet animal. Deux espèces d'éléphants : l'éléphant des Indes et l'éléphant d'Afrique : en quoi elles diffèrent. C'est l'éléphant d'Afrique qui fournit l'ivoire le plus recherché. Emploi de l'éléphant comme bête de somme et de labour. Comment on s'en fait obéir. Différentes manières de chasser l'éléphant. Par quels moyens on réussit à l'apprivoiser.

1. **L'ivoire** est la substance principale qui forme les dents des mammifères; mais celui qu'on emploie dans l'industrie est, sauf quelques exceptions, fourni par les défenses de l'éléphant. C'est donc de cet animal qu'il va être exclusivement question dans les paragraphes qui suivent.

On sait que la blancheur de l'ivoire est devenue proverbiale, et que *blanc comme l'ivoire* est une expression fréquemment usitée dans notre langue.

2. De tous les animaux utiles, **l'éléphant** est incontestablement un des plus remarquables. Il appartient à l'ordre des Pachydermes[1], où il forme une famille très-distincte, celle des *proboscidiens*, du mot latin *proboscis*, trompe, nom dont nous verrons bientôt l'origine.

3. L'éléphant est le plus grand de tous les mammifères terrestres. Son corps, court, ramassé et soulevé vers le dos en une espèce de voûte, repose sur des jambes trapues, droites comme des piliers, dont les articulations ou jointures sont à peines visibles, et qui s'appliquent sur le sol au moyen d'une plante large et arrondie. Les yeux, quoique très-petits, sont expressifs et doués d'une vue

1. *Pachyderme*, du grec *pakhys*, épais, et *derma*, cuir, peau. On donne ce nom aux mammifères qui ont la peau très-épaisse. Le cheval, l'âne, le cochon, l'hippopotame, le rhinocéros, sont des pachydermes.

perçante. Les oreilles, au lieu de se développer en cornet comme chez les autres quadrupèdes, consistent en deux grandes peaux collées contre la tête. La queue, courte et menue, se termine par un bouquet de soies grosses et résistantes. Enfin, la peau, épaisse, calleuse, presque sans poils et criblée de gerçures, ressemble assez bien à l'écorce d'un vieux chêne.

4. Il résulte pour l'éléphant plusieurs inconvénients de sa conformation bizarre. En premier lieu, il peut à peine tourner la tête. En second lieu, il ne lui est possible de se retourner lui-même, pour rétrograder, qu'en faisant un grand circuit. Aussi, les chasseurs l'attaquent-ils ordinairement par derrière ou par le flanc, et ils évitent les effets de sa vengeance en exécutant des mouvements circulaires, ce qui leur donne le temps de lui porter de nouveaux coups pendant qu'il fait effort pour se tourner contre eux. Ils se gardent bien de fuir en ligne droite, car ils s'exposeraient à être atteints. En effet, malgré sa masse, l'éléphant ne manque pas d'agilité. Son allure habituelle est le pas, mais, lorsqu'il est pressé, il court avec une si grande rapidité qu'un cheval au galop a peine à le suivre.

5. Indépendamment des caractères extérieurs qui précèdent, l'éléphant en présente deux autres qui le font reconnaître au premier coup d'œil : nous voulons parler de sa *trompe* et de ses *défenses*.

A. La *trompe* consiste en un tube légèrement conique qui sert de prolongement aux narines et atteint quelquefois une longueur de 2 mètres à 2 mètres et demi. Elle est mobile en tous sens, et l'animal peut la raccourcir, l'allonger, lui faire prendre les positions les plus diverses. De plus, elle est creusée intérieurement de deux canaux correspondant chacun à une narine et munis chacun d'une sorte de soupape[1] élastique qui peut être ouverte et fermée à volonté. Enfin, elle se termine par un appendice en forme de doigt, qui est doué de la mobilité la plus grande

1. Pour la signification de ce mot « soupape », voyez la note 2 de la page 15.

et qui est disposé de manière à pouvoir saisir les plus petits objets.

C'est à cause de cette trompe que l'éléphant a reçu le nom de *proboscidien*. Outre le rôle qu'elle joue dans l'acte de la respiration, elle lui donne presque autant d'adresse que la perfection de la main peut en donner au singe. Assez longue pour atteindre la terre, sans que l'animal soit obligé de baisser sa grosse tête, elle lui sert à saisir tout ce qu'il veut porter à la bouche et à pomper la boisson qu'il lance ensuite dans son gosier. Elle lui sert également à soulever de lourds fardeaux et à les charger sur son dos, ainsi qu'à exécuter avec une merveilleuse adresse une foule de mouvements dont l'homme seul semblerait capable, tels, par exemple, que déboucher une bouteille, dénouer une corde, ouvrir et fermer une porte en tournant la clef, placer ou déplacer un écrou, etc. Il en peut faire encore usage pour attaquer et se défendre, et elle est alors une arme d'une puissance terrible. Dans ce cas, il en saisit son adversaire, l'enlace, l'étouffe, le brise, le lance dans les airs, ou bien le renverse pour l'écraser, le broyer sous les pieds. En résumé, ainsi que Buffon[1] l'a dit, la trompe est le bras et la main de l'éléphant.

B. Les *défenses* sont deux énormes dents qui, partant de la mâchoire supérieure, sortent de la bouche, l'une à droite, l'autre à gauche. Des voyageurs assurent en avoir vu qui étaient longues de près de 3 mètres et pesaient jusqu'à 100 kilogrammes. Toutefois, celles que l'on trouve le plus souvent dans le commerce ont de 65 centimètres à 2 mètres et demi de long, suivant l'âge de l'animal, et pèsent de 3 à 40 kilogrammes.

6. L'éléphant habite exclusivement la zone torride[2] de l'ancien continent, c'est-à-dire l'Inde, l'Indo-Chine et les îles voisines, d'une part, le centre et le sud de l'Afrique, d'autre part. Il se tient dans les lieux humides et d'une végétation puissante, où il se nourrit de pousses de jeunes

1. Buffon (Leclerc de), grand naturaliste, né à Montbard (Côte-d'Or), en 1707, mort en 1788.
2. Voyez, sur ce qu'on entend par *zone torride*, la note 1 de la page 33.

arbres ou d'arbustes, de racines, de fruits, d'herbes, etc. Comme il vit le plus souvent en association avec plusieurs autres, et qu'il mange beaucoup, on conçoit quel dégât il doit faire dans les forêts et les champs cultivés qu'il fréquente.

7. Il existe plusieurs erreurs sur le compte de l'éléphant. Ainsi, on assure qu'il ne se couche point, et que, s'il vient à tomber sur le côté, il lui est impossible de se relever. La vérité est qu'il s'agenouille, se couche et se relève quand il le veut. Seulement, parmi les éléphants, comme parmi les chevaux, on trouve des individus qui dorment debout et ne se couchent que très-rarement, quelquefois même jamais. Une autre erreur, peut-être encore plus généralement répandue, est relative à l'intelligence de l'éléphant. Sans aucun doute, cet animal est doué de facultés intellectuelles très-remarquables; mais, sous ce rapport, il n'offre rien d'extraordinaire, il n'est même pas supérieur au cheval, et n'apprend rien qu'on ne puisse apprendre à ce dernier. Il est, du reste, d'un caractère généralement doux et docile, ce qui facilite singulièrement son dressage. Quant à la longue durée qu'on attribue à la vie de l'éléphant, elle n'est pas positivement connue. On croit cependant qu'elle peut être de deux siècles, car on a vu des individus qui avaient au moins 130 ans.

8. On distingue deux espèces principales d'éléphants, l'*éléphant des Indes* et l'*éléphant d'Afrique*, qui diffèrent surtout par la forme de la tête, des dents molaires et des pieds de derrière, ainsi que par la longueur des oreilles.

L'*éléphant des Indes* vit dans l'Indoustan, dans le pays des Birmans, dans le royaume de Siam, et dans toutes les îles voisines, plus particulièrement dans celles de Ceylan, de Bornéo et de Sumatra. Il présente plusieurs variétés, qui se distinguent entre elles par la forme et les dimensions des défenses, ainsi que par la coloration de la peau. Celle-ci est d'un gris tantôt pâle, tantôt foncé. Il existe aussi des éléphants, tout à fait blancs, qui sont, à Siam, l'objet d'un culte superstitieux.

L'*éléphant d'Afrique* vit dans toutes les contrées situées

au sud de l'Égypte et du Sahara. Autrefois, il existait également dans ce qu'on est convenu d'appeler les États barbaresques, c'est-à-dire dans le Maroc, en Algérie, dans les régences de Tunis et de Tripoli, mais il en a disparu depuis plusieurs siècles. C'est l'espèce dont l'ivoire est le plus recherché, parce qu'il est le plus beau, le plus fin et le plus volumineux.

9. De temps immémorial, les peuples de l'Inde ont su tirer parti de la facilité avec laquelle l'éléphant se laisse apprivoiser, pour utiliser la force prodigieuse de cet animal. Anciennement, les souverains de toute l'Asie méridionale avaient des troupes d'éléphants dressés à se précipiter sur l'ennemi, et qui, en outre, portaient sur le dos des tours de bois remplies de frondeurs[1] et d'archers[2]. Les éléphants d'Afrique jouaient le même rôle dans les armées des Égyptiens, des Carthaginois et des rois de Syrie. Depuis l'invention de la poudre, on n'emploie plus ces gigantesques auxiliaires dans les batailles, parce qu'on n'a pu les habituer à entendre la détonation d'une arme à feu sans fuir avec terreur. Aujourd'hui, dans l'Inde, on utilise surtout les éléphants comme bêtes de somme : les plus forts portent jusqu'à un millier de kilogrammes, et, malgré cette charge, ils font aisément de 70 à 90 kilomètres par jour. Souvent aussi, on les attelle à d'énormes charrues au moyen desquelles on effectue les défrichements les plus difficiles. Au cap de Bonne-Espérance, les éléphants africains rendent les mêmes services aux colons anglais.

10. Dans tous les travaux qu'on lui fait exécuter, l'éléphant doit toujours avoir son *cornac* ou conducteur avec lui. Celui-ci se tient à cheval ou assis sur son cou, et il dirige sa marche, soit en le piquant légèrement à la tête, soit en lui tirant l'oreille de différentes manières, avec un bâton armé d'une pointe et d'un petit crochet de fer.

11. Quand on chasse l'éléphant uniquement pour son

1. *Frondeurs*, soldats armés de frondes de corde ou de cuir, avec lesquelles ils lançaient des pierres arrondies ou des balles de métal.

2. *Archers*, soldats armés d'arcs, avec lesquels ils lançaient des flèches, baguettes de bois armées d'un fer pointu et quelquefois de matières incendiaires.

ivoire, on se contente souvent de creuser, dans les lieux qu'il fréquente, de grandes et profondes fosses recouvertes de branchages, où il tombe, se casse une jambe et ne tarde pas à mourir de faim. D'autres fois, et c'est ainsi que procèdent plusieurs peuplades africaines, on l'attaque à force ouverte; mais, dans ce cas, il est rare qu'il ne succombe pas sans avoir mis à mort plusieurs de ses ennemis.

Fig. 30. — Chasse de l'éléphant dans l'Inde

Dans l'Inde, où l'on se propose surtout de se procurer des individus vivants pour les réduire en domesticité, on emploie un moyen fort simple. Des cornacs s'avancent avec précaution vers le fourré où ils ont reconnu qu'un animal se trouve, et abandonnent à peu de distance deux éléphants apprivoisés et spécialement dressés pour la chasse. Ceux-ci continuent tranquillement leur marche au-devant de l'animal sauvage, comme s'ils étaient, comme lui, des habitants de la forêt. Après quelques allées et venues, ils finissent par se placer à ses côtés, en jouant avec lui et faisant tous leurs efforts pour détourner son attention. Les cornacs se glissent alors sans bruit à ses pieds, et l'amarrent solidement à un arbre (*fig.* 30). L'opération achevée, ils donnent un signal, et les deux traîtres se retirent, laissant le prisonnier bien attaché et aux prises avec la faim, qui le rend traitable au bout de quelques jours. Quand ils le jugent entièrement épuisé, les cornacs reviennent le chercher avec les deux complices, qui le ramènent à la ville et le frappent à coups de trompe, dès qu'il fait mine de vouloir s'échapper, ce qui, du reste, arrive rarement. Le prisonnier s'habitue en peu de temps à sa nouvelle situation, et aussitôt qu'on le voit suffisamment résigné, on s'occupe de le dresser, ce qui exige environ six mois.

TRENTE ET UNIÈME LECTURE

L'Écaille et les Tortues.

Caractères extérieurs des « tortues. » En quoi consiste leur test. Ce qu'on appelle « carapace, » « plastron, » « écaille. » Tortues de terre, de marais, de fleuves et de rivières, de mer. Espèces qui fournissent l'écaille. Détails sur ces espèces. Pêche de la tortue.

1. On sait que les **tortues** sont des animaux quadrupèdes de la classe des reptiles. Elles se reconnaissent, à première vue, au *test* ou enveloppe solide qu'elles portent en tous lieux, comme une espèce de maison dans laquelle elles se mettent, soit en totalité, soit en partie, à l'abri des attaques de leurs ennemis.

2. Le test des tortues consiste en deux grandes pièces ou boucliers, qui ne sont attachées l'une à l'autre que par les côtés, en sorte qu'il existe antérieurement et postérieurement des ouvertures plus ou moins considérables par lesquelles l'animal fait sortir la tête, la queue et les pattes. La pièce supérieure s'appelle *carapace* et la pièce inférieure *plastron*. Elles sont formées de plusieurs plaques osseuses, soudées entre elles, et souvent recouvertes d'une substance dure et translucide qui, sous le nom d'**écaille**, est journellement employée par l'ébénisterie, la tabletterie et la marqueterie.

3. Il existe des tortues terrestres, des tortues de marais, des tortues fluviatiles et des tortues marines. Ce sont ces dernières qui fournissent l'écaille, et presque exclusivement celles que l'on appelle *tortue franche, tortue caouanne* et *tortue caret.*

La *tortue franche*, nommée aussi *tortue verte* à cause des reflets verdâtres de sa caparace, abonde dans l'océan Atlantique et dans la mer des Indes. Elle acquiert souvent une longueur de deux mètres sur une largeur d'un mètre et demi, et pèse jusqu'à quatre cents kilogrammes. Cette espèce se tient toujours dans la haute mer ; mais, au moment de la ponte, qui a lieu deux fois par an, elle franchit, en nageant, des distances énormes, pour venir déposer ses œufs sur des plages désertes, basses et sablonneuses. L'île de l'Ascension, dans l'Atlantique, est une des terres qu'elle fréquente alors avec une certaine prédilection. Ses œufs et sa chair constituent, pour l'homme, une nourriture aussi saine qu'agréable. C'est avec cette dernière que l'on prépare le bouillon de tortue si recherché en Angleterre.

La *tortue caouanne* habite la Méditerranée et l'océan Atlantique. Sa taille varie d'un mètre à un mètre et demi, et son poids de cent cinquante à deux cents kilogrammes. Sa chair ne vaut rien, mais on en retire une huile qui est bonne pour l'éclairage.

La *tortue caret*, appelée vulgairement le *caret*, se trouve dans les mêmes mers que la tortue franche. C'est la plus petite de toutes, car sa taille ne dépasse guère le tiers de celle de cette dernière ; mais, par contre, c'est l'espèce qui donne la plus belle écaille. Malheureusement les individus les plus volumineux, ceux qui pèsent cent kilogrammes environ, n'en fournissent guère plus de deux à trois kilogrammes qui soient bons à être travaillés. La chair de cette tortue est peut-être encore plus mauvaise que celle de la caouanne ; quant à ses œufs, ils sont très-délicats.

4. Les tortues dont il vient d'être question sont donc en même temps des animaux industriels et des animaux alimentaires. On s'en empare de plusieurs manières.

A. Dans les lieux où les tortues se rendent pour déposer

les œufs, on se contente de les guetter quand elles sortent de l'eau. On court alors à elles et on les retourne au moyen de barres de bois qu'on leur passe sous le ventre. S'il s'agit de tortues franches ou de caouannes, on peut les laisser ainsi jusqu'à la fin de la chasse, parce qu'elles ne peuvent se remettre sur leurs pattes ; mais si l'on a affaire à des carets, qui ont le dos plus bombé et les mouvements plus vifs, on est obligé de les charger de pierres ou de les tuer sur place.

B. Dans les mêmes pays, on prend aussi les tortues au moyen d'un filet de cordes, à mailles lâches, que l'on tend le soir, de manière à barrer le chemin aux pondeuses. Celles-ci y engagent la tête ou les pattes, et s'entortillent si bien, en cherchant à se dégager, que, faute de pouvoir venir respirer à la surface de l'eau, elles finissent par se noyer.

C. Une autre manière de prendre les tortues consiste à les *varrer*, c'est-à-dire à les harponner, quand elles flottent endormies à la surface de l'eau, ou qu'elles y viennent pour respirer. Cette pêche, qui ressemble assez à celle de la baleine, se fait ordinairement la nuit. Quand le harponneur se voit à portée d'une tortue, il la frappe et la perce de son harpon. L'animal blessé fuit aussitôt, entraînant, avec l'arme fixée dans la plaie, une cordelette qui y est solidement attachée, et le canot que montent ses ennemis. Mais, peu à peu, ses forces s'épuisent, et, lorsqu'elle est suffisamment affaiblie, on la fait revenir sur l'eau au moyen de la cordelette, puis, la saisissant adroitement par les pattes, on la hisse dans le bateau.

D. Comme les tortues ont l'habitude de s'endormir à la surface de l'eau et qu'elles ont le sommeil très-lourd, on profite quelquefois de cette circonstance pour les faire prisonnières en leur passant un nœud coulant au cou. Des voyageurs assurent même que, dans les mers du Sud, les plongeurs malais sont assez habiles pour aller entre deux eaux attacher une corde à la patte des tortues endormies.

E. Un procédé de pêche infiniment plus curieux que les précédents est celui qu'employaient autrefois les habitants des Antilles, et pour lequel ils dressaient le singulier poisson appelé *remora, echeneis* ou *sucet.* On sait que l'animal de ce nom a le dessus de la tête muni d'un appareil en forme de disque, à l'aide duquel il se cramponne fortement à tous les corps qu'il rencontre.

Le pêcheur attachait à la queue d'un remora un anneau d'un diamètre assez grand pour ne pas incommoder l'animal et assez étroit pour être retenu par la nageoire caudale : une corde très-longue tenait à cet anneau. Ces préparatifs achevés, on mettait le poisson dans un vase plein d'eau salée, et l'on voguait vers les parages fréquentés par les tortues. Aussitôt qu'on en voyait une endormie, on jetait le remora à la mer et on lui lâchait une longueur de corde égale à la distance qui séparait la tortue du canot. Il cherchait à s'échapper en nageant de tous côtés, et, en s'agitant ainsi, il finissait toujours par arriver sous le plastron de la tortue, où il se cramponnait avec force. Celle-ci se trouvait donc comme harponnée, et les pêcheurs n'avaient, pour s'en rendre maîtres, qu'à tirer la corde à eux.

TRENTE-DEUXIÈME LECTURE

La Nacre et les Perles.

Ce que c'est que la « nacre. » Sa composition. Animaux qui la fournissent. Origine des « perles fines. » Espèces animales qui produisent surtout les perles. Lieux où elles abondent le plus. Pêche des perles. Comment on prévient l'épuisement des bancs de perles. Ce qu'on entend par « l'eau » et « l'orient » des perles. Perles les plus estimées. Comment les perles se produisent. Possibilité d'établir des fabriques de perles fines. Industrie des Chinois et des Indiens : camées de nacre.

1. L'intérieur de la coquille de certaines huîtres est tapissé par une substance dure, brillante, à reflets irisés et chatoyants, qu'on appelle **nacre**. Cette substance est sécrétée[1] par l'animal sous forme de petites lames presque

1. *Sécréter*, produire, former au moyen d'une substance qui sort naturellement du corps.

parallèles, dont le nombre et la grandeur augmentent avec les progrès de l'âge. Les savants qui se sont occupés de l'étude de sa composition ont trouvé qu'elle est formée de carbonate et de phosphate de chaux[1], additionnés d'une très-petite quantité d'une matière animale gélatineuse.

2. Les huîtres qui fournissent la nacre appartiennent principalement aux genres avicule, haliotide et mulette. La plus renommée vient du golfe Persique et des mers qui baignent les côtes de l'Inde, de Ceylan, des Philippines, du Japon, de l'archipel Indien et de la Californie. Quand elle est détachée du reste de la coquille, elle se présente en écailles de différentes grandeurs, dont le diamètre maximum ne dépasse guère 22 centimètres, avec un diamètre d'environ 27 millimètres.

3. La nacre est surtout employée pour la tabletterie, la bijouterie et la marqueterie. On en fait des boutons, des grains de collier, des étuis, des jetons, des coupe-papier, des manches de couteau, de canif, etc. On l'emploie aussi en incrustations et en placage, sur les meubles de luxe et de fantaisie.

4. Ce que nous venons de dire de la nacre nous amène à parler des **perles fines**.

Les perles fines, ou *perles naturelles*[2], si recherchées comme objet de parure, sont produites par les mêmes animaux que la nacre et sont composées des mêmes matières. Elles ne diffèrent de celle-ci que par leur forme, qui est généralement globulaire, et par la disposition concentrique des lames qui les constituent. On les trouve toujours à l'intérieur de la coquille. Seulement, tantôt elles adhèrent à cette dernière ; tantôt, au contraire, elles sont entièrement libres dans les plis du manteau[3].

5. Toutes les huîtres qui produisent la nacre produisent

1. *Carbonate de chaux*, substance composée d'acide carbonique et de chaux. — *Phosphate de chaux*, substance composée d'acide phosphorique et de chaux.

2. Par opposition aux *perles fausses* ou *perles artificielles*, qui sont tout simplement des boules de verre, tantôt pleines, tantôt creuses, et, dans ce dernier cas, enduites intérieurement d'une substance fournie par les écailles d'un petit poisson de rivière appelé ablette, substance qui se nomme *essence d'Orient*.

3. Le *manteau* est la peau qui enveloppe le corps de l'animal, et à la surface de laquelle se développe la coquille.

également des perles. Néanmoins, celles chez lesquelles on rencontre surtout celles-ci sont des espèces des genres mulette et pintadine. On peut même dire que la plupart des perles qu'on trouve dans le commerce proviennent de la *pintadine perlière*, que plusieurs savants appellent *avicule* ou *aronde perlière*, et que l'on nomme vulgairement *mère aux perles* ou *huître à perles*.

6. C'est dans le golfe Persique et dans le détroit de Manaar, entre l'Inde et l'île de Ceylan, que la pintadine perlière est le plus abondante. Dans cette dernière localité, elle peuple un espace de plus de 50 kilomètres de longueur. Dans la première, les bancs s'étendent, sauf quelques interruptions, tout le long de la côte Persique et de la côte Arabique, mais les plus riches sont ceux des îles de Bahrein.

7. La pêche des perles a lieu partout à peu près de la même manière, mais à des époques différentes. Pour ne pas épuiser les bancs en les exploitant à la fois sur toute leur étendue, on les divise en un certain nombre de parties, sept ordinairement, qu'on livre successivement chaque année aux pêcheurs; de telle sorte que, lorsqu'on a exploité la dernière, les huîtres de la première ont eu le temps de se reproduire et d'acquérir un développement convenable. C'est au moyen de plongeurs que l'on retire les mollusques à perles du fond de la mer.

Pour donner une idée de la pêche des perles, nous allons décrire sommairement ce qui se passe dans le détroit de Manaar.

Dans cette partie de l'océan Indien, la pêche commence en février et finit en avril; mais, à cause du grand nombre de fêtes, elle ne dure pas plus d'une trentaine de jours. Les bateaux qu'on y emploie sont montés par vingt et un hommes, savoir: un patron, dix rameurs et dix plongeurs. Ils partent le soir, vers six heures, des îles voisines et des divers points du continent; et, la brise de la nuit portant vers la mer, ils arrivent sur les bancs d'huîtres avant le lever du soleil. Un coup de canon, tiré par le navire chargé de la police de la pêche, annonce le moment où celle-ci doit commencer et celui où elle doit finir.

Les plongeurs sont ordinairement divisés en deux groupes, de cinq hommes chacun, qui travaillent et se reposent alternativement. Ils suspendent au cou un filet pour recevoir les huîtres, et, afin d'accélérer leur descente dans l'eau, ils s'aident d'une grosse pierre attachée par une corde dont l'autre extrémité est amarrée au bateau. Une seconde corde, mais beaucoup plus mince, est attachée par un bout à leur bras gauche ou à leur ceinture, tandis que le bout opposé est tenu à la main par un camarade : elle sert à faire des signaux, principalement à indiquer le moment où le plongeur doit être remonté à l'aide de la corde à pierre ; car on conçoit qu'il lui serait impossible de revenir tout seul à la surface de l'eau une fois que son filet est rempli d'huîtres.

Au moment de se jeter à l'eau, chaque plongeur passe entre les doigts de son pied droit la corde à laquelle la pierre est attachée ; puis, saisissant la corde à signaux de la main droite et se bouchant les narines de la main gauche, il plonge en se tenant droit ou en s'accroupissant sur les talons. Arrivé au fond de l'eau, il s'empresse de ramasser et de jeter dans son filet les huîtres qui sont à sa portée ; et, au moyen de la corde à signaux qu'il n'a pas quittée, il indique le moment où l'on doit l'aider à remonter sa cargaison.

Les plongeurs ne peuvent pas rester sous l'eau plus de 40 à 50 secondes, mais ils recommencent cet exercice plusieurs fois dans la même matinée. Quand ils sont revenus dans le bateau, il arrive souvent que le sang leur sort par la bouche, le nez et les oreilles. Aussi deviennent-ils rarement vieux. Outre les horribles fatigues auxquelles ces malheureux sont exposés, ils ont encore à redouter les attaques des requins ; et ce n'est jamais sans la crainte de ce dernier danger qu'ils exercent leur périlleux métier.

La pêche cesse vers le milieu du jour, c'est-à-dire au moment où la brise change de direction et pousse vers la terre. A l'arrivée au port, les huîtres sont vidées sur des nattes étendues au fond de fosses creusées dans le sol, et on les abandonne à l'action de l'air et de la chaleur. Elles ne tardent pas à s'ouvrir et à se putréfier. Quand on juge la putréfaction assez avancée, on extrait les perles qu'elles peuvent contenir. Il ne reste plus alors qu'à laver celles-ci, après quoi on les classe suivant leur grosseur en les faisant passer par des cribles dont les trous ont des dimensions différentes.

8. Les perles ont une grosseur très-variable. Sous le rapport de la forme, elles sont très-souvent tout à fait rondes. Quelquefois, elles ressemblent à des petites poires plus ou moins allongées, ou bien elles sont biscornues, c'est-à-dire irrégulières. Quant à leur couleur, elle passe du blanc argenté au blanc jaunâtre ou au jaune d'or, ou même au noir bleuâtre. Il y en a aussi de roses, de bleues et de lilas.

9. La valeur des perles dépend de leur grosseur, de leur forme, de leur eau et de leur orient. On sait que, par l'*eau* d'une perle, on entend sa couleur, et par l'*orient* son chatoiement nacré. Les perles blanches, rondes, d'une transparence opaline et d'un bel orient, sont les plus estimées. Viennent ensuite celles qui sont en forme de poires, pourvu qu'elles aient la même couleur, la même transparence et le même éclat : c'est avec ces dernières qu'on fait les pendeloques. Quant aux perles biscornues, ou *baroques*, comme les appellent les joailliers, elles ne sont guère recherchées que par les amateurs de curiosités, et leur valeur est toute de fantaisie. Il en est de même des perles de couleur.

10. On n'est pas encore bien certain de la cause qui donne naissance aux perles. Tout néanmoins porte à croire que leur formation est due à une sécrétion morbide, c'est-à-dire à une accumulation de substances sorties du corps de l'animal pour réparer des pertes produites par une maladie, et que l'on pourrait comparer à une sorte de cicatrisation. C'est ce qui explique comment, à diverses époques, on a eu l'idée de forcer les huîtres perlières à produire à volonté des perles. Si, en effet, on perce la coquille d'un de ces animaux, le blessé, sentant le besoin de réparer le dommage fait à sa demeure, accumule, à l'endroit où elle est percée, la matière calcaire[1] que sécrète son manteau[2]. L'abondance

1. *Calcaire*, du latin *calx*, chaux. C'est qu'en effet, les coquilles des huîtres sont presque entièrement formées de carbonate de chaux, combinaison d'acide carbonique et de chaux. Aussi les emploie-t-on, dans plusieurs pays, pour la fabrication de la chaux.

2. Voy., sur ce qu'on appelle *manteau*, la note 3 de la page 187.

de cette matière produit alors une petite masse qui devient bientôt une véritable perle, et dont la forme et les dimensions paraissent dépendre du soin avec lequel l'opération est conduite.

Les Indiens et les Chinois paraissent avoir quelquefois recours à ce moyen pour se procurer des perles. Ces derniers s'en servent également pour produire des camées[1] de nacre d'une incomparable beauté. Disons sommairement comment ils procèdent.

Après avoir pêché l'huître, on l'ouvre avec précaution, on maintient l'écartement des valves[2] avec des coins de bois, puis, soulevant adroitement le manteau, on glisse dessous une petite lame de métal estampée[3]. On enlève ensuite les coins de bois, et l'on porte l'animal dans un parc[4] spécial où il continue à vivre comme à l'ordinaire. Seulement, au bout d'un certain temps, le manteau dépose une couche de matière nacrée sur la petite lame de métal, qui joue le rôle de moule. Sur cette couche s'en dépose une seconde, puis une troisième, et ainsi de suite jusqu'à ce qu'on juge que l'épaisseur de l'enveloppe nacrée est suffisante. On repêche alors la coquille, et l'on en extrait la plaque métallique, dont les dessins se trouvent fidèlement reproduits par la substance déposée.

1. On appelle *camée*, une pierre dure ou une coquille, qu'on a ornée d'un dessin en relief par les procédés de la gravure. Quand le dessin est en creux, l'objet se nomme *intaille*.

2. *Valve*, du latin *valva*, battant de porte. On appelle ainsi chacune des pièces dont se composent les coquilles, et qui, dans l'huître perlière, sont au nombre de deux, lesquelles jouent l'une sur l'autre comme les battants d'une porte.

3. *Estampée*, c'est-à-dire dans laquelle on a exécuté en creux le dessin ou la figure qu'on veut reproduire.

4. *Parc*. On appelle ainsi des espèces d'étangs où l'on dépose les huîtres pour les conserver et les élever.

TRENTE-TROISIÈME LECTURE

Le Caoutchouc et la Gutta-percha.

Le « caoutchouc ». Époque où il a été connu en Europe, pour la première fois. Son origine. Pays où on le trouve. Comment s'en fait la récolte. On a su très-tard en tirer sérieusement parti. Progrès contemporains de l'industrie du caoutchouc. Usages actuels du caoutchouc. Origine de la « gutta-percha. » Contrées qui la fournissent. Comment on se la procure. Ce qu'on en fait.

1. En 1736, plusieurs savants français se rendirent dans l'Amérique du Sud pour y faire des opérations qui devaient ensuite servir à déterminer la figure de la terre. Quelque temps après leur arrivée dans ce pays, ils envoyèrent à leurs confrères de l'Académie des sciences des échantillons d'une substance noirâtre que les Indiens retiraient du suc d'un grand arbre, et qu'ils employaient pour confectionner des torches. Un peu plus tard, en 1751, l'un d'eux, l'illustre la Condamine[1], qui avait étudié la nouvelle substance avec soin, apprit que les indigènes du nouveau monde en tiraient également parti pour imperméabiliser des tissus, ainsi que pour fabriquer des chaussures, des tuyaux, des jouets et une foule d'autres objets. C'est de cette époque que date la connaissance du caoutchouc en Europe.

2. Le **caoutchouc,** appelé vulgairement *gomme élastique,* se trouve en suspension dans un suc d'apparence laiteuse que fournissent plusieurs sortes d'arbres des contrées les plus chaudes de l'Amérique méridionale et des Indes orientales. Celui qu'on trouve dans le commerce provient généralement des forêts de la Guyane, du Brésil, de Buenos-Ayres, de Montévidéo, de Carthagène, de Java, de Sumatra, du pays d'Assam et de Singapore. Quelques parties de l'Afrique équatoriale, surtout le Gabon et Madagascar, en produisent aussi d'importantes quantités.

1. La Condamine (Charles-Marie), voyageur-naturaliste, né à Paris, en 1701, mort en 1774.

3. Mais, dans quelque pays qu'on le trouve, le caoutchouc se récolte à peu près partout de la même manière. De profondes incisions sont faites en spirale au tronc des arbres, et le suc qui en découle est reçu, tantôt dans des trous creusés dans la terre, tantôt dans des vases de forme et de nature très-variées, ou dans de grandes feuilles ployées en cornet, tantôt encore sur des planchettes munies de rebords. Une fois la récolte terminée, on abandonne la liqueur à elle-même; elle s'épaissit peu à peu par suite de l'évaporation de l'eau qu'elle renferme, et, quand celle-ci a disparu complétement, il ne reste plus qu'une matière solide et éminemment élastique, qui est le caoutchouc.

En procédant ainsi que nous venons de le dire, le caoutchouc est en masses plus ou moins volumineuses ou en plaques ou feuilles plus ou moins épaisses. Dans certains pays, on lui donne d'une manière fort simple la forme de poires ou de bouteilles. Pour cela, on fait d'abord un moule de terre glaise, dans lequel on enfonce une cheville de bois, afin de pouvoir le manier avec facilité. Le saisissant alors par cette espèce de manche, on l'enduit avec les doigts du suc laiteux. Quand cette première couche est complétement sèche, on en applique une nouvelle, et l'on continue ainsi jusqu'à ce que l'ont soit arrivé à l'épaisseur voulue. Ce résultat obtenu, on brise le moule de terre, et l'on en fait sortir les fragments par le trou qu'a produit l'arrachement de la cheville de bois.

4. Nous avons vu que l'introduction du caoutchouc en Europe a eu lieu un peu avant le milieu du siècle dernier. Toutefois, pendant longtemps, on ne sut s'en servir que pour effacer les traces du crayon de plombagine[1] sur le papier, et pour faire des balles à jouer. Ses applications industrielles ne commencèrent que vers 1790, époque à laquelle on essaya d'en fabriquer des courroies et des espèces de ressorts. Bientôt après, on fit quelques tentatives pour

1. *Plombagine.* C'est la substance avec laquelle on fabrique les crayons ordinaires, et qu'on appelle aussi « mine de plomb. » Malgré ces deux noms vulgaires, elle ne renferme aucune parcelle de plomb, car elle ne se compose que de charbon. Son nom véritable est *graphite*, du grec *graphô*, j'écris, qui lui a été donné pour indiquer l'usage principal qu'on en fait.

en confectionner des étoffes inperméables et des tuyaux, mais on n'obtint de produits d'un bon service qu'à partir de 1820. Enfin, une trentaine d'années plus tard, en ajoutant au caoutchouc une certaine quantité de soufre[1], on réussit à le débarrasser de défauts qui, jusqu'alors, en avaient limité l'emploi, et à lui communiquer des propriétés nouvelles qui le rendirent propre aux usages les plus variés.

5. L'extension prodigieuse qu'a reçue de nos jours l'industrie du caoutchouc est due à la sulfuration et à l'invention de machines ingénieuses qui ont été substituées partout au travail manuel. Les applications de cette substance sont si nombreuses qu'il faudrait un gros volume pour les décrire. Il nous suffira d'énumérer les plus importantes. A l'état liquide ou pâteux, elle constitue des colles et des enduits pour le graissage des machines, le collage des meubles et des livres, l'assainissement des habitations, etc. A l'état solide, on en fait des rouleaux d'imprimerie, des courroies et des ressorts pour les machines, des instruments de chirurgie, des tampons de locomotives, des fils, des chaussures, des étoffes de toute espèce, etc. Enfin, en la travaillant d'une certaine façon, on lui donne la dureté du marbre, et on l'emploie à la fabrication d'une multitude d'objets de tabletterie, où elle remplace, quelquefois avec avantage, la corne, l'écaille et l'ébène.

6. Presque à la même époque que l'invention du caoutchouc sulfuré, l'industrie d'Europe fut dotée d'une autre précieuse substance d'origine végétale, la **gutta-percha**.

Cette substance existe dans la séve d'un grand arbre, qui croît dans toute l'Asie équatoriale, surtout à Singapore, à Bornéo et dans les autres îles malaises. Elle se récolte et se travaille à peu près de la même manière que le caoutchouc. Enfin, à presque toutes les propriétés de ce dernier, elle en joint de particulières qui la font employer dans une foule de circonstances où il serait inapplicable. Tout le

1. Le nom de *volcanisation* a été donné à cette opération pour rappeler l'origine volcanique du soufre. Aujourd'hui, on remplace souvent ce nom par celui de *vulcanisation*, de Vulcain, dieu du feu chez les anciens, parce que, dans le plus grand nombre des cas, on incorpore le soufre au caoutchouc à l'aide du feu.

monde sait, par exemple, les services qu'elle rend à la télégraphie électrique, pour l'établissement des câbles souterrains et des câbles sous-marins, non-seulement comme préservatif de l'humidité, mais encore parce qu'étant un corps mauvais conducteur de l'électricité, c'est-à-dire la transmettant très-difficilement, elle empêche ce fluide de s'échapper.

TRENTE-QUATRIÈME LECTURE

Les Textiles.

Ce qu'on entend par « textiles. » Substances de ce genre qu'on emploie en Europe. — La « laine, » propriétés de ce textile. Son utilité. Ancienneté de son application au tissage. Animal qui la fournit. Variations qu'elle présente en qualité et en quantité. Division commerciale des laines. Ce que c'est que le « cachemire. » Usages du « poil de chèvre, » du « poil d'alpaca, » du « poil de chameau, » — La « soie. » Origine de cette substance. Formation du « cocon. » Volume et rendement des cocons. Comment on les classe dans l'industrie. Leur récolte. Épidémie des vers à soie. Efforts pour y remédier. — Le « chanvre. » Il réussit dans les climats les plus divers. Notions sur sa culture et sur la nature de ses filaments. Ancienneté de son emploi. — Le « lin. » Climats qui lui conviennent le mieux. Particularités de sa culture. Nature de ses filaments. Leur classification commerciale. Ancienneté de leur emploi au tissage. — Le « coton. » Origine de ce textile. Notions sur le « cotonnier. » Classification commerciale des cotons. Le « roi des cotons. » Première mention du coton et de ses usages. Notions sur les développements de l'industrie cotonnière. Son importance actuelle.

On appelle **textile** toute substance qui peut être transformée en filaments propres à la fabrication des étoffes. Les tiges de la plupart des végétaux et les poils d'un très-grand nombre d'animaux se prêtent à cette transformation. Néanmoins, l'industrie a fait des choix très-restreints parmi ces diverses matières. Ainsi, en Europe, elle emploie presque exclusivement la *laine*, la *soie*, le *chanvre*, le *lin* et le *coton*. Dans les autres parties du monde, on ajoute à ces produits naturels un petit nombre de plantes qui appartiennent surtout aux pays chauds.

I. **Laine**. — 1. La *laine* est un des textiles qui réunissent de la manière la plus complète les propriétés que l'on recherche dans la confection des tissus. Sa finesse, sa douceur, son élasticité, sa résistance et sa faible conductibilité de la chaleur, c'est-à-dire la difficulté avec laquelle elle la transmet, concourent à donner aux étoffes la légèreté, la souplesse, la solidité et les qualités hygiéniques[1] nécessaires aux vêtements. En outre, elle reçoit avec une extrême facilité les teintures les plus solides et les plus variées, comme aussi elle se marie admirablement avec la soie et le coton, toutes choses qui ne contribuent pas peu à en étendre l'usage. Dans les régions tempérées, à plus forte raison dans les pays froids, les tissus de laine sont indispensables à la santé. Cette vérité a été comprise de très-bonne heure, et c'est pour cela que l'industrie qui met en œuvre cette matière est une des plus anciennes et des plus répandues. Aujourd'hui, on travaille la laine de façon à l'accommoder à toutes les exigences : on en fabrique les articles les plus divers, depuis ces draps forts et épais dont s'enveloppent, pendant l'hiver, les hommes soucieux de leur conservation, jusqu'à ces fines étoffes qui rivalisent en légèreté avec les mousselines de coton, depuis ces châles qui valent plusieurs milliers de francs, jusqu'à ces draps à vil prix obtenus avec la *renaissance*, c'est-à-dire avec des fils provenant de l'effilochage de vieux tissus hors d'usage.

2. La laine est fournie par le mouton, mais elle varie en qualité et en quantité suivant une foule de circonstances, telles que la race et la santé de l'animal, le climat où il est élevé, la nourriture qu'on lui donne, les soins dont on l'environne. Le poids d'une toison oscille entre un kilogramme et demi et huit kilogrammes, et ses filaments ont une longueur de huit à trente centimètres. Quant à la finesse, ou diamètre du brin, elle diffère de vingt-sept à dix-huit mil-

1. L'*hygiène*, du grec *hygiéia*, santé, est la partie de la médecine qui s'occupe spécialement de la conservation de la santé. Par conséquent, une chose est « hygiénique » quand elle possède les propriétés que réclame la conservation de la santé.

lièmes de millimètre, de façon qu'une surface d'un millimètre de diamètre pourrait contenir trente-sept à cinquante filaments. En général, la finesse est en raison inverse de la longueur, tandis qu'elle est directement proportionnelle au nombre de frisures et, par conséquent, à l'élasticité des brins.

3. Dans la pratique industrielle, on divise toutes les laines en deux grandes catégories, en *laines courtes* ou *laines à carde* et en *laines longues* ou *laines à peigne*. Les premières comprennent les laines dont la longueur des filaments ne dépasse pas douze centimètres, et les secondes celles dont la longueur est comprise entre douze et trente centimètres. Les laines courtes servent à la confection des draperies, des étoffes de fantaisie et des tissus pour ameublements. Quant aux laines longues, c'est avec elles qu'on fabrique les étoffes rases et moelleuses, telles que les châles, les mousselines de laine, les flanelles, les stofs. En moyenne, la matière première entre pour moitié dans le poids des draperies, et seulement pour un tiers ou un quart dans celui des étoffes rases.

4. Aux laines se rattache le *cachemire*, ou duvet des chèvres du Thibet, avec lequel on fabrique les célèbres tissus qui portent le même nom. N'oublions pas les *poils* d'*alpaca* et ceux de *chèvre d'Angora*. Les premiers donnent des étoffes légères qui se distinguent par le brillant de la surface et le moelleux du toucher. Les seconds, au contraire, fournissent des étoffes à la fois brillantes et roides. Enfin, le *poil de chameau* est employé pour faire différentes variétés de draps aussi remarquables par leur souplesse que par leur chaleur et leur imperméabilité à l'eau.

II. **Soie.** — 1. On sait que la *soie* est produite par une chenille qui vit sur le mûrier blanc, et qu'on appelle vulgairement *ver à soie*[1] (*fig.* 31). Elle sort du corps de l'animal par deux petits trous ou filières, en deux brins séparés qui, en se réunissant, forment le fil de soie.

2. Disons sommairement comment cette chenille file la

1. Voy., page 153, pour l'introduction du mûrier en Europe, et page 162, pour celle du ver à soie.

précieuse matière. Quand elle est parvenue à un certain développement, elle éprouve le besoin de se débarrasser de la soie qu'elle a élaborée. Prenant alors quelques points d'appui, sur des branches de bruyères ou autres qu'on lui présente, elle y attache l'extrémité du fil qu'elle fait sortir de ses filières, de façon à produire un canevas grossier dont les mailles sont assez irrégulièrement entre-croisées. Ce canevas, que l'on nomme *bourrette*, est une espèce d'échafaudage uniquement destiné à servir d'abri à l'animal et à soutenir son enveloppe de soie proprement dite, ou le *cocon*. On

Fig. 31. — Ver à soie.

peut considérer celui-ci, dit le professeur Alcan, comme une espèce de cosse de forme ovoïde, dont les parois se composent de couches de fils de soie superposées et maçonnées, comme le sont certains nids d'oiseaux, si ce n'est que les cocons sont fermés de toutes parts. On conçoit que le ver n'a pu obtenir une cuirasse aussi régulière qu'en disposant les couches uniformément autour de lui, concentriquement, en commençant par les couches extérieures. Ainsi, après avoir disposé la bourrette, il vient tapisser contre elle sa première couche de soie, ou surface extérieure, laquelle n'adhère à la bourrette que par un petit nombre de points. Cette première couche étant terminée, il en forme immédiatement une seconde, et il continue ainsi jusqu'à ce qu'il ait complétement épuisé sa provision de soie. Il se transforme alors, d'abord en chrysalide, puis en papillon[1].

3. Le volume et le rendement des cocons sont très-variables. Dans tous les cas, ces derniers se composent d'un fil unique, qui est continu de la surface au centre, mais qui va en s'amincissant d'une extrémité à l'autre. Quand le papillon perce le cocon, le fil se trouve nécessairement coupé en une foule d'endroits : c'est pour prévenir cet inconvénient qu'on a soin de faire périr les chrysalides avant qu'elles deviennent papillons, et de ne laisser subir tranquillement cette transformation qu'à celles qui sont nécessaires à la reproduction de l'espèce. On estime à plus de neuf cents mètres la longueur du fil d'un cocon de grosseur ordinaire ; mais, dans l'état actuel de l'industrie, un tiers au moins ne peut être dévidé sans interruption. Cette partie de fil qui échappe au dévidage continu est formée par les premières couches et par les dernières.

4. Quoiqu'il n'existe pas moins de trente variétés de cocons, provenant d'un égal nombre de races de vers à soie ; dans le commerce, on ne tient généralement compte que de la couleur et du rendement. Les cocons blancs fournissent une qualité de soie supérieure à celle des cocons jaunes, et d'une blancheur plus franche que celle de la soie jaune artificiellement décolorée. Quant au rendement, il est moyennement de dix à dix-huit pour cent, c'est-à-dire que cent kilogrammes de cocons en donnent dix à dix-huit de soie.

5. Dans nos climats, la récolte de la soie n'a lieu qu'une fois chaque année, parce qu'on ne peut obtenir qu'une seule poussée de feuilles de mûrier et, par suite, qu'une seule éducation de vers à soie. Dans les pays, au contraire, tels que la Chine, où le mûrier renouvelle son feuillage deux ou trois fois pendant la même saison, on fait pendant l'été plusieurs éducations successives, par conséquent, un égal nombre de récoltes de soie.

6. Ainsi que nous l'avons dit dans une précédente lecture, la production de la soie a été introduite en Europe

1. Voy., sur les changements que subit la forme des insectes, la note de la page 131.

vers le milieu du VIe siècle de notre ère. Elle est devenue peu à peu un des principaux revenus des pays qui ont pu s'y livrer. Malheureusement depuis plusieurs années, elle se trouve compromise par l'invasion de diverses maladies qui, on ignore comment, sont venues frapper épidémiquement le ver à soie. Afin de la relever, deux sortes d'essais ont lieu partout avec une remarquable persévérance : les uns cherchent un remède propre à guérir la précieuse chenille, tandis que les autres rivalisent d'efforts, soit pour renouveler les races européennes au moyen de graines[1] tirées à grands frais de la Chine et du Japon, où la contagion ne paraît pas avoir pénétré, soit pour introduire des races étrangères plus rustiques que le ver du mûrier, et que l'on suppose pouvoir, avec des soins convenables, produire de la soie d'excellente qualité.

III. **Chanvre**. — 1. De même que la plupart des végétaux qui sont pour l'homme d'une utilité de premier ordre, le *chanvre* peut, non-seulement vivre, mais encore prospérer sous les climats les plus divers, aux latitudes les plus différentes. En effet, comme il naît, croît et mûrit en trois ou quatre mois, il est possible, dans presque tous les pays, de trouver une saison qui présente une somme de chaleur assez grande pour lui permettre de se développer complétement.

2. Le chanvre (*fig.* 32) est une plante essentiellement épuisante. Toutefois, contrairement au lin, qui ne peut réussir dans le même terrain qu'à d'assez longs intervalles, il jouit de la propriété, peu commune, de pouvoir être cultivé tous les ans sur le même sol sans rien perdre de ses qualités. Aussi est-il la ressource de la petite culture, et, dans les exploitations de plus d'étendue, est-il généralement d'usage de réserver un champ qu'on appelle *chènevière*, et dans lequel on récolte chaque année du chanvre.

3. Le chanvre donne des filaments plus lourds, plus grossiers, mais aussi plus résistants que ceux du lin. C'est ce qui explique pourquoi les tissus qu'on en fait sont rudes et dépourvus de souplesse. D'un autre côté, il est éminem-

1 *Graines*. On appelle vulgairement ainsi les œufs de ver à soie.

ment propre à la fabrication des cordages et à celle des fortes toiles nécessaires à la marine à voiles.

4. Aussi loin qu'on remonte le cours des âges, on trouve le chanvre employé par l'art du cordier. Quant à son appli-

Fig. 32. — Chanvre femelle (1); chanvre mâle (2).

cation au tissage, elle paraît avoir suivi d'assez loin celle de la plupart des autres textiles, à cause de certaines difficultés que présente sa transformation en fils et qu'on n'a su vaincre que fort tard. Dans tous les cas, les anciens arrivèrent à le travailler avec autant d'habileté que le font les modernes. Ainsi, du temps d'Hérodote[1], mort environ 407 ans avant Jésus-Christ, les tisserands de la Thrace[2] savaient en fabri-

1. Hérodote, célèbre historien grec, né l'an 484 avant Jésus-Christ, à Halicarnasse (Asie Mineure), mort vers l'an 407.

2. L'ancienne Thrace correspond à la partie de la Turquie d'Europe qui comprend les eyalets d'Andrinople et de Silistrie.

quer des toiles qui, pour la finesse, pouvaient être confondues avec celles de lin.

IV. **Lin.** — 1. Comme le chanvre, le *lin* (*fig.* 33) réussit dans les pays les plus divers; néanmoins, ce sont les climats tempérés qu'il préfère. C'est une plante très-épuisante, et que, pour ce motif, il n'est pas bon de cultiver deux ans de suite dans le même sol.

Fig. 33. — Lin cultivé.

2. Les terres qui conviennent le mieux au lin sont les terres glaises, profondes, fermes et un peu humides. Telles sont celles de la Zélande. Aussi, est-ce de cette province que les Hollandais tirent le lin de leurs plus belles toiles, et ils gardent, pour les qualités ordinaires, celui que produit le sol léger et sablonneux de leur propre pays.

3. Le lin donne des filaments forts, nerveux, souples et doux au toucher, que l'industrie transforme en fils capables de produire, depuis des toiles communes à 1 franc le mètre, jusqu'à ces magnifiques batistes françaises qui sont sans rivales à l'étranger, et dont le mètre coûte plus de 20 francs. On en obtient aussi ces fils délicats qui servent à faire la plus riche dentelle, et dont la finesse est si merveilleuse qu'il en faut plus de 200 kilomètres pour former le poids d'un kilogramme.

4. Dans le commerce, on divise tous les lins, suivant la couleur, en blancs et gris. Les blancs sont les plus estimés, et ils comprennent les nuances blondes. On opère ensuite, dans les uns et dans les autres, plusieurs choix afin d'obtenir les qualités dites *lin de fin*, *lin moyen* et *lin tétard* ou *lin de gros*. Le lin de fin est la réunion des plus beaux brins des variétés blanches : c'est le plus parfait de tous, par conséquent, celui qu'on emploie pour les tissus les plus pré-

cieux. Le lin moyen est formé avec les lins blancs de second choix et les lins gris de la plus belle apparence. Enfin, le lin têtard se compose des brins les plus communs des lins de toute nuance.

5. Les bandelettes de lin trouvées dans des tombeaux égyptiens, où elles ont été déposées 4 ou 5,000 ans avant notre ère, prouvent matériellement la haute antiquité de l'usage de ce textile. Nous savons, en outre, par les Livres saints et le témoignage des auteurs profanes, qu'aux yeux de plusieurs peuples, surtout des Hébreux et des Égyptiens, les tissus de lin passaient pour les plus purs, par conséquent pour les plus convenables à la confection des ornements et des vêtements sacerdotaux. Au reste, malgré la simplicité de leurs moyens de travail, les anciens réussissaient à produire une nombreuse variété d'étoffes de lin, depuis les plus communes jusqu'à ces toiles transparentes, analogues à nos fines batistes, qui, suivant les poëtes, semblaient « tissues de vent. »

V. **Coton.** — 1. Le *coton* est le duvet filamenteux qui entoure les graines d'un végétal appelé vulgairement *cotonnier* (*fig.* 34). Ces graines sont renfermées dans une cosse ou capsule à peu près grosse comme une aveline. A l'époque de la maturité, cette cosse s'entr'ouvre, et il s'en échappe des flocons de duvet, que l'on cueille avec les graines, sauf à les isoler plus tard à l'aide de machines spéciales.

2. Le cotonnier a pour patrie primitive l'Asie méridionale et les contrées les plus chaudes du nouveau monde; mais, à diverses époques, on l'a introduit dans tous ceux des autres pays dont le climat a été reconnu pouvoir lui convenir. Actuellement, c'est aux États-Unis, au Brésil, en Égypte et dans l'Inde qu'on le cultive sur l'échelle la plus considérable. Ce végétal renferme de nombreuses espèces ou variétés. Plusieurs sont de simples plantes annuelles[1] qui ne s'élèvent pas au delà de 50 à 60 centimètres. D'autres sont des

1. On nomme *plantes annuelles* celles qui naissent et meurent dans l'année; *plantes bisannuelles*, celles qui vivent deux ans; et *plantes vivaces*, celles qui vivent plus de trois ans. Le blé, le maïs, la canne à sucre sont des plantes annuelles, tandis que le chou et la carotte sont des plantes bisannuelles, et le chêne, l'olivier, l'asperge, des plantes vivaces.

arbustes qui atteignent 1 mètre et demi et 2 mètres. Enfin, il en est qui, vrais arbres, arrivent parfois jusqu'à une hauteur de 7 à 8 mètres. La plupart demandent un sol sec et sablonneux. En outre, c'est sur les bords de la mer, là où l'in-

Fig. 34. — Branche de cotonnier.

fluence saline se fait sentir, que les cotonniers donnent les meilleurs produits.

3. Les filaments des divers cotons diffèrent en longueur, en souplesse, en force et en élasticité. Toutefois, dans le commerce, on les classe en s'attachant uniquement à la longueur, parce que ce caractère essentiel est généralement en rapport avec les autres qualités, c'est-à-dire que les cotons les plus longs sont aussi les plus souples, les plus forts et les plus élastiques : de là, la division en *cotons à longues soies* et en *cotons à courtes soies*.

4. Le coton le plus remarquable, celui qu'on appelle le « roi des cotons, » appartient à la classe des longues soies. C'est le célèbre *géorgie longue soie*, nommé par les Anglais,

sea islands cotton, c'est-à-dire coton des îles de la mer, qui est principalement fourni par la portion de la côte des États-Unis située entre Savannah, en Géorgie, et Charleston, dans la Caroline du Sud.

5. C'est dans les œuvres d'Hérodote[1], mort vers l'an 407 avant Jésus-Christ, qu'il est question du coton pour la première fois. « Les Indiens, y lit-on, possèdent une sorte de plante qui, au lieu de fruits, produit une laine plus belle et plus douce que celle des moutons, et dont ils font leurs vêtements. » A cette époque, le coton était encore inconnu dans les contrées voisines de l'Inde. Peu à peu cependant, la culture du cotonnier franchit les limites où elle avait été jusqu'alors renfermée, et pénétra, d'une part, dans l'empire chinois, d'autre part, vers l'occident de l'Asie. Quelques années avant notre ère, elle existait à l'entrée du golfe Persique, d'où elle ne tarda pas à s'étendre en Syrie et dans la vallée du Nil. Au VIIe siècle et au IXe, les Arabes l'introduisirent d'abord dans l'Afrique du nord, puis dans les provinces méridionales de l'Espagne, où s'élevèrent bientôt des manufactures qui parvinrent à un haut degré de prospérité. Au XIVe siècle, l'industrie cotonnière fut importée dans l'empire grec, et en Italie. Enfin, au siècle suivant, lors de leurs premiers voyages de découvertes, les Portugais la trouvèrent florissante sur la côte occidentale d'Afrique, et les Espagnols au Mexique, au Pérou et aux Antilles, où elle existait de temps immémorial.

6. Nous venons de voir que l'industrie du coton en Europe date du moyen âge, et qu'elle a fait ses débuts en Espagne. Ce n'est cependant qu'au XVIIe siècle qu'elle a commencé à devenir importante, et à l'Angleterre appartient la gloire d'avoir donné le signal du progrès. « Ce pays n'avait encore employé que les cotonnades de l'Inde, quand, dans les premières années du XIVe siècle, des navires vénitiens et génois y apportèrent quelques balles de coton, les premières qu'on y ait vues. On ne sut d'abord tirer aucun parti de ce textile, et l'on se con-

1. Voy. la note 1 de la page 201.

tenta d'en faire des mèches; mais, vers 1430, des tisserands de Chester et de Lancastre eurent l'idée d'en fabriquer des futaines, et cet essai ayant réussi, une nouvelle branche d'industrie se trouva fondée. Cette industrie fut tellement encouragée par le gouvernement, qu'au milieu du XVIIe siècle il n'y avait pas une paroisse qui ne possédât quelque métier à tisser pour occuper la partie pauvre de la population pendant l'hiver. Les fabriques anglaises n'avaient encore travaillé que le coton du Levant, lorsque, dans le courant de 1774, les cotonnières américaines firent leurs premiers envois. Presque en même temps l'invention de la filature et du tissage mécaniques, qui fut une conséquence de l'abondance de la matière première, et l'application de la machine à vapeur aux métiers à filer et à tisser, vinrent donner au travail du coton cet élan inouï qui en a fait depuis la plus considérable des industries textiles [1]. »

7. Aujourd'hui, comme autrefois, l'Angleterre est à la tête de l'industrie cotonnière. Après elle, viennent les États-Unis et la France, puis la Russie, l'Autriche, etc. En 1851, on estimait à plus de 5 millions le nombre des personnes occupées par les manufactures de tissus de coton, et à plus de 3 milliards de francs la valeur des produits qu'elles livraient annuellement à la consommation. En 1861, ces mêmes manufactures mirent en œuvre, en Europe seulement, 850 millions de kilogrammes de matière première, dont les 8 dixièmes venaient des États-Unis, et les 2 autres dixièmes des Indes, de l'Égypte, du Brésil et de diverses contrées de l'Asie et de l'Amérique. Sur cette masse énorme, l'Angleterre en absorba à elle seule 630 millions de kilogrammes, tandis que la consommation de la France n'atteignit pas 124 millions.

1. Voy., sur ces diverses inventions, notre HISTOIRE DE L'INDUSTRIE.

TRENTE-CINQUIÈME LECTURE

Les Métaux.

Utilité des « métaux. » Rôle qu'ils jouent dans l'histoire de la civilisation. Ancienneté de la découverte des métaux : Tubal-Caïn et la Genèse. Habileté des anciens dans le travail des métaux. Ils n'en connaissaient qu'un petit nombre. Acquisitions modernes. Métaux véritablement industriels. Principales propriétés des métaux : ductilité, malléabilité, ténacité, fusibilité, dureté, inaltérabilité; parti qu'en tire l'industrie. Origine et utilité des « alliages. » Comment les métaux se rencontrent dans la nature. Ce qu'on appelle « mines. » Exploitation des mines. Quel est le plus utile et le plus précieux des métaux?

1. Il est peu de substances qui offrent autant d'intérêt que les **métaux**. En raison du nombre infini d'usages auxquels ils sont propres, on peut les regarder comme l'âme de toutes les sciences, de tous les arts, de toutes les industries. Seulement, suivant les circonstances, ils servent à détruire ou à édifier, à faire réussir le bien ou à faire triompher le mal. Dans tous les cas, leur utilité est si grande, leur emploi si indispensable, que, sans eux, la civilisation s'arrêterait dans sa marche, et que, si nous venions à les perdre, nous ne tarderions pas à retomber dans cet état de barbarie et de misère où sont plongées ces peuplades sauvages de l'Océanie, qui n'ont encore pour armes ou instruments de travail que des pierres ou des os grossièrement emmanchés[1]. « Les métaux, a dit un illustre chimiste, sont des corps qui ont, d'un côté, rendu de si grands services à l'humanité, et de l'autre, ont produit tant de malheurs, qu'ils annoncent, d'une part, l'industrie des peuples et tiennent à la perfectibilité de la raison humaine, tandis que, de l'autre, témoins et presque auteurs de sa

1. Ces peuplades sont dans ce qu'on appelle l'*âge de pierre*, c'est-à-dire à cette époque de l'histoire des nations où, les métaux étant inconnus, on est réduit à se servir des pierres résistantes et des os des animaux pour fabriquer les armes et les outils. Tous les peuples ont eu leur âge de pierre. C'est à cet âge qu'appartiennent ces haches et ces couteaux de silex, ainsi que ces os travaillés, que l'on rencontre en si grande abondance dans les grottes ou simplement dans le sol de presque tous nos départements.

dépravation, ils deviennent souvent la mesure de tous les maux qui affligent les nations. »

2. La connaissance des métaux remonte à une époque excessivement reculée. Ainsi, la Genèse nous représente Tubal-Caïn, le huitième homme après Adam, comme un ouvrier très-habile à travailler le cuivre et le fer. Nous savons aussi, par les Livres saints et les monuments, que les Égyptiens, les Assyriens, les Phéniciens et les Hébreux, exploitaient les mines et en appliquaient les produits aux mêmes usages que nous. Des témoignages non moins irrécusables établissent que les Indiens et les Chinois étaient peut-être encore plus avancés. Les uns et les autres n'employaient pas seulement les métaux à l'état métallique; ils tiraient également parti de plusieurs de leurs composés. Enfin la dorure, l'argenture, l'étamage, la fabrication des émaux et des alliages, les procédés de la fonte, de la trempe, de la soudure, de l'estampage, etc., leur étaient des plus familiers. Plus tard, les Grecs et les Romains héritèrent de tous les progrès accomplis par leurs devanciers, et les enrichirent de leurs propres inventions.

3. Toutefois, malgré leurs efforts, les anciens ne possédèrent jamais qu'une métallurgie[1] très-élémentaire, ce qui ne leur permit d'utiliser qu'une très-faible partie des richesses que la terre leur mettait en quelque sorte sous la main. De plus, ils ne connurent qu'une dizaine de métaux. L'or, l'*argent*, le *fer*, le *cuivre*, le *plomb*, le *mercure* et l'*étain* furent seuls connus de tous les peuples que nous venons de nommer. Les Chinois y joignirent le *nickel* et le *zinc*, que les Européens n'ont découvert qu'à une époque pour ainsi dire récente[2].

1. *Métallurgie*, du grec *métallourgéô*, exploiter les métaux. On appelle ainsi l'art d'extraire les métaux de leurs minerais et de les obtenir dans le plus grand état de pureté possible.

2. Le *nickel* a été découvert, en 1752, par le minéralogiste suédois Cronstedt ; mais le minerai qui le renferme avait été signalé, dès 1692, par un autre savant de la même nation, le métallurgiste Hierne. Quant au *zinc*, il en est question pour la première fois dans les ouvrages de l'évêque allemand Albert le Grand, né vers 1205, mort en 1280 ; c'est le médecin suisse Paracelse, né en 1493, mort en 1541, qui l'a décrit le premier sous son nom actuel, car auparavant on le confondait avec l'étain.

4. Aux métaux des anciens, les modernes en ont ajouté une quarantaine de nouveaux. Aujourd'hui, nous en possédons environ cinquante ; mais, sur ce nombre, ceux qui reçoivent des applications véritablement importantes ne dépassent pas quinze. Encore même, n'y en a-t-il que dix qui puissent être employés seuls ; ce sont l'*or*, l'*argent*, le *platine*[1], le *cuivre*, le *zinc*, le *mercure*, le *plomb*, l'*étain*, le *fer* et l'*aluminium*[2]. Il n'est possible de tirer parti des autres, le *nickel*, le *bismuth*, l'*antimoine* et l'*iridium*[3], qu'à l'état d'alliage, expression dont nous dirons bientôt la signification.

5. A l'exception du mercure, qui est liquide à la température ordinaire, tous les métaux sont solides ; ils doivent leurs nombreux usages à certaines propriétés précieuses qu'ils possèdent à divers degrés, et dont les principales sont : la ductilité, la malléabilité, la ténacité, la fusibilité, la dureté et l'inaltérabilité.

A. La *ductilité* est la propriété de pouvoir être réduit en fils. Le platine est le métal qui la présente au plus haut degré. L'argent vient immédiatement après. On trouve ensuite, et successivement, le fer, le cuivre, l'or, l'aluminium, etc. C'est en tirant parti de cette propriété que l'on fabrique les fils de fer de la télégraphie électrique, les fils d'or et d'argent pour les galons et les épaulettes, les cordes de laiton et d'acier pour les pianos, etc.

On appelle *banc à tirer* (*fig.* 35) la machine au moyen de laquelle on obtient les fils métalliques. Cette machine se compose essentiellement d'une *filière*, c'est-à-dire d'une plaque d'acier E solidement fixée entre deux mon-

1. Vaguement indiqué, en 1557, par l'érudit italien Jules-César Scaliger, le *platine* a été signalé d'une manière précise, d'abord, en 1740 ou 1741, par l'Anglais Charles Wood, puis, en 1748, par l'Espagnol don Antonio de Ulloa.

2. Découvert, en 1827, par le chimiste allemand Wœhler, l'*aluminium* a été obtenu, pour la première fois, à l'état pur, en 1854-1856, par le chimiste français Sainte-Claire Deville.

3. La découverte du *bismuth* et de l'*antimoine* est généralement attribuée à Basile Valentin, chimiste du XVe siècle, sur la vie duquel on ne possède aucun renseignement précis, et que, pour ce motif, plusieurs historiens regardent comme un personnage imaginaire. La connaissance de l'*iridium* date de 1803 ; on la doit aux chimistes Descotils et Smithson-Tennant.

tants verticaux, et percée de plusieurs trous de grandeur décroissante.

Après avoir réduit le métal en une baguette très-mince, on en introduit une extrémité dans le trou le plus grand,

Fig. 35. — Banc à tirer.

puis, saisissant avec une pince la partie qui dépasse de l'autre côté de la plaque, on la tire à soi avec force. On conçoit que la baguette ne peut passer qu'en s'allongeant beaucoup. Ce premier passage effectué, on en opère successivement plusieurs autres en se servant chaque fois d'un trou plus petit, et l'on continue ainsi jusqu'à ce que la finesse du fil arrive au degré voulu.

Quand le fil est très-long, on l'enroule sur un tambour B, qu'un engrenage R fait tourner, et c'est ce tambour qui, remplaçant la pince dont nous venons de parler, force le fil D à traverser la filière. Comme le montre la figure, cet engrenage R reçoit le mouvement d'une roue C, qui le reçoit elle-même d'une machine à vapeur ou de tout autre moteur.

B. Par *malléabilité*, on entend la propriété de pouvoir s'amincir sous le choc du marteau ou sous l'action des cylindres lamineurs. Ici, le même métal occupe un rang différent selon celui des deux instruments qu'on a particulièrement en vue. Ainsi, par exemple, l'or, qui occupe le premier rang, quand il s'agit du laminoir, n'est qu'au troisième lorsqu'il est question du marteau. Chaque jour, on met à profit cette propriété pour obtenir les feuilles d'or qu'emploient les doreurs, les feuilles d'étain avec lesquelles on enveloppe le chocolat, les lames de tôle nécessaires aux ateliers de chaudronnerie, les plaques destinées à former la cuirasse des navires de guerre, etc.

Nous venons de parler du *laminoir*. Cette machine (*fig*. 36) consiste en deux cylindres ou rouleaux d'acier *ab*, qui tournent en sens inverse au moyen de la manivelle *c* et de l'engrenage *e*. Quand on fait passer une plaque métallique entre les deux cylindres, elle se comprime fortement, s'étend et s'amincit. Après un premier passage, on rapproche les cylindres en manœuvrant la vis *d*, et l'on engage de nouveau la plaque dans l'intervalle qui les sépare. On répète la même opération jusqu'à ce qu'on juge la feuille de métal assez mince.

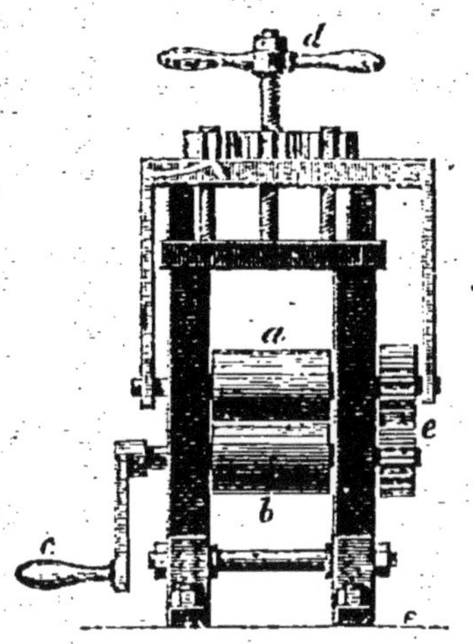

Fig. 36. – Laminoir.

Les laminoirs des grandes usines sont beaucoup plus compliqués que celui que nous venons de décrire, mais ce que nous disons ici suffit pour faire comprendre comment les appareils de ce genre sont essentiellement disposés et comment ils fonctionnent.

C. La *ténacité* est la résistance à la rupture ou à l'écartement. Sous ce rapport, le fer est le premier de tous les métaux. Le cuivre vient après lui, puis, successivement, le platine, l'argent, l'or, etc. C'est à cause de son extrême ténacité que le fer est universellement employé pour la fabrication des câbles métalliques en usage dans les mines et dans l'art des constructions.

D. Sous le nom de *fusibilite*, on désigne la propriété qu'ont les métaux de se liquéfier par la chaleur, c'est-à-dire de passer de l'état solide à l'état liquide. L'étain, le plomb et le zinc entrent en fusion à des températures relativement très-basses, tandis que le platine résiste aux feux de forge les plus violents.

E. La *dureté* est la propriété de ne pouvoir être entamé

que difficilement par d'autres corps. Le plomb possède cette propriété d'une manière si imparfaite que l'ongle le raye sans peine, tandis que l'acier trempé[1], malgré sa dureté, qui permet de s'en servir pour travailler le marbre et la plupart des autres métaux, est lui-même rayé par le manganèse.

F. Certains métaux s'altèrent spontanément au contact de l'air humide. D'autres, au contraire, résistent parfaitement à cette cause de destruction. Le fer est dans le premier cas. Le zinc, le cuivre, l'or, l'argent, sont dans le second. Voilà pourquoi, quand on veut prolonger la durée des objets de fer exposés aux variations atmosphériques, on les recouvre d'une mince couche de zinc, opération qui constitue le *zincage*. Il existe aussi des métaux que les acides attaquent avec une extrême facilité, en donnant lieu à des composés vénéneux. De ce nombre sont le cuivre, le plomb et le zinc, qu'il est, pour ce motif, imprudent d'appliquer à la fabrication des ustensiles de cuisine. Toutefois, on peut les rendre inoffensifs, en les doublant à l'intérieur d'un métal dépourvu de toute propriété malfaisante. C'est pour obtenir ce résultat que l'on *étame* les vases de cuivre, c'est-à-dire qu'on les revêt d'une pellicule d'étain.

G. Les métaux ne possèdent les qualités qui leur sont propres que dans certaines limites. Cette circonstance fait qu'aucun d'eux ne peut satisfaire à tous les besoins de l'industrie. Heureusement, on est parvenu de très-bonne heure à surmonter cette difficulté en associant à chaque métal un ou plusieurs autres métaux qui, employés dans des proportions convenables, modifient plus ou moins ses propriétés naturelles. C'est ainsi qu'on durcit l'or et l'argent en y ajoutant du cuivre, qu'on rend l'étain plus facile à travailler en y ajoutant du plomb, etc. Ce sont ces associations de métaux que l'on nomme des *alliages*. Relativement aux services qu'on en retire, on peut les con-

1. *Acier trempé.* Acier qui a été plongé dans de l'eau froide après avoir été chauffé au rouge. Cette opération, appelée *trempe*, donne à l'acier une grande dureté et une grande élasticité.

sidérer comme des métaux nouveaux, doués de propriétés particulières et souvent différentes de celles des métaux dont ils sont composés. Le *laiton*, ou *cuivre jaune*, est un alliage de cuivre et de zinc, tandis que le *bronze*, dont on tire un si grand parti pour la fabrication des cloches, des canons, des statues, etc., est un alliage de cuivre et d'étain.

6. Rarement les métaux se trouvent à l'*état natif*, c'est-à-dire purs ou à peu près. Le plus souvent, ils sont associés plusieurs ensemble ou à des substances de nature différente. Dans tous les cas, on donne le nom de *mine* aux lieux où ils se rencontrent. Quand ils existent à la surface du sol, ce qui arrive assez fréquemment, on les exploite *à ciel ouvert*, c'est-à-dire en creusant des excavations plus ou moins considérables, mais sans jamais perdre le ciel de vue. Dans le cas contraire, on est obligé de s'enfoncer dans la terre au moyen de puits et de galeries qui, dans certains pays, pénètrent à des profondeurs verticales de plus de 500 mètres. En Angleterre, il existe même des mines d'étain dont les galeries se prolongent jusque sous les eaux de la mer, et leur ciel est séparé de ces eaux par une si faible épaisseur de terrain qu'on y entend distinctement le roulis des galets sur les rochers du fond. Une fois amenés au jour, les produits de l'exploitation sont livrés à des établissements spéciaux, qui les soumettent à des opérations plus ou moins compliquées pour en isoler les parties métalliques.

7. Quel est, au point de vue de l'utilité, le premier des métaux? A cette question une seule réponse est possible.

« Le fer, dit un de nos plus éminents écrivains, est incomparablement le plus utile de tous les métaux. L'or pourrait disparaître de ce monde sans que la civilisation en fût beaucoup troublée. Si demain, par l'effet d'un prodige subit, le fer nous était ravi, ce serait une indescriptible calamité. Tout rétrograderait : la civilisation serait du même coup frappée d'impuissance. Le fer est la substance principale, unique dans beaucoup de cas, de cet outillage si varié de forme et d'objet dont nous nous armons pour triompher des éléments et les convertir en serviteurs, pour dompter et exploiter la nature. Non-seulement les machines, mais les outils, et beaucoup d'ustensiles sont surtout en fer. On fait en fer des navires, des ponts, des phares, de vastes édifices, tels que des marchés, des églises même. On en fait des meubles. Le fer est d'un usage universel et incessant. Tout ce qui abaisse le prix du fer, tout ce qui en améliore la qualité, est une acquisition précieuse pour la société, l'origine de progrès nouveaux pour l'industrie. »

« Si le fer, s'écrie un autre savant, n'est pas le métal le plus beau et le plus brillant, assurément il est le plus précieux pour l'homme, car il joue le principal rôle dans toutes les industries. Ainsi que l'a dit l'illustre Fourcroy[1], il est l'âme de tous les arts, la source de presque tous les biens, et la perfection de son travail est partout le terme de l'intelligence. Sous ses trois états principaux, de *fonte* ou *fer cru*, de *fer forgé* et d'*acier*, il remplit tant de fonctions diverses, qu'il tient lieu de beaucoup de substances métalliques différentes. Enfin, son utilité est si bien comprise de tous les peuples, que, lorsqu'un vaisseau, dans un voyage de découvertes, aborde une île nouvelle, c'est une cognée, une hachette, une aiguille, un vieux clou, qui fixent d'abord l'attention des naturels, et, pour les posséder, ils cèdent avec empressement leurs objets les plus chers. »

TRENTE-SIXIÈME LECTURE

L'Air que nous respirons.

Ce que c'est que « l'air. » Il est indispensable à la vie des plantes et des animaux et à la combustion. Composition de l'air. Causes qui en déterminent la viciation dans l'intérieur des habitations. La « respira-

1. Fourcroy (Antoine-François de), célèbre chimiste français, né à Paris, en 1755, mort en 1809.

tion. » Comment elle altère la composition normale de l'air. Action de l'air vicié sur la santé de l'homme. Exemples de cette action. Viciation due au « chauffage » et à « l'éclairage. » Comment elle se produit. Véritable cause de l'asphyxie par la braise et le charbon. Nécessité du renouvellement de l'air. Viciation produite par les « fleurs, » les « fruits, » les « animaux. » Conseils à ce sujet.

1. La masse gazeuse que nous avons vue entourer la terre de toutes parts, et que l'on appelle *atmosphère*, est formée par une matière invisible et ténue à laquelle on donne le nom d'**air**. Quand cette matière est en mouvement, elle constitue les vents et les tempêtes. Par conséquent, c'est elle qui fait marcher les navires à voiles, comme aussi qui supporte et entraîne les nuages ; mais c'est exclusivement sous le rapport de l'influence qu'elle exerce sur l'homme que nous avons à l'étudier ici.

2. L'air, personne ne l'ignore, est indispensable à la vie des plantes et des animaux, si indispensable même, que les plantes et les animaux meurent quand il manque ou que, pour une cause quelconque, il a perdu ses qualités naturelles. Il nous est même plus nécessaire que les aliments, car nous pouvons vivre plusieurs jours sans manger, tandis que notre vie ne saurait se prolonger au delà d'un petit nombre de minutes dans une atmosphère viciée. L'air n'est pas moins indispensable à la combustion, c'est-à-dire que, sans lui, aucun corps ne peut brûler. Il n'est donc pas sans intérêt que nous disions ce qu'est l'air, quand il est dans son état normal, en d'autres termes, quand il est pur.

3. Les anciens regardaient l'air comme un corps simple, c'est-à-dire comme un élément. On sait aujourd'hui qu'il résulte du mélange de deux gaz, l'*oxygène*[1] et l'*azote*[2], dans

1. *Oxygène*. Du grec *oxys*, acide, et *génos*, qui engendre. Ce gaz a été ainsi appelé parce qu'on admettait autrefois que, seul, en s'unissant à un autre corps, il pouvait produire les composés nommés « acides. » C'est la partie salubre et respirable de l'air, par conséquent, l'agent indispensable de la vie de tous les êtres à la surface du globe. C'est aussi l'agent indispensable de la combustion. Enfin, c'est à lui seul que l'air doit la propriété d'entretenir la respiration et la combustion.

2. *Azote*. Du grec *a*, non, et *zotikos*, vital. Ce gaz a été ainsi appelé parce qu'il est irrespirable ; en même temps, il éteint les corps qui brûlent. Il est donc

des proportions qui sont sensiblement les mêmes sur tous les points du globe, savoir, en nombres ronds et en volume : 21 parties d'oxygène et 79 parties d'azote. Il contient, en outre, de 3 à 6 dix-millièmes d'acide carbonique[1], et de 6 à 9 millièmes de vapeur d'eau.

4. Pour que les fonctions de la vie s'accomplissent régulièrement, il faut que l'air se maintienne pur, c'est-à-dire que les principes qui le constituent ne subissent aucun changement dans leurs proportions ; malheureusement, il en est rarement ainsi dans nos habitations.

5. Dans nos demeures, l'acte de la respiration est la cause la plus active de l'altération de l'air. En effet, l'homme, en respirant, enlève à l'air son oxygène, laisse l'azote intact, et lui envoie de l'acide carbonique. Si l'air ainsi altéré n'est pas promptement remplacé par de l'air frais, il ne tarde pas à exercer sur la santé une action d'autant plus violente qu'il se trouve à un degré de viciation plus élevé.

6. L'air vicié agit surtout par la disparition de l'oxygène et la surabondance de l'acide carbonique. Néanmoins, c'est ce dernier qui joue le principal rôle : il suffit que la quantité produite par la respiration excède le double de ce qu'elle est dans l'air normal pour qu'il y ait insalubrité.

7. Quand l'altération de l'air est peu considérable, il n'en résulte guère que des maux de tête et une gêne de la respiration, si l'on peut s'y soustraire promptement ; mais, si elle est permanente, comme cela arrive trop souvent dans les habitations des quartiers pauvres, les choses se passent tout autrement. Dans ce cas, il se produit une sorte d'empoisonnement d'une excessive lenteur qui ruine insensiblement les constitutions les plus robustes.

Lorsque l'air est profondément vicié, son action est des

impropre à entretenir la respiration et la combustion ; mais, à cause même de ces propriétés, il joue un rôle important dans la nature, car il tempère la trop vive action de l'oxygène sur nos organes, qui ne pourraient pas en supporter longtemps l'énergie.

1. *Acide carbonique.* Gaz composé d'oxygène et de carbone, c'est-à-dire de charbon pur. Non-seulement il est irrespirable, mais il est encore excessivement délétère, car il fait périr en peu d'instants l'homme et les animaux qui sont exposés à son action. C'est lui qui, à l'époque des vendanges, occasionne la mort des vignerons qui entrent sans précaution dans les lieux où le jus du raisin est en fermentation.

plus rapides et des plus énergiques. On éprouve d'abord un malaise général, des nausées, des vertiges, des syncopes. A ces signes, qui annoncent un commencement d'asphyxie, succèdent bientôt des sueurs abondantes, une soif inextinguible, des douleurs d'estomac extrêmement vives, des suffocations. Enfin, toutes ces souffrances se terminent par un délire très-violent ou une stupeur léthargique suivie de la mort. On a conservé le souvenir de plusieurs faits dans lesquels les choses se sont ainsi passées. Dans l'Inde, 146 Anglais capturés par les troupes du vice-roi du Grand Mogol furent entassés dans un cachot de Calcutta, qui ne comptait que 6 mètres en carré, et dans lequel l'air arrivait très-difficilement et très-lentement par deux soupiraux donnant sur une étroite galerie. Au bout de huit heures, trente-trois seulement conservaient un souffle de vie. Un événement analogue eut lieu en France pendant les guerres de Napoléon Ier. Après la bataille d'Austerlitz, 300 prisonniers autrichiens ayant été enfermés dans une cave, 260 y périrent en peu de temps. Citons encore ce qui arriva aux assises d'Oxford, il y a quelques années, où juges, accusés et auditeurs furent frappés d'asphyxie mortelle.

8. Le chauffage et l'éclairage contribuent presque autant que la respiration à la viciation de l'air. En premier lieu, tous les combustibles ne peuvent brûler qu'en s'emparant d'une partie de l'oxygène de l'air et en dégageant une forte quantité d'acide carbonique. En second lieu, la plupart d'entre eux produisent, en outre, deux gaz irrespirables: l'hydrogène carboné[1] et l'oxyde de carbone[2]. Ce dernier, qui est le plus délétère de tous, est d'autant plus dangereux, qu'il met pour ainsi dire instantanément dans l'impossibilité d'exercer aucun mouvement musculaire, en sorte que les personnes surprises par son action et ayant conscience de leur danger ne peuvent prendre aucune mesure pour se

1. Ce gaz est un composé d'hydrogène et de charbon pur, ainsi que nous l'avons dit à la note 1 de la page 22. Il est impropre à la respiration et à la combustion, mais il s'enflamme instantanément à l'approche d'une bougie. C'est lui qui, par son mélange avec l'air, donne lieu à ces terribles explosions qui font tant de victimes dans les houillères.

2. L'*oxyde de carbone* est, comme l'acide carbonique, un composé d'oxygène et de carbone, mais il contient moins d'oxygène.

sauver. C'est à lui et non à l'acide carbonique, comme on le croit communément, que sont dues les asphyxies par la braise ou le charbon. On voit par là avec quelle facilité doit se vicier l'air des lieux fermés, où, indépendamment d'un grand nombre de personnes, il y a beaucoup de lampes, de bougies ou de becs de gaz allumés.

9. Ce que nous venons de dire montre avec quel soin il faut veiller au renouvellement de l'air dans les habitations. Si l'on veut que ce renouvellement se fasse d'une manière continue, l'introduction et la sortie de l'air, dans chaque chambre, doivent être réglées dans la proportion de 100 litres par minute, ou de 6,000 litres par heure et par personne.

10. Parmi les autres causes qui, dans les habitations, peuvent faire varier la composition normale de l'air, nous citerons surtout les *fleurs*, les *fruits* et les *animaux*.

Les *fleurs*, placées dans une chambre, agissent sur l'homme de deux manières: d'un côté, par l'acide carbonique qu'elles exhalent pendant la nuit; de l'autre, par les émanations odorantes qu'elles émettent. En général, à moins qu'elles ne soient en quantité très-considérable et que l'air ne puisse pas absolument se renouveler, les accidents se bornent à des maux de tête ou à des étourdissements. Dans tous les cas, la prudence exige que l'on ne laisse pas séjourner dans une chambre à coucher, la nuit surtout, non-seulement des fleurs odorantes, mais même des végétaux d'aucune espèce.

Les *fruits* exercent sur l'homme la même influence que les fleurs, et quelquefois avec plus d'énergie. Entre autres faits, on a retenu celui d'un garçon épicier qui, en 1863, périt asphyxié pour avoir passé la nuit dans une chambre où l'on avait déposé des caisses d'oranges.

Quant aux *animaux*, ils altèrent l'air de la même manière que l'homme, et, lorsqu'ils sont de grande taille, la viciation qu'ils produisent est presque aussi forte. Il faut donc tenir compte de cette circonstance, et exiger des dimensions plus considérables de la chambre dans laquelle on veut faire coucher un chien, par exemple, à côté de soi; mais il vaut encore mieux ne pas contracter une si mauvaise habitude.

TRENTE-SEPTIÈME LECTURE

L'Éclairage.

Nécessité de « l'éclairage artificiel. » Ses inconvénients. En quoi il consistait dans les temps primitifs. Procédés modernes. — Le « suif. » Ce que c'est. C'est la substance qui donne l'éclairage le plus défectueux et le plus cher. Défauts des chandelles. Produits de la combustion des chandelles. Action qu'ils exercent sur la santé. — La « cire. » Différentes espèces de cires. La cire des abeilles est la plus employée. Beauté de l'éclairage qu'elle fournit. Pourquoi on ne s'en sert presque plus. — L' « acide stéarique. » Origine de cette substance. Depuis quelle époque elle est en usage. Qualité des bougies stéariques. — « Huiles végétales. » Quelles sont les meilleures. « Lampes. » Effets des bonnes lampes et des mauvaises. — « Huiles minérales. » Comment on obtient l'huile de schiste. Origine du pétrole. Avantages de l'éclairage au pétrole. Dangers qu'on lui attribue. Moyens de les prévenir. — Le « gaz. » Sa nature. Substances qui le fournissent. Avantages de l'éclairage au gaz. Produits de la combustion du gaz. Dangers des fuites. Lieux auxquels l'éclairage au gaz est particulièrement destiné.

I. Éclairage artificiel. — 1. « Dans les longues nuits de nos climats, et dans les mois d'obscurité des pays septentrionaux, l'absence prolongée de la lumière solaire exige la création de moyens artificiels destinés à éclairer l'homme et à lui permettre, soit de s'occuper aux travaux domestiques, soit de se livrer à la culture de son intelligence. De plus, à mesure que la civilisation fait des progrès dans un pays et que la vie devient plus active, plus remplie, l'homme cherche à mettre à profit, le plus complétement possible, le temps d'obscurité qu'il ne consacre pas au sommeil. Dans ces cas divers, c'est la lumière artificielle seule qui permet d'obtenir ces résultats. » (Becq.)

2. L'éclairage artificiel est donc une des principales nécessités de la vie; mais il a deux inconvénients très-graves. En premier lieu, il vicie l'air en changeant la proportion des principes qui le constituent, et en y introduisant des

produits plus ou moins nuisibles. En second lieu, il détermine une grande élévation de température, qui n'est pas une des moindres causes de l'insalubrité des lieux où il y a beaucoup de personnes et beaucoup de lumières. Il faut ajouter à cela la fumée et la mauvaise odeur que dégagent les combustibles, quand on fait usage d'appareils mal disposés ou mal entretenus.

3. Dans les temps primitifs, l'homme s'éclairait à la lueur du foyer domestique : c'est même encore ainsi que les choses se passent chez la plupart des peuples sauvages. Plus tard, les progrès de la civilisation se firent sentir, et les différents procédés de l'éclairage artificiel prirent successivement naissance.

II. Matières et procédés d'éclairage. — Les substances qui servent aujourd'hui à l'éclairage artificiel sont : le *suif*, la *cire*, l'*acide stéarique*, les *huiles végétales*, les *huiles minérales* et le *gaz*. Nous allons dire quelques mots sur chacune d'elles, en nous en tenant surtout à l'action qu'elles peuvent exercer sur la santé.

1. **Suif.** Le *suif* est constitué par la graisse des animaux herbivores, presque exclusivement même par celle du bœuf et du mouton; on l'emploie sous forme de *chandelles*. C'est la substance qui donne l'éclairage le plus imparfait et le plus coûteux. L'intensité de la lumière des chandelles est en effet très-peu considérable. De plus, elle diminue à mesure que la combustion se ralentit et que la mèche s'allonge, ce qui oblige à couper cette dernière à chaque instant, sous peine de perdre les trois quarts de l'éclairage. Il faut ajouter à cet inconvénient les vacillations presque continuelles qu'éprouve la flamme, et qui sont dues à l'agitation de l'air.

Si la combustion des chandelles était complète, elle ne donnerait que de l'eau et de l'acide carbonique[1]; mais, comme il n'en est jamais ainsi, elle produit, en outre, de l'hydrogène carboné, de l'oxyde de carbone[2], de l'acide acétique[3], du charbon, etc. Introduites dans le corps de

1. Voy., sur cet acide, la note de la page 216.
2. Voy., sur ces deux gaz, les notes de la page 217.
3. *Acétique*, du latin *acetum*, vinaigre. L'acide acétique est la substance qui rend le vinaigre piquant, qui lui donne ses propriétés caractéristiques.

l'homme par la respiration, ces substances irritent les surfaces avec lesquelles elles sont mises en contact, et occasionnent souvent du larmoiement, du picotement à la gorge et de la toux. C'est du charbon que provient la couleur de ces crachats noirs que l'on expectore le matin quand on a passé la nuit dans une chambre où beaucoup de lumières ont brûlé jusqu'à la fin.

2. **Cire.** Il existe plusieurs combustibles d'éclairage appelés *cires*, les uns fournis par des insectes, les autres, par des végétaux; mais la cire la plus usitée est celle des abeilles[1]. Cette matière éclaire beaucoup mieux que le suif. Elle brûle aussi plus complètement, ce qui réduit à presque rien les produits de la combustion. Elle n'offre, du reste, aucun inconvénient appréciable pour la santé. A cause de son prix élevé, la cire n'a jamais été employée qu'à l'éclairage des personnes riches. Aujourd'hui même, on ne s'en sert guère plus que pour la fabrication des cierges d'église, l'acide stéarique l'ayant remplacée dans les habitations particulières.

3. **Acide stéarique.** Tous les corps gras d'origine animale, graisses et suifs, se composent de substances de caractères assez différents. C'est de l'une de ces substances que l'on retire l'acide stéarique[2]. La fabrication de cet acide est d'origine française, et, depuis 1831, qu'on est parvenu à le préparer économiquement, il est devenu d'un usage on peut dire universel. C'est de cette matière que sont faites les *bougies de l'Étoile*, lesquelles ont été ainsi appelées, parce que, dans l'origine, la fabrique qui les produisait était située aux environs de l'arc de triomphe de ce nom, à Paris.

Les bougies d'acide stéarique sont plus blanches, aussi sèches et aussi inodores que celles de cire. Il est vrai qu'elles brûlent un peu plus vite; mais, comme elles sont beaucoup

1. Le nom de *bougie*, sous lequel on désigne les chandelles de cire, vient de ce qu'anciennement nos fabricants faisaient un grand usage de la cire d'Afrique, qui passait pour la meilleure, et tiraient surtout leurs approvisionnements de la ville de Bougie, en Algérie. On dit d'abord *chandelle de cire de Bougie*, puis, par abréviation *chandelle de Bougie* et enfin, tout simplement *bougie*.
2. *Stéarique*, du grec *stéar*, suif, pour indiquer l'origine de la substance.

moins chères, l'emploi qu'on en fait se trouve, en définitive, des plus économiques. Comparées aux chandelles, ces mêmes bougies présentent tant d'avantages, qu'il n'est pas surprenant qu'elles les aient chassées d'à peu près partout. En effet, elles sont plus consistantes, moins fusibles, moins salissantes et ne dégagent pas de mauvaise odeur. De plus, elles n'ont pas besoin d'être mouchées. Enfin, elles éclairent mieux, et leur lumière, qui est blanche, conserve à peu près toujours son intensité.

L'acide stéarique donne très-peu de fumée. Quand il brûle, il dégage de l'hydrogène carboné, de l'acide carbonique, une huile épaisse, une matière colorante et du charbon; mais ces produits sont en très-petite quantité et, comme ils ont moins d'âcreté que ceux du suif, ils possèdent la propriété d'être moins irritants.

4. **Huiles végétales.** Les *huiles végétales* qu'on emploie généralement pour l'éclairage sont celles de colza, d'œillette, de chènevis et de noix. Elles sont toutes excellentes pour cet usage, quand elles ont été fabriqués avec les soins convenables. Toutefois, on regarde celle de colza comme la meilleure.

Pour brûler les huiles végétales, il faut nécessairement se servir de *lampes;* mais il y a un choix à faire parmi les appareils de ce nom. Les meilleures lampes sont celles dont le bec, à double courant d'air, est muni d'une mèche circulaire et surmonté d'une cheminée de verre, et qui, de plus, ont le réservoir d'huile dans le pied, d'où un mécanisme approprié élève le liquide jusqu'à la mèche. Telle est la lampe dite *à modérateur* (*fig.* 37), que son prix peu élevé rend accessible à toutes les fortunes.

Ainsi que le montre la figure, un piston *p*, entouré d'un anneau de cuir, monte et descend dans le réservoir d'huile AR. Ce piston est sollicité à descendre par un fort ressort *g* roulé en spirale, et la tige dont il est muni porte une crémaillère *c*, qui engrène dans un pignon muni d'une clef *b*. Enfin un tube très-étroit *e* traverse le piston, et entre dans un second tube *d*, qui aboutit à l'espace occupé par la mèche. Quand on verse l'huile dans la lampe, elle s'accumule en A, dans la partie du réservoir qui se trouve au-dessus du piston. Si alors on tourne la clef *b*, le piston monte par le jeu du pignon sur la crémaillère *c*, et l'huile, glissant entre l'anneau de cuir et les parois du réservoir, passe dans la partie R de ce dernier, qui est au-dessous du piston. En ce moment, le ressort se trouve tendu, il presse sur le piston pour le faire descendre, et celui-ci, à son tour, presse sur l'huile qui ne peut s'échapper qu'en s'introduisant dans le tube *e*, d'où elle arrive dans le tube *d* et, par suite, à la mèche. Mais la force du ressort, au lieu d'être constante, diminue peu à peu du commencement à la fin, et la quantité d'huile qui monte éprouve la même diminution. Pour remédier à cet inconvénient, on a imaginé de fixer dans le tube *ed* une tige de fer *m*, qui a une forme conique. Quand le piston est soulevé le plus possible, cette tige, dont le bout le plus gros est en haut, obstrue presque complétement le tube, en sorte que l'huile monte difficilement. A mesure que le piston descend, le diamètre de la tige devenant de plus en plus petit, l'huile passe avec une facilité constamment croissante, ce qui fait compensation à la diminution d'action du ressort. L'emploi de la tige donne donc le moyen de régulariser, de modérer l'ascension de l'huile, et c'est pour cela qu'on la désigne sous le nom de *modérateur*.

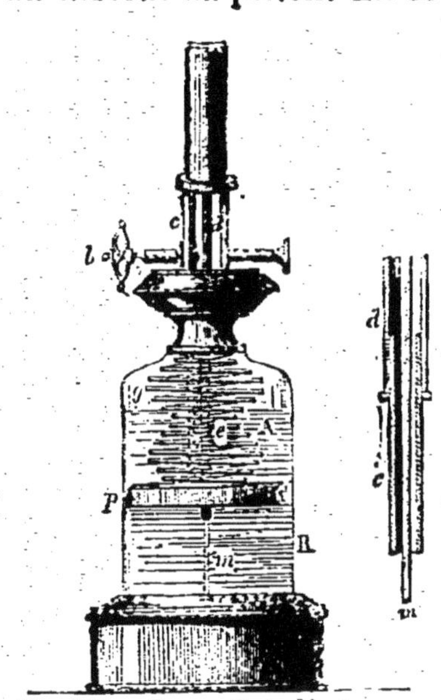

Fig. 37. — Lampe à modérateur.

La lampe *carcel*, ainsi appelée du nom de son inventeur, vaut au moins autant ; mais elle est relativement peu répandue, parce que la complication de son mécanisme la rend beaucoup trop chère.

Les bonnes lampes, si elles sont bien entretenues, donnent très-peu de fumée, souvent même n'en donnent pas du tout. Les mauvaises lampes, au contraire, et on doit ranger dans cette classe toutes celles qui ne sont pas établies d'après les principes qui viennent d'être énoncés, dégagent une fumée fétide, épaisse, qui contient, entre autres choses, du charbon, de l'hydrogène carboné, de l'oxyde de carbone et de l'azote[1]. Ces produits étant aspirés, il en résulte de l'âcreté à la gorge, des douleurs de tête, de l'oppression, des vertiges, de la toux. En même temps, il se manifeste des expectorations teintes en noir par le charbon.

5. **Huiles minérales.** Nous devons à cette classe de combustibles l'*huile* de *schiste* et le *pétrole*. Le premier de ces deux produits s'obtient en distillant certains schistes bitumineux[2]. Quant au second, il existe tout formé dans le sein de la terre, d'où quelquefois il s'élève spontanément à la surface, mais où, le plus souvent, on est obligé d'aller le chercher en creusant des puits plus ou moins profonds.

L'huile de schiste a joui, pendant quelques années, d'une assez grande vogue; mais on n'en fait presque plus usage depuis qu'on a découvert, dans l'Amérique du Nord, des sources de pétrole tellement nombreuses et abondantes, que le prix de ce liquide en a subi une diminution excessive.

Le pétrole procure un éclairage très-beau, très-économique, et, en général, sans action nuisible sur la santé. On lui reproche bien de déterminer parfois de graves accidents ; mais ils sont le plus souvent le résultat de l'imprudence, et il suffit de quelques précautions fort simples pour les prévenir. En premier lieu, on ne doit employer que du pétrole parfaitement purifié[3]. En second lieu, il faut le conserver dans des burettes de fer-blanc munies de bouchons métalliques à vis. En troisième lieu, il est indispen-

1. Voy., sur la nature de ces substances, les notes des pages 215 et 217.

2. *Schistes*, du grec *skhizéin*, fendre. On appelle ainsi les roches qui se présentent en couches minces ou en feuillets plus ou moins épais. L'ardoise est un schiste. Les schistes dits *bitumineux* sont imprégnés de *bitume*. On donne ce dernier nom à des substances plus ou moins inflammables qui se rencontrent dans la nature, soit à l'état liquide, soit à l'état solide, soit à l'état pâteux. Le *pétrole*, ou *huile de pierre*, est un bitume liquide.

3. Le pétrole bien purifié se reconnaît aux caractères suivants : 1° un litre pèse au moins 800 grammes ; 2° une petite quantité mise dans une soucoupe ne prend pas feu au contact d'une allumette enflammée.

sable de se servir de lampes bien construites. Les meilleures sont celles qui ont le réservoir en porcelaine ou, ce qui vaut mieux, en verre, et dont le bec est suffisamment allongé pour que la flamme se trouve toujours à quelques centimètres de la surface de l'huile. Enfin, pour verser l'huile dans la lampe, on ne doit le faire qu'en plein jour et jamais dans le voisinage d'une lumière ou d'un corps en ignition.

6. **Gaz.** Le *gaz* dont on fait usage est de l'hydrogène plus ou moins carboné. On peut l'extraire de plusieurs substances, telles que la houille, la tourbe, le bois, l'eau, la résine, etc. ; mais, en général, on préfère la houille, parce qu'on obtient des résidus dont la vente à diverses industries couvre presque entièrement les frais de fabrication. Dans tous les cas, le gaz est produit dans des établissements spéciaux, d'où des tuyaux placés dans le sol le conduisent dans les lieux où il doit être brûlé.

Le gaz constitue un éclairage aussi beau qu'économique, et donne une flamme dont la blancheur et l'éclat varient avec le soin apporté à son épuration. Outre l'hydrogène carboné, il contient une forte proportion d'oxyde de carbone, d'acide carbonique[1] et d'acide sulfhydrique[2]. En même temps, il dégage une énorme quantité de charbon qui, en se déposant sur les objets voisins, les recouvre à la longue d'une espèce de suie noirâtre qu'il est très-difficile de faire disparaître.

En circulant pour se rendre aux appareils destinés à le brûler, le gaz s'échappe souvent par des fissures qui existent ou qui se forment accidentellement aux points de jonction des tuyaux. En sortant ainsi, il s'exhale à l'air libre après avoir traversé le sol, et alors on n'a guère à redouter que l'odeur particulière par laquelle il manifeste sa présence dans l'atmosphère. Dans d'autres circonstances, les

1. Voyez sur ces trois gaz, *hydrogène carboné, acide carbonique, oxyde de carbone*, les notes des pages 216 et 217.

2. *Acide sulfhydrique* ou *sulfure d'hydrogène*. Composé gazeux formé d'hydrogène et de soufre. C'est un gaz irrespirable et excessivement délétère. Les vidangeurs, dont il occasionne souvent la mort, l'appellent le *plomb*, à cause de la rapidité presque foudroyante avec laquelle il agit.

choses se passent d'une manière toute différente. C'est ce qui arrive quand le gaz se répand dans une chambre, un magasin, un lieu fermé quelconque, soit par une fissure du tuyau qui l'amène au bec, soit par un robinet mal fermé. Dans ce cas, il détermine la mort par asphyxie des personnes qui habitent cette chambre, ce magasin. De plus, s'il se trouve en quantité suffisante, il forme avec l'air atmosphérique un mélange explosif qui prend feu aussitôt qu'on en approche un corps enflammé et occasionne les dégâts les plus graves.

Ce que nous venons de dire des inconvénients de l'éclairage au gaz indique assez que ce mode d'éclairage ne saurait être employé dans l'intérieur des habitations privées, il doit être réservé pour les cours, les escaliers, les grands magasins, les rues, les places publiques, et, en général, pour les lieux où l'air peut être renouvelé continuellement. Du reste, il n'est pas nécessaire qu'il y ait des fuites pour qu'il exerce une action fâcheuse sur la santé. Il est, en effet, reconnu que le séjour habituel dans une chambre où brûle le gaz suffit pour déterminer de la toux, de l'étouffement, etc., trop souvent même pour favoriser le développement de maladies très-graves des poumons, en particulier de la phthisie tuberculeuse.

TRENTE-HUITIÈME LECTURE

Le Chauffage.

Nécessité du « chauffage artificiel. » Combustibles usuels. — Le « bois. » Bois compactes et bois légers. Produits de leur combustion. Salubrité du chauffage au bois. Cas où il a des inconvénients. — Le « charbon de bois. » Ce qu'il dégage en brûlant. C'est un combustible dangereux. Ce qu'il faut penser de la « braise. » Précautions à prendre. Erreurs populaires. — La « houille. » Ses propriétés pour le chauffage; ses défauts. Services qu'elle rend à l'industrie. Origine des combustibles minéraux. Des divers emplois de la houille. Terrains où on la rencontre. Bassins houillers. Production annuelle de l'industrie houillère. La houille peut-elle manquer? — Le « coke. » Ce que c'est. Ses propriétés. A quoi il est propre. Précautions à prendre. — La « tourbe. » Nature et origine de cette substance. Elle est peu propre au chauffage domestique; pourquoi. Circonstances où elle convient.

Le froid exerce sur la santé une action si pernicieuse que, dès l'origine des sociétés, l'homme a senti le besoin d'en combattre les effets en échauffant les habitations par des moyens artificiels. De là l'invention des procédés de chauffage dont nous nous servons aujourd'hui, et qui tous consistent à brûler, à l'aide d'appareils diversement disposés, les substances combustibles qui se trouvent à la surface ou dans le sein de la terre.

Les combustibles généralement employés sont au nombre de cinq : le *bois*, le *charbon* de *bois*, la *houille*, le *coke* et la *tourbe;* mais ils diffèrent beaucoup entre eux, tant sous le rapport du degré de chaleur qu'ils fournissent que sous celui de la dépense qu'ils occasionnent.

1. **Bois.** On admet assez généralement que tous les bois, quand ils sont également secs, donnent à très-peu de chose près la même quantité de chaleur; mais les espèces compactes, comme le chêne, le hêtre, l'orme, brûlent beaucoup plus lentement que les espèces légères, telles que le peuplier, le bouleau, le tremble, qui se consument avec une grande rapidité. Les uns et les autres, si la combustion est complète, ce qui est assez rare, ne dégagent que de la vapeur d'eau et de l'acide carbonique. Ordinairement, il faut ajouter à ces produits une fumée plus ou moins abondante, dans laquelle de la vapeur d'eau se trouve associée à de l'acide acétique, à une huile empyreumatique, et à une substance analogue au goudron. Dans tous les cas, le bois est un combustible très-salubre : il n'offre d'inconvénients que lorsque la fumée ne peut s'échapper librement, à cause de l'irritation qu'elle détermine dans l'organe de la vue et dans les voies respiratoires.

2. **Charbon de bois.** En brûlant, ce charbon dégage de l'acide carbonique, de l'oxyde de carbone, de l'hydrogène carboné et quelques autres produits gazeux. Avec quelque bois qu'il soit fabriqué, il constitue toujours un

combustible très-dangereux ; mais il est à remarquer que, contrairement à l'opinion commune, c'est par l'oxyde de carbone[1] qu'il est surtout nuisible à la santé, et non par l'acide carbonique, comme on le croit généralement[2]. Il suffit d'un kilogramme de charbon pour rendre impropre à la vie l'air d'une chambre fermée ayant vingt-cinq mètres cubes de capacité.

La *braise*, ou charbon calciné, est encore plus délétère que le charbon, parce qu'elle donne lieu à un plus grand dégagement d'oxyde de carbone.

Le charbon de bois et la braise ne doivent donc être brûlés que dans des lieux parfaitement ventilés, c'est-à-dire où le renouvellement de l'air a lieu complétement et d'une manière continue. Prétendre chauffer avec l'un ou l'autre de ces combustibles des chambres d'habitation dépourvues de cheminées, c'est s'exposer volontairement au plus grand danger, et l'on ne doit jamais oublier que les moyens de préservation préconisés par certaines personnes sont absolument sans valeur. Ainsi, il n'est pas plus vrai qu'en couvrant la braise de cendres on l'empêche de dégager des vapeurs malfaisantes, que, pour éviter tout accident, il suffit de sortir de la chambre aussitôt que la braise est allumée, et de n'y rentrer que lorsqu'elle est éteinte.

3. **Houille.** La *houille*, ou *charbon de terre*, chauffe mieux que le bois ; mais elle est loin d'être d'un emploi aussi agréable. Outre les produits gazeux de la combustion du charbon de bois, elle donne une huile empyreumatique nauséeuse et une fumée très-épaisse, qui deviennent fort-incommodes si l'on n'a pas le soin de se servir, pour la brûler, d'appareils construits d'une manière convenable. Malgré ces inconvénients, la houille est employée chaque jour pour le chauffage des habitations privées. Toutefois, c'est principalement dans l'industrie qu'elle rend, sous ce rapport, les services les plus considérables. C'est pourquoi, nous croyons devoir entrer ici dans quel-

1. Voy., sur la nature de ce gaz, la note 2 de la page 217.
2. Voy., sur la nature de ce gaz, la note de la page 21?.

ques détails sur la nature et l'histoire de ce précieux combustible.

A. Anciennement, quand les arts industriels étaient peu développés, le bois presque seul servait au chauffage et il suffisait largement à tous les besoins. Les choses n'ont changé qu'à la fin du XVIIe siècle, après l'invention de la machine à vapeur qui, si l'on n'y avait pris garde, aurait anéanti, en quelques années, les richesses forestières les plus énormes. On s'est alors rappelé les matières combustibles que renferment les entrailles du globe, et, la nécessité aiguillonnant le génie, tous les peuples ont rivalisé d'efforts pour les arracher aux immenses profondeurs où elles sont cachées depuis des milliers de siècles.

B. Ces matières se composent de débris végétaux, altérés et modifiés par les circonstances de leur long séjour dans le sein de la terre. Elles proviennent de forêts gigantesques qui existaient à l'époque où l'homme n'avait pas encore été créé, et qu'ont détruites les déluges et les autres grandes révolutions physiques par lesquels la surface de notre planète a été bouleversée à différentes reprises. Suivant le degré où leur altération est arrivée, on les appelle *houille*, *anthracite* ou *lignite*, et elles possèdent des qualités particulières qui les font employer de préférence suivant l'effet spécial qu'on veut obtenir. Toutefois, de ces trois sortes de combustibles, la houille est celui qui joue le rôle le plus important et dont les applications sont les plus nombreuses. Depuis soixante ans, elle est même devenue d'un usage si général et si indispensable, qu'on la considère aujourd'hui comme la base de toutes les industries qui ont besoin de production de chaleur, et c'est à cette circonstance qu'elle doit le nom de « pain de l'industrie, » sous lequel un écrivain célèbre a cru pouvoir la désigner.

C. « La houille, dit avec raison un illustre minéralogiste, est presque aussi bienfaisante pour l'homme que le soleil, et elle présente de plus l'avantage d'être placée sous sa main et d'obéir à ses ordres : elle lui donne la chaleur, elle lui donne la lumière, elle lui donne la force et la fécondité, elle lui donne une multitude de matières précieuses auxquelles les arts industriels trouvent chaque jour de nouvelles applications[1]. Grâce aux merveilles qu'elle produit, le monde a pris des allures nouvelles, et devant lesquelles les peuples qui l'ont habité autrefois demeureraient confondus d'étonnement. Les machines les plus délicates et les plus compliquées marchent par l'impulsion du feu, et exécutent leurs travaux avec une exactitude que rien n'égale ; les bateaux remontent les cours d'eau les plus rapides et, malgré la fureur des vents contraires, sillonnent les mers les plus dangereuses ; les chariots, débarrassés de leurs attelages, courent sur les chemins avec une rapidité qui frapperait les anciens de stupeur : on dirait qu'un génie invisible est venu se mettre aux gages de l'homme, pour faire fonctionner ses machines, opérer ses transports, et remplacer avec une supériorité gigantesque les troupeaux d'esclaves et de bêtes de somme dans les mille endroits où ils versaient autrefois leur sueur. Ce génie existe, en effet, et c'est la puissance de la nature atteinte par l'esprit humain et soumise à ses lois. Puissance endormie depuis des siècles dans les profondeurs de la croûte terrestre, l'homme est venu la réveiller et lui dicter sa mission. C'était pour lui que cette splendide végétation des temps géologiques[2], au lieu de se dissiper sans rien laisser après elle, était venue s'enfouir dans les entrailles protectrices de la terre, lui préparant ainsi d'inépuisables trésors de combustible. Avant qu'il fût né, la surface du globe était déjà son domaine, et la main de la Providence se chargeait de recueillir pour lui sous le soleil, et de lui conserver les seules récoltes qui lui pussent servir. »

D. La houille ne se trouve pas dans tous les terrains ; elle se rencontre seulement dans quelques-uns de ceux que les naturalistes appellent « sédimentaires[3]. » Elle y forme

1. Voy., sur ces matières, notre HISTOIRE DE L'INDUSTRIE et notre ouvrage intitulé : LES ARTS ET MANUFACTURES.
2. *Temps géologiques.* On appelle ainsi la période comprise entre la création des plantes et celle de l'homme.
3. *Sédimentaire.* Qui a été formé par des matières que les eaux ont déposées. Synonyme de *neptunien*. Voyez page 5.

des couches, dont il existe ordinairement plusieurs les unes au-dessus des autres, séparées par des lits de matières étrangères, et qui présentent une épaisseur variable à l'infini, depuis quelques centimètres jusqu'à 7 ou 8 mètres. Ces couches sont rarement horizontales. Le plus souvent, elles sont repliées sur elles-mêmes en zigzags, ou bien elles ont les bords relevés de manière à former des espèces de coupes colossales. En outre, elles sont groupées ensemble en plus ou moins grand nombre, et c'est à ces groupes, qui ont parfois une étendue énorme, que l'on donne le nom de *bassins houillers*.

E. Il y a de la houille à toutes les hauteurs. Tantôt, on la rencontre au niveau de l'Océan. Tantôt, les couches, cachées par les bancs de pierres qui les recouvrent, reposent à des profondeurs considérables, comme à White-Haven, en Angleterre, où on l'exploite à plus de 100 mètres au-dessous du fond de la mer, jusqu'à près de 2 kilomètres du rivage. Tantôt, enfin, elles se montrent dans les chaînes de montagnes, sur des points où les végétaux cessent de croître, comme dans l'Amérique du Sud, où il en existe à plus de 4,500 mètres d'élévation.

F. On estime à plus de 100 millions de tonnes[1] la masse totale de la houille qu'on extrait annuellement. En considérant la prodigieuse consommation qui se fait de ce combustible, on s'est demandé plusieurs fois si les mines en exploitation ne seront pas bientôt épuisées. Il n'y a même pas longtemps que les Anglais conçurent des craintes si vives sur la durée de celles de leur pays, qu'ils défendirent, sous les peines les plus sévères, la sortie de la houille ; mais ils ne tardèrent pas à lever cette interdiction, quand ils eurent étudié avec plus de soin la puissance de leurs dépôts carbonifères. Il a, en effet, été calculé que les houillères actuelles de l'Angleterre pourraient suffire aux besoins de sa population pendant plus de 40 siècles. On estime, en outre, à 600 quatrillions de kilogrammes le poids total de la houille et des autres combustibles minéraux que contien-

1. La tonne pèse 1,000 kilogrammes.

nent les mines déjà connues. Or, sans compter les produits des dépôts qu'on trouvera probablement encore, il est évident que cette masse de matière à brûler doit rassurer les plus timorés. Au reste, le génie de l'homme travaille toujours, et tout porte à croire que, si jamais la houille vient à manquer, il réussira à découvrir quelque nouvelle source de chaleur qui lui permettra de la remplacer.

4. **Coke.** Le *coke* est tout simplement de la houille dépouillée entièrement, par l'action du feu, de ses parties sulfureuses et bitumineuses. Aucun combustible ne donne une température aussi élevée et aussi soutenue. C'est pour cela qu'on en fait usage pour le chauffage des locomotives, le traitement des minerais de fer et la fusion des métaux. Il est également propre au chauffage domestique, où on le préfère souvent à la houille parce qu'il brûle sans fumée et sans mauvaise odeur, et qu'il renvoie dans les appartements une plus grande masse de chaleur.

Les produits de la combustion du coke ne se composent guère que d'oxyde de carbone et d'acide carbonique : d'où il est naturel de conclure qu'il demande les mêmes précautions que le charbon de bois.

5. **Tourbe.** C'est une substance noire ou brune, spongieuse et légère, qui provient de la putréfaction sous l'eau d'amas de plantes herbacées. Il en existe d'immenses dépôts dans presque tous les pays marécageux, où il s'en forme même chaque jour de nouveaux. On ne l'emploie guère que là où l'on manque de bois ou de houille. Dans tous les cas, elle exhale une odeur désagréable qui en limite beaucoup l'usage dans l'intérieur des habitations ; mais elle est très-propre à l'alimentation des fours et des fourneaux, dans diverses industries.

TRENTE-NEUVIÈME LECTURE

Le Chauffage.

(*Suite de la lecture précédente.*)

Différents procédés de chauffage. A quelles conditions un procédé de chauffage peut être salubre. — Les «fourneaux portatifs.» Danger de leur emploi. Ce qu'il faut penser des «réchauds.» Avis aux personnes qui se servent de «chaufferettes.» — Les «cheminées.» Parties constituantes de toute cheminée. Comment fonctionnent les appareils de ce genre. Avantages et inconvénients des cheminées. Pourquoi elles sont peu économiques. Comment on peut les améliorer. Cheminées qui fument. — Les «poêles.» Manière d'agir de ces appareils. Ceux de faïence sont les meilleurs : pourquoi. Reproches qu'on fait aux poêles. Danger de fermer entièrement la clef des poêles. Une mauvaise habitude à corriger. — Les «cheminées-poêles.» Ce que c'est. En quoi consistent ces appareils. Bien qu'il faut en dire. — Les «calorifères.» Nature de ces appareils. Leur destination.

Nous venons de voir que les combustibles ne peuvent brûler qu'au moyen d'une consommation incessante d'air, en échange duquel ils dégagent des produits gazeux impropres à la respiration. Il nous reste maintenant à passer en revue les procédés qu'on a imaginés pour que le chauffage de l'intérieur des habitations ne puisse devenir un danger.

Ces procédés sont au nombre de cinq, et l'on donne à chacun d'eux le nom de l'appareil ou des appareils à l'aide desquels on l'applique. Ainsi, on distingue:

Le chauffage par les *fourneaux portatifs*,
Le chauffage par les *cheminées*,
Le chauffage par les *poêles*,
Le chauffage par les *cheminées-poêles*,
Et le chauffage par les *calorifères*.

Mais, avant d'aller plus loin, disons, pour ne plus y revenir, qu'un procédé de chauffage n'est salubre que lorsqu'il réunit les conditions suivantes : 1° qu'il élève suffi-

-samment la température[1] ; 2° qu'il ne favorise pas l'altération de l'air, soit en le desséchant outre mesure, soit en y versant des gaz irrespirables ou de la fumée ; 3° qu'il active suffisamment la combustion ; 4° qu'il retire du combustible la plus grande somme de chaleur possible.

1. **Fourneaux portatifs.** L'usage de ces appareils est excessivement dangereux, à moins, ce qui est très-rare, qu'il n'existe dans la chambre un courant d'air assez fort pour balayer les produits délétères de la combustion à mesure qu'ils se forment. Il faut en dire autant des *réchauds*, quelque forme qu'on leur donne. Au reste, on ne doit jamais brûler un combustible quelconque, même quand il ne fournit pas de fumée, dans un lieu fermé et sans communication directe avec le dehors.

Ce qui précède s'applique également aux *chaufferettes* ordinaires, c'est-à-dire à celles que l'on garnit de braise ou de poussier de charbon. Outre le danger d'asphyxie auquel elles exposent, elles ont encore l'inconvénient de déterminer dans les membres inférieurs des affections de différente nature qui peuvent quelquefois atteindre un degré de gravité assez élevé. Les personnes à qui l'habitude a fait un besoin d'entretenir une douce température aux pieds ont un moyen très-simple et très-inoffensif d'obtenir ce résultat : c'est d'y placer des briques modérément chauffées ou de se servir de chaufferettes dans lesquelles la partie destinée à recevoir le charbon ou la braise est remplacée par une boite de fer-blanc remplie d'eau bouillante.

2. **Cheminées.** Dans toute cheminée complète, on distingue deux parties essentielles : 1° l'*âtre* ou *foyer*, où l'on fait le feu ; 2° le *tuyau*, qui amène la fumée au dehors. Le foyer est découvert et placé contre l'une des parois de

1. « Le degré de chaleur qu'il est nécessaire de maintenir dans un local ne peut être déterminé d'une manière absolue : on doit établir ses limites entre 12 à 18° centigrades. Quant au point fixe, il varie, d'une part, selon l'intensité du froid intérieur et le degré d'humidité, et d'une autre, selon la constitution, le tempérament et l'âge des sujets. Les individus à constitution faible, les enfants, les vieillards, les convalescents, ont besoin d'une chaleur artificielle plus forte ; il en est de même des individus à profession sédentaire et qui séjournent constamment dans le même local, sans se livrer à aucun exercice. » (BECQ.)

la chambre. Deux murs peu épais, dits *jambages* ou *pieds-droits*, en forment les côtés : ils supportent une planchette horizontale qu'on appelle *manteau*, et qui fait saillie avec eux. Le tuyau est caché dans la muraille et traverse tous les étages supérieurs jusqu'au toit, au-dessus duquel il débouche. On donne le nom de *hotte* à sa portion inférieure, c'est-à-dire à celle qui, reposant sur le manteau, s'élève jusqu'au plafond.

Cette courte description des cheminées montre que ces appareils échauffent par le rayonnement seul, c'est-à-dire en renvoyant la chaleur en ligne droite. L'air nécessaire à l'entretien du feu arrive de tous les points de la chambre, et les produits de la combustion s'échappent par le tuyau. Enfin, le feu est toujours visible, et la chaleur se distribue d'une manière tout à fait favorable à la santé, en se portant d'abord sur les parties inférieures du corps et diminuant d'intensité à mesure qu'elle gagne les parties supérieures.

Le chauffage par les cheminées est incontestablement le plus agréable et le plus salubre ; mais il a le grave défaut d'être le plus cher de tous, car il n'utilise qu'une partie insignifiante de la chaleur totale fournie par le combustible[1]. Cette énorme perte de chaleur provient de deux causes. En premier lieu, elle résulte de la situation de la cheminée contre l'un des murs de la chambre, ce qui ne permet pas à la chaleur de rayonner dans tous les sens. En second lieu, le tuyau, destiné à conduire au dehors les divers produits de la combustion, donne en même temps issue à l'air à mesure qu'il s'échauffe en passant dans le foyer. Si cet air restait dans la chambre, la température de celle-ci en serait forcément élevée ; mais, en raison de sa légèreté relative, il s'échappe par le conduit de la cheminée, et se trouve instantanément remplacé par l'air froid qui afflue du dehors, à travers les fentes et fissures des portes et des fenêtres.

« Le principal avantage des cheminées réside dans le

1. Suivant le physicien Péclet, les cheminées n'utilisent que 6 pour 100 de la chaleur totale produite par la combustion quand on y brûle du bois, et 15 p. 100 quand le combustible est le coke ou la houille.

rayonnement du foyer qui échauffe l'air placé dans son voisinage; mais, à moins que le feu ne soit constant, à moins qu'il ne soit fait une grande dépense de combustible, et que toutes les issues à l'extérieur ne soient bien closes, la chaleur produite dans l'appartement est bien peu de chose, car cet air chaud ne reste pas longtemps à sa place : il la cède promptement à l'air du dehors, et, comme l'a dit un physicien : « l'endroit le plus chaud d'une maison se trouve sur le toit. »

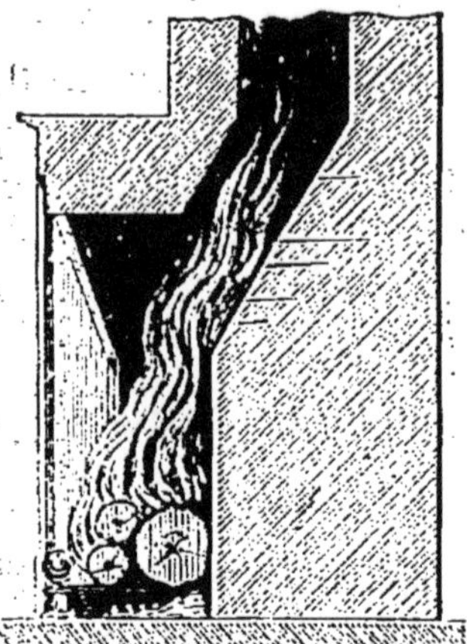

Fig. 38. — Cheminée à la Rumfort.

Il a été fait beaucoup de recherches pour diminuer les défauts dont il vient d'être question. On obtient de bons résultats au moyen de dispositions fort simples (*fig.* 38) qui consistent : 1° à diminuer la profondeur du foyer et à donner à ses parois une forme concave, en même temps qu'on

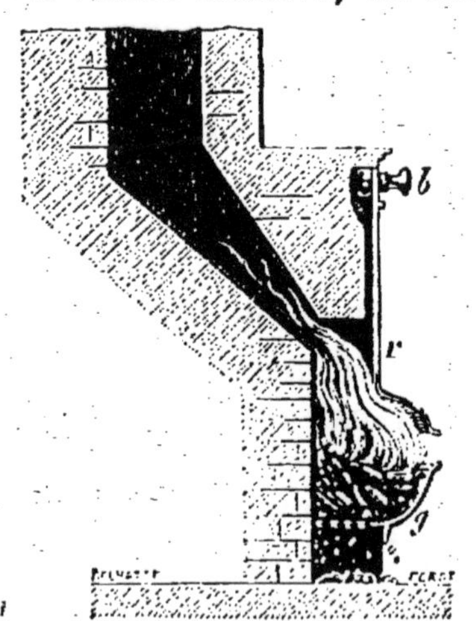

Fig. 39. — Cheminée à charbon de terre.

les munit d'un revêtement poli et de couleur blanche; 2° à étrangler le tuyau à sa partie inférieure, et à placer dans cet étranglement un registre ou plaque horizontale de tôle ou de fonte, qui, étant mobile à volonté, permet d'augmenter ou de diminuer le tirage, suivant la quantité de combustible qu'on veut brûler.

Quand on veut brûler du coke ou de la houille, on construit les cheminées d'une manière un peu différente. Après avoir beaucoup rétréci l'ouverture du foyer (*fig.* 39), on y fixe une grille creuse, *g*, qui fait saillie dans la chambre, et qui est destinée à recevoir le combustible. Cette grille est ordinairement surmontée d'un registre, *r*, qui est suspendu à une chaîne et se manœuvre au moyen d'un bouton, *b*.

Nous avons dit que le chauffage par les cheminées est des plus salubres. Il y a cependant un cas où ces appareils peuvent devenir très-incommodes : c'est lorsqu'ils fument, mais cet inconvénient n'est pas en général très-difficile à faire disparaître une fois qu'on en connaît la cause, qui peut être de nature très-différente.

3. **Poêles.** De tous les appareils de chauffage, les poêles sont ceux qui, avec la même quantité de combustible procurent la plus grande somme de chaleur et la répandent de la manière la plus égale. Ils chauffent à la fois par leur foyer, par leurs parois et par leurs tuyaux. Les meilleurs sont ceux de faïence. Ils s'échauffent, il est vrai, avec plus de lenteur que ceux de fonte ou de tôle ; mais, une fois chauds, ils conservent la chaleur plus longtemps. Enfin, ils ont l'avantage de ne répandre aucune odeur désagréable.

Un reproche qu'on fait aux poêles, c'est de rendre l'air insalubre en le desséchant outre mesure ; mais il suffit, pour lui restituer la vapeur qu'il a perdue, de quelques vases d'eau disposés avec soin et abandonnés à l'évaporatien spontanée. Un autre inconvénient des poêles, et auquel il est presque impossible de remédier, c'est que les couches d'air les plus échauffées sont précisément celles qui se trouvent en contact avec les parties supérieures du corps : de là, des maux de tête, des vertiges, des étourdissements. On sait, en outre, que la température élevée qui règne ordinairement dans les chambres où il y a des poêles, rend plus sensible à l'impression du froid extérieur et expose ceux qui subissent brusquement ces transitions à des maladies plus ou moins graves. Aussi ne doit-on sortir d'un lieu semblable qu'en prenant les plus minutieuses précautions.

Il n'est personne qui ne sache que, lorsque la combustion est terminée, les poêles, surtout s'ils sont en fonte ou en tôle, deviennent promptement refroidissants, par leur tirage même. C'est pour prévenir cet effet que l'on a généralement l'habitude de fermer entièrement la clef que porte le tuyau de la cheminée. En agissant ainsi, on empêche, il est vrai, le poêle de se refroidir, mais ce n'est qu'en s'exposant aux plus grands dangers, à cause de l'action de l'oxyde de carbone[1] qui, ne pouvant s'échapper au dehors, se répand dans la chambre et en rend l'air délétère. Tous les hivers, dans les pays du Nord, on enregistre un grand nombre d'asphyxies survenues pendant le sommeil et qui sont dues à cette cause. Voilà donc un usage auquel il faut absolument renoncer. Il faut en dire autant de la mauvaise habitude qu'ont certaines personnes de noircir les poêles de fonte, quand ils sont vieux, avec de la mine de plomb[2], parce que cette substance dégage en brûlant une forte proportion d'oxyde de carbone.

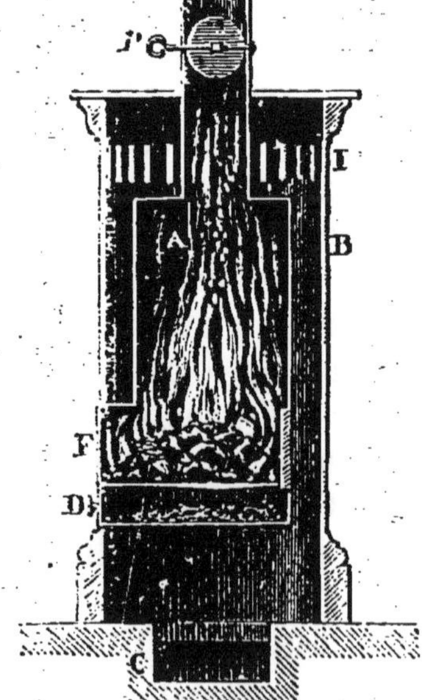

Fig. 40. — Poêle perfectionné.

Un autre usage vicieux à réformer est celui de chauffer ces mêmes poêles au point de les faire devenir rouges, parce que, si la pièce est étroite ou mal ventilée, il peut en résulter des gaz nuisibles à la santé.

Le poêle que représente la *fig.* 40 se compose d'un foyer en fonte, A, où l'on brûle le combustible, et d'une enveloppe extérieure, B, qui est en tôle. L'air froid entre par un canal, C, qui le puise en dehors de la chambre, et, après s'être échauffé en circulant autour du foyer, il s'échappe par les bouches de cha-

1. Voy., sur l'action pernicieuse de ce gaz, la trente-Sixième Lecture, page 217.
2. Voy., sur la véritable nature de cette substance, la note de la page 193.

leur I. Les lettres *r* et D indiquent, la première, le registre qui sert à régler la combustion ; la seconde, le tiroir ou cendrier dans lequel tombent les cendres.

4. **Cheminées-poêles.** On désigne sous ce nom des appareils qui tiennent des cheminées en ce qu'ils laissent voir le feu, et des poêles en ce qu'ils échauffent l'air par les parois du foyer. Ce sont des cheminées en métal et de dimensions généralement peu considérables, qui sont disposées de manière que la combustion y soit aussi complète que possible, et dont la fumée est reçue par un tuyau de tôle ou de faïence qui va déboucher dans la hotte d'une cheminée ordinaire, que l'on a préalablement bouchée. Leur foyer est ouvert sur le devant, mais on peut le fermer plus ou moins au moyen d'un *registre*. On appelle ainsi, comme nous l'avons déjà dit, une plaque de tôle verticale, que l'on fait plus ou moins monter ou descendre en tournant une manivelle, suivant que l'on veut activer ou ralentir le feu. A ce système appartiennent les cheminées dites *à la prussienne*.

Les cheminées-poêles réunissent les avantages des cheminées et des poêles et n'en ont pas les inconvénients. Elles fonctionnent donc parfaitement, pourvu toutefois que la ventilation soit convenablement établie, c'est-à-dire que l'air de la chambre puisse se renouveler facilement.

5. **Calorifères.** Les *calorifères* sont des appareils de très-grandes dimensions destinés à échauffer les édifices publics et les habitations particulières les plus considérables, au moyen de courants d'air chaud, d'eau chaude ou de vapeur qui circulent dans des conduites disposées à cet effet. Ils se composent tous de deux parties distinctes : l'une, qui est le calorifère proprement dit, sert à chauffer l'air ou l'eau, ou à produire la vapeur : elle est généralement placée dans les caves ; l'autre, qui comprend les conduites, est cachée dans l'épaisseur des murs et sert à diriger l'air chaud, l'eau chaude ou la vapeur dans les salles qu'on veut maintenir à une température déterminée.

La *figure* 41, qui offre la coupe d'une maison chauffée par circulation d'eau chaude, donne une idée complète de l'organisation de ces divers systèmes de chauffage. Dans une cave, A, se trouvent la chaudière et son foyer. Un tube vertical, *ab*, surmonte la chaudière et la met en communication avec un réservoir, B, placé à la partie la plus élevée de l'édifice, et d'où partent d'autres tubes qui se rendent aux étages inférieurs. Chacun de ces tubes, *cd* par exemple, débouche dans

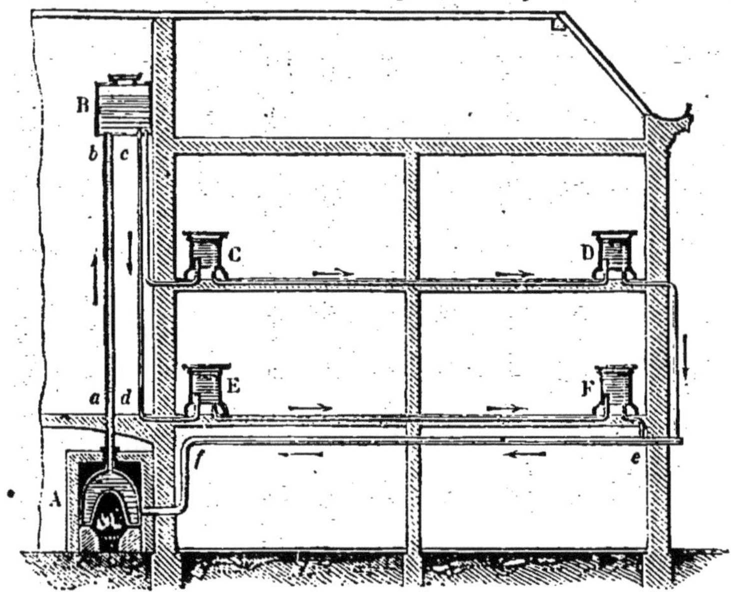

Fig. 41. — Chauffage par circulation d'eau chaude.

le haut d'une boîte ou caisse, E, qui forme une espèce de poêle. Un second tube part du bas de cette boîte, et se rend dans une boîte semblable, F. Enfin, un autre tube, *ef*, fait communiquer cette dernière boîte avec la partie inférieure de la chaudière. Le second étage est chauffé au moyen des poêles CD, qui sont exactement disposés comme ceux dont nous venons de parler. Tout l'appareil étant plein d'eau et le feu en pleine activité, l'eau chaude sort de la chaudière, par le tube *ab*, s'élève jusqu'au réservoir B, parcourt les tubes et les poêles en leur abandonnant toute sa chaleur, et revient, par le tube *ef*, à son point de départ, d'où, après avoir été chauffée de nouveau, elle parcourt de nouveau tout le circuit, et ainsi de suite.

Les calorifères chauffent souvent au point d'occasionner des maux de tête, des vertiges, etc.; mais on remédie à cet inconvénient en modifiant la ventilation.

QUARANTIÈME LECTURE

L'Habitation.

Ancienneté de « l'habitation. » En quoi elle consiste chez les sauvages des pays chauds, chez les peuples nomades, dans les contrées glaciales, chez les peuples sédentaires. Conditions de l'habitation salubre : emplacement, exposition. Ce que doivent être les murs, les planchers, le toit. Revue des étages au point de vue de la salubrité. Ventilation. Accessoires de l'habitation. Humidité des maisons neuves.

I. — L'homme, dès les premiers temps de son existence, a dû songer à s'abriter contre les intempéries de l'air ; mais les moyens qu'il a employés pour cela ont varié infiniment suivant le climat, le genre de vie et le degré de civilisation.

1. Dans les pays chauds, plusieurs peuplades misérables n'habitent encore que des creux d'arbres ou de rochers ; tels sont les Shangalas, tribus nègres de l'Abyssinie. D'autres, comme certains sauvages de l'Amérique du Sud, se contentent de suspendre leurs hamacs aux branches des arbres.

2. Les nations qui mènent la vie nomade ont des demeures essentiellement mobiles. C'est ainsi que les Arabes logent sous des tentes, destinées chacune à une famille, et qui, tissées en poil de chèvre ou de chameau, sont tendues sur des piquets plantés en terre. Au lieu de tentes, les Tartares se servent de huttes rondes, faites de bois ou d'osier, recouvertes d'un feutre épais ou d'une couche de mortier, et percées d'un trou au sommet pour le passage de la fumée. Ces huttes sont portées sur des chariots à quatre roues, que traînent des bœufs. Les femmes et les enfants s'y retirent, et les hommes suivent à cheval.

3. Afin de pouvoir résister aux hivers excessifs de leur climat, les Kamtchadales se creusent des abris souterrains, semblables à des espèces de grands terriers. Au contraire, les Groënlandais, qui ont à se protéger contre des froids encore plus rigoureux, se construisent des demeures closes de toutes parts, soit avec des pierres, de la terre et de la mousse, soit avec de simples blocs de glace cimentés de neige.

4. Dans presque tous les pays occupés par des peuples sédentaires, les premières habitations ont été des cabanes faites de pièces de bois enfoncées dans le sol, alignées au plafond, et enduites d'argile; mais ce prototype, qui, chez les nations à imagination vive, a produit les formes architecturales les plus magnifiques, a été complètement stérile chez une foule d'autres.

II. — Quelles que soient les personnes qu'elles sont destinées à héberger, les maisons d'habitation doivent réunir un certain nombre de conditions, que nous allons passer sommairement en revue, et qui toutes ont pour objet d'en rendre le séjour agréable, commode et parfaitement salubre.

1. **Emplacement.** On n'est pas toujours libre de choisir l'emplacement le plus convenable. Quand la chose est possible, il convient de le fixer de préférence à une élévation modérée, « circonstance aussi avantageuse dans les villes, où l'air circulera plus libre et plus pur, que dans les campagnes, où l'on sera plus sûrement à l'abri de ces miasmes[1] que développe l'humidité malsaine entretenue par les cours d'eau, les mares, les chemins creux. »

2. **Exposition.** Le choix de l'exposition dépend de plusieurs causes, telles que le soleil, les vents qui règnent habituellement, les lieux environnants. Dans le Nord, les ouvertures regardent ordinairement le midi, tandis que, dans le Midi, elles sont tournées vers le nord. Dans nos climats tempérés, l'exposition du sud-est paraît la plus convenable. Il faut éviter celle de l'ouest, parce que c'est dans cette direction que soufflent les vents prédominants, lesquels nous arrivent chargés du froid humide qu'ils ont puisé en balayant la surface de vastes mers. Dans les pays accidentés, il y a aussi à tenir compte des directions particulières que les gorges et les vallées donnent aux vents, et des abris que l'on peut trouver au penchant des montagnes et des collines. Enfin, il faut éviter de se placer dans le voisinage immédiat

1. On appelle *miasmes*, du grec *miasma*, souillure, des matières excessivement ténues et souvent infectes que laissent échapper les substances animales ou végétales en décomposition, et qui, entraînées par l'air, dans le corps de l'homme, pendant la respiration, y développent des maladies plus ou moins dangereuses.

des canaux, des rivières à cours très-lent, des prairies soumises aux irrigations, ou sous le vent de marais, de cimetières, d'étangs, d'où s'échappent habituellement des gaz ou des miasmes capables d'exercer une action nuisible sur la santé.

3. **Matériaux.** La nature des matériaux contribue beaucoup à la salubrité des habitations. Il y a donc un choix à faire: nous en dirons quelques mots à la Lecture suivante.

4. **Murs.** Les murs doivent être épais et parfaitement secs; mais il est rare qu'ils possèdent cette dernière qualité à un degré suffisant. Dans les étages inférieurs, ils présentent généralement une humidité constante, qui provient du sol et s'élève d'une manière très-lente, mais constante. Dans les étages supérieurs, ils se laissent pénétrer par les eaux pluviales, et cette pénétration est d'autant plus grande qu'ils sont plus minces.

On a recours à une foule de moyens pour prévenir les désastreux effets de l'humidité des murs sur la santé. S'agit-il d'empêcher l'ascension de l'humidité du sol? on place dans les murs, à différentes hauteurs et à partir de 50 centimètres au-dessus du pavé, soit des plaques de zinc ou de plomb, soit une couche un peu épaisse de bitume ou de quelque autre substance également imperméable. Veut-on garantir l'intérieur des appartements de l'infiltration des eaux pluviales? on revêt les murs de boiseries, ou, ce qui est plus économique, de lames de plomb ou de zinc, et c'est sur ces boiseries ou ces lames qu'on applique les peintures et le papier. On peut aussi employer les enduits dont nous venons de parler, mais ils ne produisent, en général, des résultats tout à fait satisfaisants que sur le plâtre neuf et les pierres dites d'appareil[1].

5. **Planchers.** Les planchers en bois dur[2] sont les

1. On appelle *pierres d'appareil* celles qui sont propres aux constructions, c'est-à-dire qui ne s'égrènent pas à l'air, ne s'éclatent ni à la gelée ni au feu, ont le grain fin et uniforme, sont faciles à tailler et peuvent être placées dans tous les sens. Les meilleures sont les granites, les calcaires, les laves et les grès.

2. Le chêne, le châtaignier, l'orme, le frêne, le hêtre, sont des « bois durs. »

meilleurs de tous. Ils garantissent parfaitement de l'humidité et conservent bien la chaleur. Les planchers en bois mou[1] ont le défaut d'absorber les liquides qu'on y laisse tomber et de se laisser pénétrer par les miasmes, ce qui en amène promptement la destruction et en fait des foyers d'infection. Les planchers en briques ou en dalles, s'ils procurent en été une agréable fraîcheur, sont trop froids en hiver, à moins qu'on ne puisse les recouvrir de nattes ou de tapis. Quant aux planchers en terre battue, encore si communs dans les campagnes pour les rez-de-chaussée, ils sont éminemment insalubres et doivent, par conséquent, être rejetés.

6. **Toits.** Les toits varient de forme suivant les climats. Dans les pays chauds, où il pleut rarement, on les fait généralement plats et en terrasse ; ils servent, le soir, de lieu de réunion, et l'on y vient respirer un air plus frais et plus pur. Dans les pays froids et dans les pays tempérés, on leur donne une certaine inclinaison, afin de faciliter l'écoulement de la pluie et de la neige.

Les tuiles et les ardoises sont les meilleures matières que l'on puisse employer pour l'établissement des *couvertures*. Le bois et le chaume doivent être rejetés, parce qu'ils exposent perpétuellement à de graves incendies. On reproche, en outre, à ce dernier de n'être pas sans influence sur la production des fièvres dites intermittentes. Les toitures métalliques, c'est-à-dire en lames de zinc ou de plomb, dont l'usage est si répandu dans les grandes villes, sont d'un bon service. Elles s'échauffent, il est vrai, beaucoup, et communiquent leur chaleur aux chambres situées immédiatement au-dessous ; mais il suffit souvent de quelques précautions fort simples pour remédier à cet inconvénient.

7. **Étages.** Parmi les différents étages d'une maison, le *rez-de-chaussée* est presque toujours humide : pour qu'il soit véritablement salubre, il faut qu'il se trouve au-dessus d'une cave bien voûtée, et que l'air et la lumière y pénè-

1. Le peuplier, le bouleau, l'aune, le tilleul, sont des « bois mous. »

trent abondamment par de larges ouvertures en communication directe avec la campagne, ou avec de vastes places ou de grandes rues. Les *entre-sols* laissent souvent à désirer, surtout dans les villes, à cause du peu d'élévation de leurs plafonds, qui rend le renouvellement de l'air difficile. Partout, les *étages élevés* sont les plus sains. Il faut cependant en excepter les chambres établies directement sous la toiture, parce que, trop exposées aux vicissitudes atmosphériques, elles sont glaciales en hiver et torrides en été. Pour les rendre habitables, il est indispensable de les séparer de la couverture au moyen d'une cloison qui leur sert de plafond et limite une couche d'air d'une certaine épaisseur; encore même, ne réussit-on pas toujours à rendre leur séjour agréable.

8. **Dimensions.** Les dimensions et la distribution des maisons varient nécessairement suivant une multitude de circonstances; mais la capacité de toute chambre destinée à l'habitation ordinaire est de la plus haute importance. En effet, le séjour habituel, et plus particulièrement le coucher, dans un lieu trop étroit, vicient l'air rapidement, déterminent la production de plusieurs maladies très-graves et favorisent le développement des épidémies. On admet qu'en général, pour qu'une chambre d'habitation devant servir à recevoir une seule personne, soit dans des conditions convenables au point de vue de la salubrité, il est nécessaire qu'elle ait au moins 4 mètres de longueur, autant de largeur, et de 3 mètres à 3 mètres et demi de hauteur.

9. **Ventilation.** Nous avons parlé plusieurs fois de la ventilation, en d'autres termes, du renouvellement de l'air dans les habitations. Ce renouvellement est d'une nécessité si impérieuse que, lorsqu'il peut se faire d'une manière très-simple et très-complète, il donne le moyen de diminuer beaucoup les effets résultant de l'insuffisance des dimensions. « Le nombre, le diamètre et la disposition des ouvertures y contribuent beaucoup, ainsi que les cheminées. Pratiquées en regard les unes des autres, les fenêtres doivent occuper les deux tiers de la largeur totale des murs,

et atteindre jusqu'à une petite distance du plafond. En outre, s'il existe un intervalle d'un mètre et demi environ entre leur bord inférieur et le plancher, il est utile d'établir, au niveau de ce dernier, plusieurs petites ventouses munies de fermetures mobiles. Dans nos climats, la meilleure exposition des fenêtres est celle de l'est. Partout où il n'y a point deux rangs opposés de fenêtres, il faut avoir soin de placer les portes en face d'une croisée ou de la cheminée. Elles doivent fermer assez exactement pour prévenir les courants d'air partiels, c'est-à-dire les vents coulis, mais non pas hermétiquement, parce que, dans ce cas, elles feraient obstacle à la ventilation. Remarquons, en outre, que celles des chambres à coucher et des chambres de travail doivent être disposées de telle sorte qu'en s'ouvrant elles ne puissent pas lancer un courant d'air froid sur les personnes au lit ou occupées à un travail qui exige l'immobilité. »

10. **Accessoires.** Les accessoires indispensables des habitations réclament les soins les plus minutieux. Ainsi, les eaux ménagères ont besoin d'éviers, de conduits, de décharges, de ruisseaux : il faut éviter qu'elles ne s'arrêtent et ne croupissent sur le pavé des cours et des lieux voisins. Les fosses d'aisances sont des foyers d'infection qui souvent rendent inhabitables les appartements les plus somptueux, et parfois occasionnent des accidents mortels ; il faut prendre les précautions les plus minutieuses pour qu'elles ne puissent nuire. Que dire des étables, des écuries, des trous où l'on élève la volaille, les lapins ? Dans l'intérieur des villes et des bourgs, il n'y a qu'un espace très-vaste, une nécessité absolue ou des soins de propreté de tous les instants qui puissent les faire tolérer.

11. **Humidité.** On sait que les rhumatismes, les pleurésies, les phthisies, les bronchites, n'ont le plus souvent pour cause que le séjour dans un lieu humide. C'est à ces maladies que sont exposées les personnes qui s'établissent trop tôt dans les habitations récemment édifiées, parce que les constructions nouvelles contiennent toujours une grande quantité d'eau, qui ne s'évapore qu'à la longue. Ces habitations ne sont sans danger que plusieurs mois après leur

achèvement, c'est-à-dire après qu'elles ont eu le temps de sécher. Des vêtements bien chauds, une large aération et un bon feu dans chaque cheminée, sont les préservatifs que ne doivent pas manquer d'adopter ceux qui, pour une raison quelconque, sont obligés d'en *sécher les plâtres*, c'est-à-dire de s'y installer quand elles sont encore humides.

QUARANTE ET UNIÈME LECTURE.

Les Matériaux de construction.

Ce qu'on entend par « matériaux de construction. » Quels sont les meilleurs? — Les « pierres. » En quoi les « granits, » se recommandent. Circonstances de leur emploi. L'obélisque de la place de la Concorde : pourquoi cité. Les « calcaires, » Comment ils se divisent. A quelles constructions ils sont propres. Qualités de la « meulière. » Ce qui en limite l'emploi. Inconvénients des « grès. » Emploi des « laves, » du « basalte, » de la « craie. » Ce que doivent être les bonnes pierres à bâtir. Ce qu'on entend par « pierres gélives. » Précautions de la mise en œuvre. Les « marbres. » Définition. Variétés qu'ils présentent. A quoi ils sont employés. — L' « ardoise. » Ce que c'est. Usage qu'on en fait. Caractères des bonnes ardoises. Comment on les durcit. — Les « briques. » Ancienneté de leur emploi. « Briques crues : » circonstances de leur emploi; moyen de les rendre plus solides. « Briques cuites : » caractères des bonnes et des mauvaises. « Briques creuses : » ce que c'est; à quoi elles servent; leur utilité. — La « terre. » Constructions en « pisé : » avantages qu'elles offrent. — Les « mortiers » et les « ciments. » Nécessité de leur usage. En quoi consistent les mortiers. Ce qu'on appelle « mortiers aériens : » leur composition; leur destination. Ce qu'on appelle « mortiers hydrauliques : » leur composition; leur destination. Qu'entend-on par « ciments. » Le « béton : » sa composition; ses applications. — Le « plâtre : » à quoi on l'emploie; ses inconvénients sous le rapport de la salubrité. — Le « bois. » Son utilité. Choix à faire suivant les circonstances. Ce qu'est le bon bois. Conservation du bois. — Les « métaux. » Le « plomb » et le « zinc : » ce qu'on en fait. Importance de l'emploi du « fer. »

Sous le nom de **matériaux de construction,** on désigne les diverses substances employées par l'art de bâtir. On regarde comme les meilleurs ceux qui sont à la fois les plus solides et les plus légers, et qui, en outre, possèdent la triple propriété d'être mauvais conducteurs de la chaleur, de ne pas se laisser pénétrer par l'humidité, et de ne pas dégager des gaz nuisibles à la santé.

1. **Pierres.** Les pierres propres aux constructions sont très-nombreuses et se rencontrent partout, soit l'une, soit l'autre, ou plusieurs en même temps; mais elles possèdent des propriétés différentes, qui font qu'elles ne conviennent pas toutes dans toutes les circonstances. Nous allons passer rapidement en revue celles dont l'usage est le plus répandu.

A. Les *granits*[1] se recommandent surtout par leur dureté, qui les rend difficiles à tailler; de là l'expression vulgaire « dur comme le granit; » mais, d'un autre côté, ils sont tout à fait inaltérables et, par suite, d'une durée impossible à limiter. Dans les pays où ils abondent, on les emploie de préférence dans les parties des constructions qui, étant exposées à recevoir des chocs ou à être soumises à une fatigue continue, ont besoin de présenter la plus grande résistance possible. Ainsi, c'est en granit que l'on fait habituellement les dallages, les piédestaux, les bornes, les bordures des trottoirs, etc. Pour donner une idée de l'énorme durée des pierres de cette espèce, nous citerons l'obélisque[2] de la place de la Concorde, à Paris, qui date de plus de trois mille ans, et qui, malgré une ancienneté si considérable, a les arêtes si admirablement conservées que la main de l'ouvrier semble venir de les achever.

B. Parmi les *calcaires*[3], il y en a de durs et de tendres.

1. Le *granits* ou *granites* sont des pierres formées de mica, de feldspath et de quartz. On les appelle ainsi, de l'italien *granitello*, dérivé lui-même du latin *granum*, grain, parce que les matières qui les constituent s'y trouvent sous la forme de grains agglutinés, d'une grosseur variable, mais distincts à l'œil nu.

2. *Obélisque.* Voyez, pour l'origine et la signification de ce mot, la note 1 de la page 29. Le monument dont il est question ici a été apporté d'Egypte, en 1833. Il est haut de 23m,39 et pèse 250,000 kilogrammes.

3. *Calcaire*, du latin *calx*, chaux. On appelle ainsi, comme nous l'avons vu dans une note précédente, toutes les pierres qui sont essentiellement composées de chaux carbonatée, c'est-à-dire de chaux et d'acide carbonique. Les divers marbres, la craie, les pierres lithographiques, sont des calcaires. Les variétés qu'on emploie habituellement pour les constructions sont désignées d'une manière générale, sous le nom de *calcaire grossier*, par les savants, et sous celui de *pierre à bâtir* ou *pierre à chaux*, par les ouvriers.

Les premiers ont à peu près les mêmes propriétés et les mêmes inconvénients que les granits et sont propres aux mêmes usages. Les seconds, au contraire, se recommandent par une dureté moyenne, qui permet de les travailler aisément; en outre, ils sont plus légers et prennent mieux le mortier. Aussi, est-ce à ces derniers que l'art de bâtir a le plus fréquemment recours pour les travaux ordinaires, et leurs nombreuses variétés lui fournissent des matériaux propres à tous les besoins.

Les calcaires, nous le savons déjà, sont formés de carbonate de chaux, qui lui-même est composé d'acide carbonique et de chaux. Quand cette substance contient un excès d'acide, elle se dissout parfaitement dans l'eau. Il y a des sources qui en sont tellement chargées, qu'elles la laissent déposer aussitôt qu'elles se trouvent en contact avec l'air atmosphérique. Lorsque l'eau d'une de ces sources vient à s'infiltrer dans les fissures des pierres situées à la voûte de certaines grottes, elle suinte goutte à goutte et abandonne, par son évaporation, les molécules [1] de carbonate de chaux. Celles-ci se recouvrant incessamment de nouvelles molécules, il résulte bientôt de cette agglomération continuelle, des tubes, des protubérances coniques qui pendent à la voûte. Mais une partie du liquide, en tombant sur le sol, y produit d'autres tubes, d'autres protubérances qui, à la longue, se réunissent aux tubes et aux protubérances de la voûte, de manière à former des colonnades de l'aspect le plus saisissant (*fig.* 42).

C. Une des pierres les plus avantageuses est celle que l'on appelle *meulière*, parce qu'on en fait des meules de moulin [2]. Elle réunit la légèreté à l'inaltérabilité, et prend parfaitement le mortier à cause de la multitude de trous dont elle est criblée. Malheureusement, on ne la trouve presque jamais en blocs assez volumineux pour qu'on puisse en faire de la pierre de taille, ce qui oblige à ne s'en servir qu'à l'état de moellon.

1. *Molécules*. Voyez la note 2 de la page 100.
2. La pierre meulière, ou *pierre à meule*, est une variété de quartz compacte qui fait partie du groupe des silex ou cailloux. Ce qui la caractérise à la vue, c'est qu'elle est toute criblée de petites cavités très-irrégulières.

D. Dans quelques contrées, on emploie le *grès*[1]; mais, sauf un très-petit nombre de variétés, la plupart des pierres de cette nature ont le grave inconvénient, les unes de s'égrener trop facilement sous la pression; les autres, au contraire, d'être trop aigres et trop cassantes pour se laisser tailler convenablement. Notons en passant que la magnifique cathédrale de Strasbourg est bâtie en grès rouge; et qu'à Paris, ainsi que dans plusieurs autres grandes villes, certaines variétés dures sont d'un usage général pour le pavage des rues.

E. Les *laves*[2], là où on les rencontre, font très-souvent le service de pierres à bâtir. Celles qui sont poreuses conviennent surtout pour cette application parce qu'elles sont légères et se travaillent sans trop de peine. C'est avec des matériaux de cette espèce que sont construits la plupart des édifices dans notre ancienne province d'Auvergne. Les laves servent aussi pour le pavage. Il en est de même du *basalte*, qui est aussi un produit des volcans.

F. Dans plusieurs pays, la *craie* possède une assez grande consistance pour qu'on puisse l'employer comme pierre à bâtir. Tel est, par exemple, le cas de la Champagne. Cette matière offre un avantage très-considérable: c'est d'être tendre et facile à tailler au moment où on l'extrait de la carrière, et de durcir d'une manière remarquable une fois qu'on l'a mise en œuvre.

G. Il ne suffit pas d'avoir des pierres à bâtir à sa disposition, il faut encore savoir les choisir, car elles ne sont pas toujours également bonnes. Toute pierre destinée aux constructions, disent les hommes du métier, doit être pleine, sonore, exempte de fentes ou fêlures, parfaitement homogène[3]. Il arrive souvent, principalement pour les calcaires,

1. *Grès*, du vieux mot gaulois *craig*, pierre, à ce qu'on croit. Les pierres auxquelles on donne ce nom sont formées de grains de sable agglutinés par un ciment ou mastic quelconque, argileux, siliceux ou calcaire.

2. Nous avons vu précédemment, pages 9 et 10, que les *laves* ont une origine volcanique. Toutes les matières fondues rejetées par les volcans et qui se solidifient en se refroidissant prennent généralement ce nom.

3. *Homogène*. Du grec *omos*, semblable, et *génos*, genre; qui est de même nature, dont toutes les parties sont rigoureusement semblables.

que le lit inférieur et le lit supérieur de chaque banc se composent d'une substance moins dure que le reste. Il faut avoir soin de rejeter ces parties défectueuses. Un autre soin d'une importance capitale, c'est de mettre de côté les pier-

Fig. 42. — Grotte à colonnes.

res *gélives*, c'est-à-dire susceptibles d'être détruites par la gelée. Ces pierres doivent ce défaut à ce qu'elles renferment naturellement beaucoup d'eau. A l'époque des grands froids, cette eau se congèle et, comme elle augmente alors de volume[1], elle exerce sur les parois qui l'emprisonnent un effort suffisant pour les faire éclater, au moins pour y déterminer des fissures. On sait, en général, par expérience, dans chaque pays, quelles sont les pierres qui sont ou non gélives. Quand cette connaissance manque, on l'acquiert au moyen d'une opération fort simple qu'on trouve décrite dans tous les ouvrages d'architecture.

La mise en œuvre des pierres exige également quelques précautions. Ainsi, il faut se garder de mettre à l'extérieur, surtout à proximité du sol, celles que l'humidité pourrait attaquer. En outre, plus particulièrement quand elles forment des points d'appui, il faut les poser dans le même sens que celui qu'elles avaient dans la carrière, c'est-à-dire qu'on ne doit pas placer verticalement celles dont la position naturelle était horizontale, et réciproquement.

2. **Marbres.** On désigne sous ce nom les pierres calcaires qui sont susceptibles de recevoir un beau poli. Les matériaux de cette classe se rencontrent dans presque tous les pays; mais chaque lieu, chaque carrière, chaque lit de la même carrière fournissent des variétés qui diffèrent entre elles sous une foule de rapports, tels que la nuance, la vivacité ou la disposition des couleurs, la finesse du grain, la présence ou l'absence de débris organiques ou inorganiques, etc. Dans tous les cas, tant que la surface des marbres est brute, leurs couleurs restent ternes, leurs veines mal tranchées, et leur beauté ne peut être mise en évidence que par le poli.

Les marbres sont quelquefois employés comme pierres à bâtir: c'est du moins ce qui a lieu, pour les variétés communes, dans les pays de production; mais, en général, ils servent presque exclusivement aux ouvrages de sculpture et à la décoration des meubles et des monuments.

3. **Ardoise.** C'est une variété de schiste[2] qui est à peu

1. Contrairement à la loi générale, l'eau, en se congelant, augmente de volume. Or, rien ne peut donner une idée de la force avec laquelle la glace agit, quand elle se forme, pour se faire sa place, si les parois du récipient où le phénomène a lieu ne peuvent point céder. Des canons de fusil, des bombes épaisses, qu'on remplit d'eau et qu'on ferme ensuite hermétiquement avec un bouchon à vis, éclatent si l'on fait congeler l'eau.

2. Nous savons que le mot *schiste*, du grec *skhizein*, fendre, s'applique à tou-

près inaltérable à l'air, et qui se laisse diviser en feuillets très-minces et très-plans. Il y a des ardoises de plusieurs couleurs, mais la teinte la plus commune est un gris caractéristique qu'on appelle *gris d'ardoise*. Sur les lieux de production, l'ardoise est souvent utilisée comme pierre à bâtir. Partout ailleurs, on ne l'emploie guère que pour couvrir les édifices, et elle rend, sous ce rapport, d'inappréciables services. Grâce à leur régularité, ses feuillets se recouvrent parfaitement les uns les autres, sans laisser entre eux le moindre jour, et, comme ils sont légers, il n'est pas nécessaire d'une massive charpente pour les supporter. Quelquefois cependant, surtout dans les pays de montagnes, on est obligé de se servir d'ardoises pesantes, parce que, sans cette précaution, les toits seraient exposés à être dégradés ou même emportés par la violence des vents.

Le choix des ardoises demande quelque attention. Plus elles sont dures et pesantes, meilleures elles sont. En outre, il faut préférer celles qui se coupent net; qui, frappées sur un corps dur, font entendre un son clair et sonore; qui, plongées dans l'eau par un bout, pendant une journée, ne se laissent pas pénétrer au delà d'un centimètre au-dessus du liquide. On les rend plus dures et plus résistantes en les faisant cuire dans un four à briques jusqu'à ce qu'elles prennent une couleur rouge pâle; mais, après cette opération, elles ne peuvent plus être travaillées: il est donc indispensable, avant de les y soumettre, de leur donner la forme définitive qu'elles doivent avoir.

4. **Briques.** On regarde généralement les briques comme les premiers matériaux artificiels que la main de l'homme ait su fabriquer. Elles sont crues ou cuites.

A. Les briques *crues* sont simplement séchées au soleil. Elles ne peuvent être d'un bon service que dans les lieux absolument dépourvus d'humidité, ce qui en réduit considérablement l'usage dans nos pays. Là où on les emploie, on augmente ordinairement leur solidité en mêlant à la terre, soit de la paille hachée ou des brins d'herbe, soit des débris

tes les matières minérales qui sont disposées par feuillets, ou qui se divisent facilement en dalles ou plaques.

de matières textiles, qui en lient parfaitement les différentes parties. Les briques ainsi produites peuvent, quand toutes les circonstances leur sont favorables, durer des centaines d'années.

B. Les briques *cuites* sont celles dont l'emploi est le plus habituel. Bien cuites, elles valent mieux que les moellons recouverts d'une épaisse couche de plâtre, et ont une très-longue durée, ainsi que le témoignent ceux des ouvrages des Romains dans la construction desquels on les a fait entrer. Mal cuites, elles absorbent promptement l'humidité, se brisent au moindre choc, et, quand les grands froids arrivent, se comportent comme les pierres gélives. En général, on reconnaît que les briques sont de bonne qualité quand, frappées avec un marteau, elles font entendre un son pur et clair. Dans le cas contraire, elles rendent un son sourd et fêlé.

C. Les briques *creuses*, que l'on emploie si fréquemment depuis une quinzaine d'années, doivent ce nom à ce qu'elles sont traversées de part en part par des canaux plus ou moins nombreux, ne laissant entre eux que des parois d'environ deux centimètres d'épaisseur. Elles servent à élever à peu de frais des constructions à la fois très-légères et très-solides. De plus, elles garantissent mieux de l'humidité que les briques ordinaires, conduisent moins facilement la chaleur et résistent davantage à la rupture et aux agents atmosphériques.

5. **Terre.** La terre n'est pas seulement propre à la fabrication des briques. Quand elle n'est ni trop maigre, ni trop grasse, elle peut aussi servir directement à faire des murs de clôture, même des habitations tout entières. Les constructions de ce genre sont dites en *pisé*. Faites avec soin, elles acquièrent avec le temps une grande solidité, et si l'on a la précaution de les recouvrir à l'extérieur d'un bon enduit, elles peuvent durer des siècles.

Le pisé est très-employé dans les pays méridionaux pour les habitations rurales, qu'il garantit admirablement de l'humidité. On en fait aussi un usage non moins fréquent pour les clôtures, et l'on a remarqué de temps immémorial que les arbres palissés sur de semblables murs réussissent beaucoup mieux que ceux qu'on dispose sur des murs en maçonnerie, parce que, lorsqu'il a été échauffé par les rayons solaires, le pisé possède une chaleur douce et permanente qui favorise singulièrement la végétation.

6. **Mortiers** et **Ciments.** Quelquefois, pour établir les maçonneries, on se contente de placer les pierres ou les briques les unes sur les autres, sans aucune substance intermédiaire ; mais ce système, dit *à pierres sèches*, est très-rarement employé parce qu'il ne donnerait pas une assez grande solidité. Le plus souvent, on relie les matériaux entre eux au moyen de compositions pâteuses qui, suivant leur nature, se nomment *mortiers* ou *ciments*.

A. Les *mortiers* sont des mélanges de chaux et de sable ; mais, selon la nature de la chaux, ils possèdent des propriétés différentes, qui les font distinguer en *aériens* et en *hydrauliques*.

Les *mortiers aériens* sont exclusivement destinés aux travaux exécutés en plein air ou dans les lieux secs. La chaux qui sert à les fabriquer est la chaux ordinaire, c'est-à-dire obtenue en calcinant une pierre calcaire quelconque. Ces mortiers ne peuvent être employés pour les maçonneries établies sous l'eau ou dans les lieux humides, parce que, au contact de l'eau, ils se délayent et se dissolvent complétement.

A la différence des précédents, les *mortiers hydrauliques* font prise et durcissent sous l'eau. Ils doivent cette propriété à ce que la chaux avec laquelle on les prépare contient une quantité d'argile qui peut aller jusqu'à 25 pour 100. On les dit *moyennement hydrauliques*, quand la proportion d'argile est de 9 à 10 pour 100 ; *hydrauliques*, quand elle est de 15 à 20 pour 100 ; *éminemment hydrauliques*, quand elle est de 20 à 25 pour 100. Les premiers font prise quinze à vingt jours après leur emploi, mais ils ne deviennent jamais bien durs. Les seconds prennent du sixième au huitième jour, et leur durcissement, déjà très-remarquable au sixième mois, n'est complet qu'à la fin de l'année. Enfin, les troisièmes font prise du second au quatrième jour, et, six mois après, ils ont la dureté de la pierre. Les mortiers hydrauliques sont les seuls qui conviennent dans les lieux humides ou exposés aux infiltrations de l'eau.

B. Les *ciments* sont tous hydrauliques, mais leur composition est loin d'être la même. En effet, les uns sont de simples mélanges de chaux ordinaire et de briques pilées, tandis que les autres sont des variétés de chaux hydraulique, qui contiennent de 25 à 35 pour 100 d'argile, et qui font prise presque instantanément. Ce sont ces derniers que l'on nomme vulgairement *ciments romains*, et nul n'ignore les services qu'ils rendent chaque jour à l'art des constructions.

7. **Béton.** On appelle ainsi un mélange de mortier hydraulique et de pierres concassées. On y a recours pour établir les fondations dans les lieux sujets à l'humidité. Quand il est fait et employé avec les soins convenables, il durcit avec une telle rapidité qu'il est capable de supporter la maçonnerie sept à huit jours après sa mise en place. On se sert aussi du béton pour fabriquer, au moyen du moulage, des *pierres artificielles* de toute forme et de toutes dimensions, qui sont utilisées dans les lieux où l'on manque de matériaux ordinaires.

8. **Plâtre.** Le plâtre est employé, soit en guise de mortier, soit pour faire des ornements; mais c'est la première de ces deux applications qui est la plus importante. Quand il est solidifié depuis peu, il renferme les deux tiers de son poids d'eau. Aussi, est-il, pour les murailles sur lesquelles on l'a appliqué en couches épaisses, une cause d'humidité qui ne disparaît qu'au bout d'un temps plus ou moins long. De plus, comme il s'altère rapidement au contact de l'eau, il faut s'abstenir de l'employer dans les parties humides; la chaux hydraulique et les divers ciments doivent lui être préférés.

9. **Bois.** L'extrême facilité avec laquelle le bois se travaille l'a fait utiliser de temps immémorial par l'art de bâtir. Dans certains pays, il fait, à lui seul, presque tous les frais des habitations, soit à cause de la rareté des matériaux d'origine minérale, soit en raison de quelque autre circonstance locale. Dans ceux dont les constructions sont en maçonnerie, il joue encore un rôle important, puisqu'il sert

ordinairement à établir les planchers et les parquets.

Tous les bois peuvent, à la rigueur, être employés à la construction des édifices ; mais certaines espèces seulement y conviennent d'une manière plus spéciale, et chacune d'elles est plus particulièrement propre à telle ou telle application. Ainsi, par exemple, les bois tendres, suffisants pour des systèmes de charpente qui ne demandent pas une grande solidité d'assemblage, ne le sont pas pour d'autres systèmes qui exigent plus de précision ou de rigidité, et qui, par conséquent, veulent être faits en chêne ou en tout autre bois dur. Il est donc important de choisir le bois selon l'usage spécial qu'on veut en faire. Une autre précaution, c'est de savoir distinguer celui qui est de bonne ou de mauvaise qualité. En général, on ne doit mettre en œuvre, pour les ouvrages qui ont besoin de solidité, que des bois bien secs et ayant les fibres très-fortes, souples et rapprochées les unes des autres.

Le principal inconvénient du bois, c'est sa combustibilité. Pour y remédier, on a proposé un assez grand nombre de moyens ; mais les uns ont été reconnus insuffisants et les autres sont d'une exécution trop difficile ou trop coûteuse. On a été plus heureux quand on s'est proposé de prolonger la durée du bois, en le garantissant de la pourriture. Parmi les procédés imaginés à cet effet, un des plus efficaces et, à coup sûr, le plus simple, est celui qui consiste à infiltrer les bois avec une solution de sulfate de cuivre, c'est-à-dire de la substance qu'on appelle vulgairement *vitriol bleu* ou *couperose bleue*.

10. **Métaux.** Trois métaux, le *plomb*, le *zinc* et le *fer*, sont particulièrement employés par les constructeurs. Les deux premiers servent surtout pour la confection des tuyaux de descente ou de conduite, des couvertures et des réservoirs. Quant au troisième, il n'a d'abord été utilisé que pour relier et consolider les autres matériaux ou pour l'exécution de quelques ouvrages, tels que les grilles, les rampes, les balcons ; mais, de nos jours, il s'est substitué aux charpentes de bois, au grand avantage de la salubrité et de la durée des habitations. Actuellement, dans les grandes

villes, des colonnes de fonte, en remplaçant les piliers de pierre des rez-de-chaussée, augmentent l'espace disponible, et laissent pénétrer plus d'air et de lumière. D'un autre côté, les combles et les planchers de fer sont moins épais, moins lourds que ceux de bois, et ne présentent pas l'inconvénient d'être combustibles. Cette extension donnée au fer par l'art de bâtir est considérée comme un des plus grands bienfaits de l'industrie moderne.

QUARANTE-DEUXIÈME LECTURE.

Les Vêtements.

Ce qu'on entend par « vêtements. » Matières avec lesquelles on les confectionne. Historique de l'emploi de ces matières. Comment l'usage s'en est introduit, des pays d'origine dans les pays étrangers. Action qu'elles exercent sur l'homme : chaleur, humidité, couleur, texture. Forme et dimensions des vêtements. Vêtements qui conviennent aux pays chauds et aux pays froids. Conseils pour les climats tempérés.

1. Les **vêtements** sont les diverses pièces d'habillement dont l'homme couvre son corps pour le garantir des impressions chaudes, froides ou humides de l'air, et, par suite, des maladies auxquelles ces impressions peuvent donner lieu. Ils produisent ce résultat en établissant une barrière entre la température propre du corps et la température extérieure, barrière qui doit être d'autant plus impénétrable que les excès ou les variations de la température extérieure peuvent exercer sur nos organes une influence plus pernicieuse.

2. Les principales matières dont on fabrique les vêtements sont le *chanvre*, le *lin*, le *coton*, la *soie*, la *laine*, les divers *poils d'animaux*, les *cuirs* et les *pelleteries*. Malgré les interminables discussions auxquelles on s'est livré, il n'est pas possible de savoir si, parmi ces matières, celles qui proviennent du règne animal ont été employées avant ou après celles qui sont fournies par le règne végétal.

Dans tous les cas, il est incontestable que l'usage de la laine a été, partout, la conséquence des premières habitudes pastorales, et que celui du coton est immémorial dans tous les pays où le végétal qui le produit croît spontanément[1].

3. Les substances que nous venons de nommer ne paraissent pas avoir été primitivement destinées à devenir l'apanage de tous les climats ; mais, et c'est un des inappréciables bienfaits de la civilisation, le génie de l'homme est parvenu, au moyen des échanges, à doter tous les peuples de l'ensemble des jouissances que la nature leur avait isolément départies. Toutefois, il n'est pas sans intérêt de connaître comment, dans le principe, les produits de chaque climat ont été mis en rapport avec les besoins de ses habitants. C'est ainsi que « les contrées chaudes et sèches ont reçu en partage le coton et la soie, ces deux éléments des étoffes fines et légères, éléments qui manquent totalement ailleurs ; tandis que le Nord a des pelleteries qui ne sont faites que pour lui, et que les pays en même temps froids et humides, riches en pâturages et en nourriture animale, le sont aussi en laines, qui peuvent s'acclimater sans doute aux latitudes méridionales, mais en acquérant alors plus de finesse et de légèreté. D'une manière inverse, le chanvre et le lin, originaires des pays chauds, ont pu néanmoins produire d'abondantes récoltes dans le Nord. » (MOTARD.)

4. Les substances vestimentaires exercent sur l'homme des actions spéciales qui varient suivant une foule de circonstances, telles que la manière dont elles se comportent vis-à-vis de la chaleur ou de l'humidité, la texture plus ou moins serrée qu'elles ont reçue, la couleur qu'elles offrent naturellement ou qu'on leur a communiquée par les procédés de la teinture, etc.

A. En ce qui concerne la *chaleur*, plusieurs de ces substances la reçoivent et la perdent rapidement et les autres avec lenteur. Ces dernières, quand on les emploie à la confection des vêtements, emprisonnent, pour ainsi dire,

1. Voy. la trente-quatrième Lecture, qui est entièrement consacrée aux *Matières textiles*.

la chaleur du corps, et préservent bien du froid. Les premières, au contraire, laissent échapper cette même chaleur et, par conséquent, mettent mal à l'abri du froid.

La laine est celui de nos textiles qui conserve le mieux la chaleur. Après elle, viennent successivement la soie, le coton, le chanvre et le lin. Les étoffes de laine tiennent donc plus chaudement que celles de soie, les étoffes de soie plus que celles de coton, et les étoffes de coton plus que celles de chanvre et de lin. Les plumes, le duvet, le cuir et les fourrures possèdent à peu près la même propriété que la laine.

B. Ce qui vient d'être dit de la chaleur s'applique jusqu'à un certain point à l'*humidité*, c'est-à-dire que toutes les substances ne s'en imprègnent pas et ne la perdent pas avec la même facilité. Plus une matière est apte à se charger d'humidité, plus elle tend à s'en débarrasser par l'évaporation, ce qui ne peut avoir lieu qu'en déterminant un refroidissement très-rapide; par conséquent, elle est moins chaude. Ainsi, les tissus de chanvre et de lin absorbent promptement l'humidité du corps et la perdent de même, tandis que ceux de coton s'en imbibent avec lenteur et la retiennent plus longtemps. Les tissus de laine se comportent comme ceux de coton, mais à un degré plus élevé, car ils peuvent absorber une très-forte proportion d'humidité sans qu'elle soit sensible. C'est pour cela que, lorsqu'on est trempé de sueur, on éprouve une moindre sensation de fraîcheur si le premier vêtement de dessous est de coton que s'il était de chanvre ou de lin : à plus forte raison, s'il est de laine.

C. On sait depuis longtemps que les étoffes *de couleur* s'échauffent plus vite et à un plus haut degré que les étoffes *blanches*, et qu'elles possèdent cette propriété avec d'autant plus de développement que leur coloration est plus intense. Les vêtements noirs ou de couleur foncée sont donc préférables pendant l'hiver et dans les pays froids, et les vêtements blancs ou de couleur claire pendant l'été et dans les pays chauds.

D. L'action due à la *texture* dépend de la grosseur et de la souplesse des fils, ainsi que de la forme, de la grandeur et du nombre de leurs mailles. Ainsi, les étoffes à tissu lâche et poreux conservent mieux la chaleur et sont, par conséquent, plus chaudes que celles à tissu fin et serré, quoiqu'elles soient faites les unes et les autres avec un poids égal de matière. Cela provient de ce que les premières contiennent dans les interstices de leurs mailles une certaine quantité d'air, qui enveloppe le corps et s'oppose à la déperdition de la chaleur naturelle.

E. La *forme* et les *dimensions* des vêtements ne sont pas sans influence sur la santé. Pour qu'elles ne soient pas nuisibles, il faut que les différentes pièces de l'habillement soient taillées et assemblées de manière à garantir parfaitement les parties qu'elles recouvrent. Il faut encore qu'elles soient suffisamment lâches pour ne pas gêner la liberté des mouvements. On ne doit pas perdre de vue que les vêtements larges sont moins chauds que ceux qui sont étroits, de façon que, de deux vêtements de même étoffe, le moins large se trouve le plus chaud.

5. Les considérations qui précèdent renferment des données utiles pour l'emploi des substances vestimentaires. Aux pays chauds appartiennent les habits larges et flottants; aux pays froids, les habits étroits, serrés, superposés. La soie, le lin, le coton, travaillés en tissus fins et légers, conviennent aux premiers, tandis que la laine, les fourrures, les plumes, les ouates, les étoffes épaisses, sont réclamées par les seconds. Dans les uns et dans les autres, plus encore dans ceux où le climat est brûlant, les manteaux à la fois épais et légers sont une nécessité : ils garantissent aussi bien des ardeurs et des rosées excessives de la zone torride que des énormes abaissements de température des zones glaciales[1]. Dans ces mêmes pays, ainsi que dans les pays secs, les étoffes de chanvre, de lin et de coton sont les seules qui puissent être mises sans inconvénient en contact immédiat avec le corps. Toutefois, celles de coton sont les meilleures. Les tissus de chanvre et de lin, quand on en fait

1. Voy. sur ce qu'on entend par « zone torride » et « zones glaciales, » la note 1 de la page 53.

un usage constant, ne sont même pas sans danger, surtout dans les climats chauds, si l'on n'a pas le soin de les tenir abrités par des vêtements de laine. Ces derniers vêtements conviennent éminemment dans les pays humides, à plus forte raison dans ceux qu'empoisonnent des exhalaisons marécageuses. Ici, la laine doit être la matière des vêtements de dessous et des vêtements de dessus, et il vaut mieux superposer plusieurs de ceux-ci d'une épaisseur modérée que de n'en employer qu'un d'une épaisseur considérable : on obtient ainsi plusieurs couches d'air qui, étant emprisonnées entre les diverses étoffes, forment comme autant de barrières protectrices contre l'humidité.

6. A ces indications générales nous ajouterons quelques conseils qui sont surtout relatifs à nos climats tempérés.

C'est une imprudence de laisser sécher sur soi le linge mouillé, parce que l'évaporation enlève une quantité notable de la chaleur du corps, d'où résulte un refroidissement plus ou moins rapide qui détermine des rhumes, des rhumatismes, quelquefois même des affections très-graves.

Une autre imprudence consiste à faire usage de vêtements ayant servi à des malades, sans avoir eu soin de les soumettre préalablement à un nettoyage parfait; car certaines maladies extrêmement dangereuses se communiquent par les principes dont elles imprègnent les étoffes.

Une coutume, universelle dans nos contrées, c'est de changer la matière des vêtements deux fois dans l'année, en hiver et en été, afin de les adapter à la température particulière de chacune de ces saisons. Toutefois, on ne doit procéder à ce changement qu'avec précaution. En effet, « il y a du danger de passer brusquement du chaud au froid : il ne faut le faire que par degrés insensibles. C'est pourquoi on ne doit quitter ses habits d'hiver que lorsque la température chaude est bien établie, et que l'on n'a plus rien à craindre des froids qui ont souvent lieu dans les premiers mois du printemps. Il ne faut pas non plus se presser de reprendre les habits d'hiver; car si, dès les premières fraîcheurs d'automne, on se couvre trop, l'on supportera plus difficilement le froid de l'hiver. »

Remarquons en passant que, lorsqu'on a contracté l'habitude de porter des vêtements chauds, couvrant entièrement le corps, il est dangereux de les abandonner pour en prendre de plus légers, surtout quand les nouveaux exposent à l'action de l'air des parties qui en étaient précédemment abritées.

Remarquons encore que, si les personnes qui portent des vêtements un peu trop épais pour la saison ont le désagrément d'éprouver parfois un peu trop de chaleur, elles ont aussi l'avantage d'être en garde contre toutes les variations de température qui peuvent survenir, avantage que ne procurent pas les vêtements légers : au contraire, ces derniers nous exposent à être incommodés, même en été, par la fraîcheur des soirées ou des matinées et par les changements subits qui arrivent dans l'atmosphère.

QUARANTE-TROISIÈME LECTURE.

Les Aliments.

Ce qu'on entend par « aliments. » Destination des aliments. Conditions qu'ils doivent remplir. Leur origine. Les aliments d'origine animale nourrissent mieux que ceux d'origine végétale. Distribution des uns et des autres sur le globe. — « *Aliments d'origine animale.* » En quoi ils consistent. « Viande de boucherie. » Bœuf, vache, taureau, veau, mouton, bélier, brebis, bouc, chèvre, chevreau, porc, cheval. Propriétés de la chair de ces animaux. Circonstances qui les modifient. « Volaille. » « Gibier. » « Poissons. » « Mollusques, crustacés, reptiles. » « Lait, fromage, beurre. » « Œufs. » — *Aliments d'origine végétale.* Les « céréales. » Ce que c'est. Pays où on les cultive Elles ne sont pas toutes également nutritives. Comment on les emploie. Le « pain. » Les « pâtisseries. » Les « pâtes d'Italie. » « Végétaux féculents. » La « pomme de terre. » Avantage qu'elle procure. Détails à ce sujet. « Herbes potagères. » « Fruits. »

1. On appelle **aliments** les substances qui, introduites convenablement dans notre corps, ont la propriété d'entretenir l'existence. Elles ont une double destination : premièrement, de développer nos organes et de réparer les pertes

constantes qu'ils éprouvent ; secondement, de créer en nous la chaleur. Mais, pour qu'elles puissent produire ces résultats, il est indispensable qu'elles soient consommées en quantité suffisante, et qu'elles ne possèdent aucune propriété nuisible.

2. A l'exception du *sel*, dont nous dirons plus loin l'utilité, tous nos aliments sont fournis par les animaux et les végétaux ; mais les premiers nourrissent beaucoup mieux que les seconds, et c'est à cette circonstance que les personnes qui mangent habituellement de la viande doivent d'être plus vigoureuses et plus dures à la fatigue que celles qui n'en mangent point ou qui n'en mangent pas assez. Une autre remarque, c'est que les aliments, soit d'origine animale, soit d'origine végétale, sont très-inégalement répartis à la surface du globe. Ainsi, dans les pays du Nord, les végétaux alimentaires manquent en quelque sorte, tandis qu'ils sont surabondants sous la zone torride. Ainsi encore, dans nos climats tempérés, là surtout où la culture de la vigne vient expirer, l'humidité naturelle du sol, entretenue par les brouillards et les pluies, prodigue des pâturages qui engraissent de nombreux troupeaux, avantage que ne possèdent ni les climats glacials, ni les climats très-chauds.

I. Aliments d'origine animale. — La *chair*, le *lait* et les *œufs* sont en général les aliments que nous tirons des animaux. Dans nos climats, la chair nous est principalement fournie par les mammifères domestiques, appelés *animaux de boucherie*. Viennent ensuite les oiseaux de basse-cour désignés génériquement sous le nom de *volaille*, puis le gibier, les poissons, quelques crustacés, un petit nombre de mollusques et deux reptiles. Nous devons le lait aux mammifères domestiques. Quant aux œufs, ils nous sont donnés par les oiseaux de basse-cour et par un reptile.

1. **Animaux de boucherie.** On appelle ainsi le *bœuf*, la *vache*, le *taureau*, le *veau*, le *mouton*, le *porc*, le *cheval* et le *chevreau*. On les dispose habituellement à nous servir de nourriture en les soumettant, pendant un temps convenable, à un régime particulier qui a pour objet de les amener à un état d'embonpoint modéré.

A. La *viande de bœuf* est la viande par excellence. Par conséquent, c'est la plus saine, la plus nourrissante et la plus agréable.

La *vache*, quand elle a été engraissée au même âge que le bœuf et avec les mêmes soins, produit une viande toujours aussi bonne et souvent meilleure que celle de ce dernier. La croyance contraire est donc absurde : elle vient de l'usage où l'on était autrefois et où l'on est encore dans plusieurs pays, de ne livrer les vaches à la consommation que lorsqu'elles sont à peu près épuisées et après une préparation insuffisante.

Beaucoup de personnes éprouvent une certaine répulsion pour la viande de *taureau*. Il est incontestable qu'elle ne vaut pas celle de bœuf et de vache, mais elle n'est pas pour cela mauvaise.

La viande de *veau* est généralement légère, salubre et d'autant plus tendre qu'elle provient d'un animal plus jeune.

On ne mange point la chair du *bélier*, très-rarement celle de la *brebis*. L'*agneau*, très-recherché vers l'époque de Pâques, donne une viande molle, fade et d'une digestion difficile. Au contraire, le *mouton* fournit un aliment à la fois tendre, digestif, sain et nutritif, ce qui explique la consommation énorme qui s'en fait dans presque tous les pays.

La chair de *bouc* est dure et d'une odeur très-désagréable. Malgré ce double inconvénient, les habitants de l'Ecosse et du pays de Galles ne dédaignent pas d'en faire usage. Dans les pays de montagnes, on se nourrit aussi de celle de *chèvre*. Partout ailleurs, on ne mange que le *chevreau*, dont la viande a beaucoup d'analogie avec celle d'agneau.

La viande de *porc*, quand elle provient d'un animal bien développé et convenablement engraissé, constitue un aliment d'excellente qualité. Elle n'a qu'un défaut ; c'est d'être peu aisée à digérer, ce qui en restreint l'emploi aux personnes douées d'un estomac robuste. Du reste, elle ne présente pas, du moins dans nos climats, les propriétés nuisibles qui ont engagé plusieurs anciens législateurs à la frapper d'interdiction.

La viande de *cheval* est aussi saine, aussi nourrissante et d'aussi bon goût que celle de bœuf. Les peuples nomades de l'Asie centrale en ont toujours fait leur nourriture ordinaire. Plus d'une fois, pendant les guerres de la République et de l'Empire, nos soldats n'en ont pas eu d'autre, et ils n'ont jamais eu à regretter de l'avoir employée. Le même fait a eu lieu pendant le siége de Paris par les Prussiens. Enfin, il est certain que, probablement de tout temps, elle a figuré en cachette dans le régime alimentaire de la population indigente des grandes villes. Ces diverses considérations ont engagé de nos jours les gouvernements de presque toute l'Europe à laisser la viande de cheval s'introduire librement dans le commerce de la boucherie.

B. Plusieurs circonstances contribuent à modifier plus ou moins les propriétés des viandes de boucherie. Les plus importantes de ces modifications sont dues à l'âge des animaux, à la nourriture qu'on leur a donnée, au régime auquel on les a soumis, à leur état de santé ou de maladie.

En ce qui concerne l'âge, nul n'ignore que la viande des animaux très-jeunes est de facile digestion, mais très-peu nourrissante, tandis que celle des vieux est dure, coriace, mais douée d'une grande puissance nutritive. En thèse générale, la viande la meilleure sous tous les rapports est celle des animaux engraissés entre l'extrême jeunesse et l'âge adulte.

Pour donner une idée de l'influence qu'exerce la nourriture, nous citerons le goût peu agréable que présente la viande des bœufs et des vaches auxquels on a fait manger des choux, des navets ou des tourteaux de graines oléagineuses. C'est aussi à la nature des plantes dont ils se sont nourris, que les moutons élevés dans des *prés salés*, c'est-à-dire dans les pâturages situés sur le bord de la mer, doivent la délicatesse qui les caractérise.

Sous le rapport du régime, il est incontestable que les animaux élevés en liberté et enfermés, la nuit, dans des étables bien disposées, fournissent la viande la plus parfaite, surtout s'ils ont constamment à leur disposition une nourriture abondante et convenable. L'exercice contribue aussi à améliorer la viande, mais il doit être modéré, autrement il produirait l'effet contraire.

La viande des animaux en parfaite santé est évidemment la meilleure. Quant à celle des animaux malades, surtout atteints d'affections contagieuses, elle est toujours de mauvaise qualité. Néanmoins, de l'avis de tous les savants qui ont étudié la question, on peut l'employer sans crainte, pourvu qu'on ait soin de la faire bien cuire. Dans tous les cas, il ne faut jamais oublier que le maniement des viandes malades, quand elles sont saignantes, est excessivement dangereux, parce qu'elles peuvent, par le simple contact, communiquer à l'homme la maladie dont elles sont infectées.

Pour être propre à servir à notre alimentation, la viande doit être soumise à la cuisson. Or, la manière d'exécuter cette opération est loin d'être indifférente. De tous les procédés usités en pareil cas, le *grillage* est le meilleur. Viennent ensuite, en premier lieu, le *rôtissage*, puis successivement l'*étuvée*, ou cuisson en vase clos, la *cuisson dans l'eau*, qui nous donne le bouilli, la *cuisson au four* et, enfin, la *cuisson en fricassée*.

En terminant cette revue très-sommaire des circonstances qui modifient la viande de boucherie, n'oublions pas de rappeler que cette viande n'est réellement bonne à manger que le lendemain du jour où les animaux ont été tués. Avant ce temps, elle est dure, difficile à ramollir par la cuisson et d'une digestion laborieuse.

2. **Volaille.** Les oiseaux domestiques qu'on désigne sous ce nom sont au nombre de quatre, savoir : le *coq*, le *dindon*, l'*oie* et le *canard*.

Comme chez les mammifères de boucherie, la chair des jeunes est beaucoup plus tendre et plus digestible que celle des vieux. Ce n'est aussi qu'à l'âge adulte qu'elle possède toutes ses qualités. Dans tous les cas, l'oie et le canard sont toujours moins faciles à digérer que le coq et le dindon, parce qu'ils ont les fibres plus compactes et plus imprégnées de matière grasse. On rend la chair des uns et des autres plus délicate et plus savoureuse en les soumettant à un engraissement forcé; mais ce n'est qu'aux dépens de sa digestibilité, qui s'en trouve proportionnellement diminuée. Il ne faut pas oublier qu'elle contracte un goût détestable quand, ainsi que c'est l'usage dans certaines localités, on nourrit les oiseaux avec des tourteaux de graines oléagineuses. Enfin, contrairement à la croyance vulgaire, le grillage est le mode de cuisson qui convient le mieux à la volaille. Le rôtissage vient au second rang. Quant à la cuisson dans l'eau, elle ne donne qu'un aliment peu agréable et, en grande partie, dépouillé de sa faculté digestive.

3. **Gibier.** Par *gibier*, on entend les animaux qui vivent à l'état sauvage, dans les bois et les campagnes, et l'on distingue le *gibier à plume*, qui comprend les oiseaux, et le *gibier à poil*, qui renferme les quadrupèdes. Cette catégorie se compose d'un très-grand nombre d'espèces. Néanmoins, celles qui figurent le plus communément sur nos tables ne dépassent pas une dizaine, dont plusieurs ne peuvent même se rencontrer qu'à certaines époques de l'année.

Le gibier, pourvu qu'il ne soit pas trop vieux, constitue, en général, un aliment savoureux, nourrissant et de haut goût; mais, pour être d'une digestion facile, il exige un bon estomac et veut être mangé en petite quantité. Le grillage et le rôtissage sont les modes de cuisson qui lui conviennent le mieux.

4. **Poissons.** Le nombre des poissons alimentaires est très-considérable. Dans tous les pays, sauf quelques exceptions, les espèces d'eau douce et celles qui ne s'éloignent pas des côtes sont plus tendres que celles qui fréquentent la haute mer ou qui voyagent.

La chair de poisson est généralement considérée comme moins nourrissante que celle des autres animaux. Elle est plus digestible quand elle est blanche, de moyenne consistance et peu chargée de graisse, que lorsqu'elle est ferme plus ou moins colorée et fortement infiltrée de matière grasse. On peut encore admettre que plus les animaux sont gros, moins ils sont faciles à digérer. Sauf quatre ou cinq espèces, qui gagnent à être gardées deux ou trois jours, le poisson ne constitue une nourriture saine et agréable que lorsqu'il est bien frais, et l'on ne doit pas oublier qu'il se gâte avec une extrême rapidité. Si maintenant nous examinons les diverses préparations qu'on lui fait subir pour le rendre propre à nous servir de nourriture, nous trouverons que le grillage est la meilleure. La cuisson dans l'eau vient après : c'est à elle qu'on a généralement recours pour les espèces chargées de graisse. La friture arrive ensuite : elle est d'autant plus indigeste qu'on en consomme davantage.

5. **Mollusques, Crustacés, Reptiles.** Le rôle alimentaire de ces animaux est tout à fait secondaire. Nous devons l'*huître* et la *moule* aux mollusques ; le *homard*, la *langouste*, le *crabe*, la *crevette* et l'*écrevisse* aux crustacés ; enfin, la *tortue* aux reptiles.

L'*huître* se rencontre dans presque toutes les mers. En France, on la pêche surtout sur les côtes de l'Océan et une partie de celles de la Manche. Quelle que soit sa couleur, il faut toujours la choisir très-fraîche et, autant que possible, vivante. On la mange crue ou cuite ; mais, dans ce dernier cas, elle est d'une digestion difficile.

Il y a des *moules d'eau douce* et des *moules de mer*. L'espèce qu'on mange habituellement appartient à cette dernière classe. Elle est plus nourrissante que l'huître, et, quand rien n'en altère la qualité, elle fournit un aliment tendre et assez agréable.

Le *homard*, la *langouste*, le *crabe* et tous les autres crustacés donnent une chair savoureuse et très-nutritive, mais qui est souvent indigeste, quand on en fait une consommation un peu trop grande.

Les *tortues de mer* et les *tortues de terre* renferment plusieurs espèces comestibles. C'est avec la tortue franche, si commune dans plusieurs parties de l'Atlantique, que, ainsi que nous l'avons dit ailleurs[1], se font les potages dits *à la tortue*, qui sont si recherchés en Angleterre.

6. **Lait.** Le lait le plus employé est celui de vache. Le

1. Voy. la trente et unième Lecture.

meilleur est fourni par les animaux qui sont élevés en liberté dans les prairies naturelles très-fertiles, et formées d'herbes fines et variées. Dans les villes, l'obligation où l'on est de tenir les vaches enfermées ne permet d'obtenir des produits agréables qu'au moyen de soins hygiéniques bien réglés et d'une alimentation choisie qui, autant que possible, doit être composée de luzerne et de vesce, en été, de betterave, de son, de paille et de foin, en hiver.

Une foule de circonstances peuvent modifier plus ou moins les propriétés du lait, mais on reconnaît toujours qu'il est de bonne qualité quand il bout sans se coaguler, et qu'après l'ébullition il conserve son odeur, sa couleur et sa saveur.

Le lait convient à presque tous les estomacs. Cependant, quelquefois, il produit, tantôt la constipation, tantôt la diarrhée. Il est plus digestible quand il a été écrémé, mais, c'est aux dépens de sa puissance nutritive, qui s'en trouve un peu diminuée. Il est aussi d'une digestion plus facile lorsqu'il a été préalablement soumis à l'ébullition.

C'est avec la matière grasse du lait que se prépare le *beurre*, et avec sa matière caséeuse que se fait le *fromage*.

Le beurre est moins employé comme aliment proprement dit que comme condiment. Aussi, renverrons-nous à la Lecture suivante ce que nous avons à en dire.

Les différences qui existent entre les nombreux fromages proviennent de la nature du lait et des procédés de fabrication. Les fromages frais et non salés, appelés vulgairement *fromages blancs*, sont doux, nourrissants et de facile digestion. Les fromages frais et salés, tels que ceux de Brie et de Marolles, ont les mêmes propriétés, mais ils sont un peu plus excitants. Les fromages pressés et cuits, comme ceux de Gruyère et de Hollande, sont très-stimulants et ne conviennent qu'aux bons estomacs. Enfin, les fromages mous, salés et fermentés, tels que celui de Roquefort, ont subi un commencement de putréfaction qui les a rendus excitants au dernier point : aussi ne peuvent-ils être consommés que par peu de personnes.

Quel que soit le mode de fabrication, on peut dire qu'en général les fromages faits sont d'une plus facile digestion que les fromages nouveaux, et les fromages salés que les fromages non salés. Les fromages préparés avec du lait de vache sont, sous ce rapport, très-supérieurs à ceux pour la confection desquels on a employé le lait des autres animaux.

7. **Œufs.** Les œufs constituent un des aliments les plus complets, les plus digestibles et les plus salubres que la nature puisse mettre à la disposition de l'homme. De là, l'énorme consommation qui s'en fait partout. Toutefois, ils sont d'autant plus agréables et d'une digestion plus facile, qu'ils sont plus frais et plus légèrement cuits. Là où les oiseaux domestiques manquent, ils sont fournis par les tortues.

II. ALIMENTS D'ORIGINE VÉGÉTALE. — Les aliments de cette catégorie sont excessivement nombreux, mais ils diffèrent beaucoup entre eux, au double point de vue de leur puissance nutritive et de leur digestibilité. Nous allons dire quelques mots des plus importants.

1. **Céréales.** *A.* On appelle ainsi[1] un groupe de plantes dont les semences ont été, de tout temps, destinées à la nourriture de l'homme. Ce sont le *blé* ou *froment*, le *seigle*, l'*orge*, le *maïs* ou *blé de Turquie*, l'*avoine*, le *riz*, le *millet* et le *sorgho* ou *doura*. On y joint ordinairement le *sarrasin* ou *blé noir*, quoiqu'il appartienne à une autre série végétale.

B. La culture de ces plantes s'étend sur la plus grande partie de la terre habitable, mais d'une manière fort inégale selon les climats.

Le *riz*, qui à lui seul nourrit autant de personnes que toutes les autres céréales ensemble, pullule dans l'ancien monde et le nouveau, partout où la température est élevée et où le sol peut être périodiquement inondé. La Chine, le Japon, le Bengale, la Perse, l'Indo-Chine, la Louisiane, les Florides, la Caroline, la Géorgie, le littoral de la Méditerranée, en sont couverts.

1. Voy., pour l'origine de ce mot, la note 2 de la page 151.

Le *millet* et le *sorgho* sont spécialement propres aux plaines sablonneuses des pays chauds. On les rencontre surtout dans l'Asie centrale, en Arabie et en Afrique.

Le *maïs*, bien qu'originaire des contrées tropicales, prospère également dans les climats tempérés, jusqu'au point où s'arrête la vigne. C'est la céréale de presque toute l'Amérique méridionale. Dans l'ancien continent, il est plus particulièrement cultivé au sud de l'Asie, sur plusieurs points de l'Afrique, en Espagne, en Portugal, en Italie, dans la plupart de nos départements méridionaux.

Le *blé* fait la richesse des pays tempérés et des hauts plateaux de la zone équatoriale[1] : il perd de sa fécondité à mesure qu'il s'avance vers le nord. C'est surtout dans l'Afrique septentrionale, en Sicile, en France, en Hongrie, en Allemagne, dans la Russie méridionale et aux États-Unis qu'il donne de magnifiques récoltes.

L'*avoine* accompagne presque toujours le froment, mais elle brave mieux la rigueur du climat. Il en est de même de l'*orge* et du *seigle*. Ces trois céréales, les deux dernières plus particulièrement, sont la providence des pays où le froment ne peut mûrir. Il faut en dire autant du *sarrasin*, que l'on trouve cultivé en grand dans les contrées les plus ingrates de nos climats tempérés.

C. Nous avons vu que toutes les céréales n'ont pas la même puissance nutritive. Sous ce rapport, en ne tenant compte que des graines usitées en Europe, le froment occupe le premier rang et l'orge le second, puis viennent successivement le maïs, l'avoine, le seigle, le sarrasin et le riz. Ce dernier n'a donc pas la valeur alimentaire que beaucoup de personnes sont tentées de lui attribuer, et c'est parce qu'il est peu nourrissant que, lorsqu'on n'a pas autre chose à manger, on est obligé d'en ingérer d'énormes quantités.

D. Les céréales s'emploient de plusieurs manières. Le seigle, recueilli un peu avant sa maturité et séché, se mange, dans quelques pays, comme les petits pois. Il en est

1. Voy. la note 1 de la page 33.

de même des grains de maïs. Beaucoup de peuplades sauvages qui font un usage habituel de ces derniers, se contentent de les griller légèrement après les avoir concassés entre deux pierres. L'orge cuite à l'eau a été, pendant des siècles, l'un des aliments populaires du Nord. C'est également la seule préparation que font subir au riz les nations dont il constitue la nourriture principale. Toutefois, c'est principalement à l'état de *farine*, c'est-à-dire réduites en poudre plus ou moins fine, que les céréales entrent dans notre alimentation. Elles servent alors à faire une foule de préparations, dont la plus importante est le *pain*.

E. Le **pain** est un aliment si précieux que, dans nos prières, « nous le nommons comme le symbole des conservateurs de la vie. » Toutes les céréales peuvent être employées à le fabriquer, mais le pain par excellence, le pain proprement dit, le vrai pain, se fait exclusivement avec la farine de froment.

On sait que le pain s'obtient en formant, avec de la farine et de l'eau, une pâte d'une certaine consistance qui est ensuite cuite à un degré convenable. On ajoute à cette pâte une petite quantité de levain ou de levûre, afin de la faire lever, c'est-à-dire d'y déterminer un gonflement intérieur. Sans cette précaution, le pain serait compacte, dur et d'une digestion difficile.

Les propriétés du pain sont naturellement plus ou moins modifiées suivant les soins apportés à la fabrication. On reconnaît qu'il a été bien préparé, qu'il est, par conséquent, tout à fait salubre, quand il réunit les qualités suivantes : 1° une odeur agréable et appétissante; 2° la mie blanche, élastique, criblée d'yeux; 3° la croûte ferme, cassante, d'un jaune doré ou brunâtre, partout adhérente à la mie. Au contraire, le pain mal travaillé, par suite, de mauvaise qualité, sent le fade ou le moisi, et sa mie est compacte, peu ou point élastique, molle, blanchâtre ou brûlée, séparée par places de la croûte.

Bien que le pain soit un excellent aliment, il est cependant des cas où son emploi n'est pas sans inconvénients. Ainsi, il est éminemment indigeste lorsqu'il a la mie trop compacte, ou qu'on le mange encore chaud, ou qu'on l'avale trop rapidement. Mais il n'en est pas de même quand il est trop cuit ou qu'il est rassis, pourvu qu'on ait soin de le mâcher suffisamment.

A propos du pain *rassis*, il existe dans les campagnes un préjugé contre lequel on ne saurait trop s'élever. On croi que ce pain est d'autant plus nourrissant qu'il est plus ancien, c'est-à-dire plus dur : on en mange moins, et c'est, dit-on, une économie. Sans aucun doute, on ne consomme pas autant de pain dur que de pain tendre, mais c'est uniquement parce que le premier est moins agréable à manger que le second. Quant à l'économie, elle est absolument illusoire, car l'homme, étant mal nourri, travaille moins, en sorte qu'en définitive son travail se trouve revenir plus cher.

F. Entre autres préparations, la farine de froment sert à confectionner les *pâtisseries* et les *pâtes* dites d'*Italie*. Les premières, simples mélanges de farine et de beurre pétris et cuits à des degrés différents, constituent toujours un mauvais aliment, qui est lourd même aux bons estomacs. Les secondes, au contraire, sont à la fois très-nourrissantes et faciles à digérer. On les obtient, par les procédés du moulage, avec des pâtes non levées et simplement durcies à l'air.

G. Dans les contrées où le froment est très-rare ou manque tout à fait, on panifie les autres céréales. Parmi les pains que l'on produit ainsi, celui d'avoine a presque les mêmes qualités que le pain de froment, tandis que celui de seigle est le plus agréable, et celui de sarrasin le plus mauvais.

2. **Végétaux féculents.** Les végétaux de cette catégorie sont ainsi appelés parce qu'ils renferment une substance éminemment nutritive qu'on appelle *fécule*, et qui est tout à fait semblable à l'amidon des céréales. Le plus utile est la *pomme de terre*. Nous avons dit ailleurs[1] l'origine américaine de cette plante et fait connaître l'époque de son introduction en Europe, où elle a beaucoup contribué à favoriser l'accroissement de la population en diminuant la

1. Voy. la vingt-sixième Lecture.

fréquence et l'intensité des disettes. Ce qui la rend surtout précieuse, c'est qu'elle réussit parfaitement là où les céréales ne viennent plus. Ainsi, on la cultive dans tous les climats, depuis l'équateur jusqu'en Sibérie, et à toutes les hauteurs, depuis les plaines basses situées au niveau de la mer, jusqu'aux plateaux élevés de près de 3,000 mètres.

La partie comestible de la pomme de terre se compose des excroissances arrondies qui viennent sur les racines. Ces *tuberçules*, comme on les appelle, demandent à peine cinq à six mois pour se développer; mais la nature du sol, les engrais et les saisons en modifient énormément les propriétés. Dans tous les cas, on reconnaît qu'ils sont de bonne qualité aux deux caractères suivants : premièrement, quand leurs tranches, coupées minces, sont translucides, c'est-à-dire un peu transparentes; secondement, quand une cuisson d'une heure à une heure et demie, à la température de 100 degrés[1], dans l'eau, sous la cendre ou à la vapeur, les rend farineux jusqu'au centre. Il est, en outre, à remarquer que la partie la plus farineuse et la plus agréable se trouve, surtout dans les grosses espèces, immédiatement au-dessous de l'épiderme, jusqu'à une épaisseur de 4 à 10 millimètres. De là, quand on procède à l'épluchage, la nécessité de n'enlever que la plus mince pellicule possible. Les variétés dont la surface est unie n'exigent même pas cette opération : elles n'ont besoin que d'être frottées dans l'eau avec un linge ou une brosse un peu rude.

Les pommes de terre sont un aliment très-salubre et de facile digestion, mais, consommées d'une manière trop exclusive, elles ne peuvent entretenir convenablement la vie[2]. A diverses époques, on a essayé de les employer à la fabrication d'un pain qui, pensait-on, pourrait remplacer celui de froment. Ces tentatives ont toujours abouti à des déceptions. Les hommes sensés ont, du reste, fini par y renoncer,

1. Voy., sur ce qu'on entend par « degré de température, » la note de la page 5.

2. La pomme de terre est beaucoup moins nourrissante que le blé, car six kilogrammes de sa fécule équivalent à peine à un kilogramme de farine de froment. Elle ne peut fournir une nourriture convenable que moyennant l'addition d'une certaine quantité de viande, de fromage ou de lait.

parce qu'ils ont compris que la pomme de terre cuite dans l'eau est un pain tout fait et d'autant plus précieux qu'il ne nécessite aucuns frais pour sa préparation.

D'autres végétaux féculents fournissent aussi des tubercules, mais aucun de ces derniers ne peut être comparé à ceux de la pomme de terre. Les *ignames* seuls paraissent faire exception[1].

3. **Herbes potagères.** Les plantes ainsi nommées forment deux groupes bien distincts, à l'un desquels nous devons cette multitude de racines, de fleurs, de tiges et de feuilles qui figurent chaque jour sur nos tables, tandis que l'autre nous prodigue spécialement des graines.

Les substances fournies par le premier groupe sont en général très-peu nourrissantes et d'une digestion facile. Elles semblent surtout destinées à varier le régime et à diminuer l'action excitante des aliments d'origine animale. Nous citerons, parmi celles dont l'usage est le plus répandu, les diverses *salades*, les *choux*, les *carottes*, l'*asperge*, l'*artichaut*, le *navet*, l'*oseille*, la *chicorée*, les *épinards*, etc.

Les matières provenant du second groupe appartiennent toutes à la famille des légumineuses. Elles produisent des effets différents selon qu'on les mange avant leur maturité ou seulement quand elle est complète. Les légumes qui se consomment avant d'être mûrs, tels que les *pois verts*, les *haricots verts* et les *fèves nouvelles*, nourrissent assez bien et se digèrent avec facilité. Quant à ceux pour l'emploi desquels on attend qu'ils aient acquis tout leur développement, tels que les *lentilles*, les *fèves*, les *haricots* et les *pois secs* ils ont une puissance nutritive supérieure à celle des précédents, mais ils sont toujours plus ou moins difficiles à digérer, et, si l'on y a recours trop souvent, ils déterminent des indigestions qui fatiguent l'estomac. Toutefois, on diminue notablement leur insalubrité en n'en faisant usage qu'en purée.

4. **Fruits.** Rien n'est plus varié que les substances alimentaires de cette classe, et nous prenons ici le mot *fruit*

1. Voy., page 158, ce que nous avons dit de ces végétaux.

dans le sens qu'on lui donne dans le langage vulgaire. Sauf quelques-unes, elles n'exigent aucune préparation particulière, mais l'âge qu'elles ont, quand on les emploie, exerce une influence très-grande sur leurs qualités.

Mangés en petite quantité et quand ils ont atteint toute leur maturité, les fruits varient agréablement la nourriture. Au contraire, pris en excès, ils fatiguent les voies digestives et occasionnent des indispositions d'autant plus sérieuses qu'ils ont été cueillis plus verts. Les diarrhées et les dyssenteries, si communes dans les campagnes pendant la saison des fruits, n'ont pas d'autre cause. On ne doit jamais oublier que les fruits nourrissent très-mal, qu'ils ne peuvent, par conséquent, figurer dans l'alimentation qu'à titre de simple accessoire. Partout où ils font la base de la nourriture ordinaire, ils produisent toujours des effets désastreux en affaiblissant les forces et altérant la santé.

QUARANTE-QUATRIÈME LECTURE.

Les Aliments.

(Suite de la lecture précédente.)

« *Condiments.* » Ce qu'on entend par ce mot. A quoi ils servent. Le « sel de cuisine. » Son utilité. D'où on l'extrait. Erreur au sujet du sel blanc. Le « sucre. » Il y en a plusieurs espèces. Ce que c'est que le sucre ordinaire. Végétaux qui le fournissent. Erreurs vulgaires relatives au sucre. Le « miel. » Détails sur son origine, son emploi, ses propriétés. « Huiles de table. » La meilleure est celle d'olive. Rôle qu'elles jouent dans l'alimentation. Le « Beurre » et l' « axonge. » Leur usage. Le « vinaigre. » Ce que c'est. Quel est le meilleur. En quoi il est particulièrement utile. Danger de son abus. Les « aromates. » Liste des plus usuels. Leur origine. Le « poivre. » La « moutarde. » — « *Aliments insalubres.* » Ce qu'on appelle ainsi. Viande de boucherie, gibier, poissons, huîtres, moules, lait, beurre, fromage, miel, graisse, bouillon, œufs, céréales, pain, légumes, fruits, champignons.

1. CONDIMENTS. — On entend par *condiments* ou *assaisonnements* des substances que l'on ajoute aux aliments ordinai-

res pour en relever la saveur et en faciliter la digestion. Le nombre de ces substances est très-considérable, surtout dans les pays chauds, où l'influence de la température oblige à faire usage des plus énergiques; mais nous parlerons seulement de celles qu'on emploie habituellement dans nos climats tempérés.

1. **Sel.** Le *sel commun* ou *sel de cuisine* est le condiment par excellence. Aussi, a-t-il figuré de tout temps dans la cuisine de tous les peuples. Sans lui, la digestion se ferait mal, quelquefois même ne se ferait pas du tout ; et l'on peut admettre qu'il est d'autant plus indispensable que les substances auxquelles on l'associe sont plus difficiles à digérer. Enfin, il est d'une nécessité si impérieuse, que les ordres

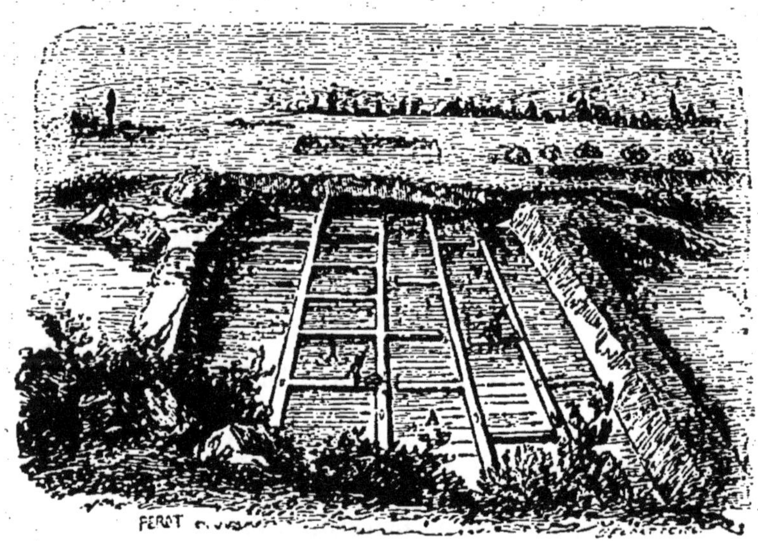

Fig. 45. — Marais salant.

religieux les plus austères n'ont pas cru pouvoir s'en passer. Mais, comme toutes les meilleures choses, il peut, quand on en abuse, donner lieu à des inconvénients. On admet assez généralement que l'homme adulte doit en consommer de 20 à 30 grammes au plus par vingt-quatre heures. En aucun cas, il ne faut l'employer jusqu'au point d'exciter la soif.

Le sel s'extrait des eaux de la mer, de celles de certaines sources, ou de mines situées à différentes profondeurs. Il n'est ordinairement blanc que lorsqu'il a été raffiné, c'est-à-dire purifié. Celui qui provient de la mer, plus particulièrement de l'Atlantique, est très-souvent livré au commerce sans avoir subi l'opération du raffinage ; il est alors d'une teinte grisâtre, due à des particules argileuses qu'il a enlevées aux marais salants ou bassins où on l'a préparé (*fig.* 45).

Au sujet de la coloration du sel, il règne un préjugé assez bizarre. Beaucoup de personnes croient que le sel blanc sale moins que le sel gris. « Cette erreur, dit un savant chimiste, vient sans doute de ce que le dernier, en raison des sels de magnésie qu'il contient, a une saveur amère qui se fait plus fortement sentir dans les dissolutions que la saveur salée. En faisant abstraction de cette saveur étrangère, le sel blanc, pris sous le même poids et dans le même état de sécheresse, donne aux mets une saveur franche et salée plus prononcée que le sel gris, puisque celui-ci renferme des matières terreuses qui occupent la place d'une quantité semblable de sel pur. »

2. **Sucre.** Il existe plusieurs espèces de sucre, mais la plus importante, la seule qui serve à nos besoins journaliers, est le *sucre ordinaire* ou *sucre commercial*. Ce sucre se rencontre dans une multitude de plantes, et on lui donne le nom du végétal qui l'a fourni. Celui qu'on emploie en Europe est extrait, soit de la *betterave*, soit d'un grand roseau, appelé vulgairement *canne à sucre*, qui, originaire de l'Inde, est cultivé aujourd'hui sur tous les points du globe où la température est très-élevée.

La manière avec laquelle la nature a prodigué le sucre peut déjà faire soupçonner l'utilité de ce produit. Il convient à tous les tempéraments, à tous les âges. Les animaux eux-mêmes le recherchent avec avidité. Toutefois, il émousse l'appétit quand on en fait un trop grand usage ; mais, contrairement à la croyance vulgaire, il ne paraît pas avoir, du moins en général, la propriété d'échauffer.

Beaucoup de personnes s'imaginent que le sucre de canne est bien supérieur au sucre de betterave. C'est une erreur des plus grossières. Qu'il provienne de la canne ou de la betterave, le sucre est absolument le même, quand il a été amené par le raffinage au plus haut degré de blancheur et de pureté. Il ne présente une différence que lorsqu'il est à l'état brut, parce qu'alors il est mêlé à des matières sapides et odorantes propres à chacune des deux plantes.

Une autre erreur non moins bizarre est celle des personnes qui prétendent que le sucre brut, appelé *cassonade*, sucre plus que le sucre raffiné. Le simple bon sens devrait cependant faire concevoir qu'une substance, quand elle est pure, doit présenter les propriétés qui la caractérisent à un plus haut degré que lorsqu'elle est allongée et altérée par des matières étrangères.

3. **Miel.** Le *miel* est produit par les abeilles, qui en puisent les éléments dans les liquides sucrés des fleurs. Son rôle alimentaire est aujourd'hui très-borné, mais anciennement il était employé en guise de sucre par la population pauvre de tous les pays. On lui reproche d'être laxatif. De plus, il est d'une digestion difficile quand l'estomac n'est pas en bon état. Enfin, la nature des plantes exerce une action très-marquée sur ses propriétés. Ainsi, par exemple, les abeilles qui butinent sur les fleurs aromatiques du thym, du serpolet, de la lavande, du romarin, etc., donnent des miels excellents, tandis qu'elles n'en fournissent que de qualité inférieure lorsqu'elles vont chercher leur nourriture sur celles de sarrasin et de bruyère. Partout, le miel le meilleur est celui qui s'écoule naturellement des rayons, et qu'on appelle *vierge*. Celui qu'on obtient, soit par la pression, soit à l'aide du feu, est toujours moins bon ; souvent même il a une saveur désagréable.

4. **Huile.** Suivant les pays, on emploie pour la table les huiles d'olive, de noix, d'œillette ou d'arachide. La première est la meilleure. On la fabrique dans toute l'Europe méridionale, au nord de l'Afrique et à l'occident de l'Asie, en soumettant le fruit mûr de l'olivier à un écrasage suivi d'une pression convenable.

Toutes les huiles reçoivent les mêmes applications. A la température ordinaire, on les mélange avec le vinaigre pour confectionner les salades et préparer des viandes froides : dans ce cas, leur rôle principal est d'étendre la liqueur acide afin qu'elle ne puisse trop irriter l'estomac. Cuites, elles servent à faire certaines sauces et à faciliter la cuisson de certains aliments qui, sans cela, ne pourrait se bien effectuer.

5. **Beurre, axonge.** Le *beurre* n'est autre chose que la matière grasse du lait. Comme ce dernier, il varie selon les pâturages et les animaux ; il varie aussi selon la manière de le préparer. C'est ce qui explique pourquoi, dans certaines localités, on produit du beurre parfait, tandis que, dans d'autres, souvent même dans les localités voisines, on n'en obtient que de mauvais. En général, les bons beurres se reconnaissent extérieurement à leur couleur, qui est d'un jaune orangé; mais on ne doit pas trop se fier à ce signe, parce qu'il n'est bien des fois que le résultat de la fraude[1].

Le beurre s'emploie pour la confection de certaines sauces et pour faciliter la cuisson d'une foule d'aliments. Il faut en dire autant de l'*axonge*, ou graisse de porc, qui, dans plusieurs pays, est d'un usage général pour remplacer le beurre.

On ne doit pas oublier que les matières grasses, huile, beurre, graisse, quand on en abuse, deviennent très-indigestes.

6. **Vinaigre.** C'est le nom que l'on donne à l'acide acétique[2] étendu d'eau. Il y en a plusieurs sortes, mais le meilleur est celui de vin. Pris en très-petite quantité et mêlé aux aliments, le vinaigre les rend plus agréables, plus frais, plus appétissants, plus digestibles, en même temps qu'il les empêche d'être nuisibles, s'ils sont un peu altérés. Employé sans modération, surtout à l'état pur, il irrite l'estomac, provoque la toux, et, si l'on continue d'en abuser, trouble la digestion, amène l'amaigrissement et détermine des affections qui peuvent devenir excessivement graves. Qui n'a entendu parler de la coutume déplorable qu'ont

1. On sait que, pour donner au beurre de qualité inférieure l'apparence du beurre d'excellente qualité, certains marchands peu scrupuleux lui communiquent une teinte jaune avec des substances végétales qu'ils mettent dans la baratte. La loi punit cette fraude.

2. Voy. la note 3 de la page 220.

plusieurs personnes de boire du vinaigre pour se faire maigrir? Elles atteignent incontestablement leur but, mais ce n'est qu'au prix de la santé et, très-souvent, de la vie.

Les *cornichons*, les *câpres* et les autres produits végétaux confits au vinaigre, ont les mêmes propriétés et les mêmes inconvénients que ce dernier.

7. **Aromates**. Il y en a d'inoffensifs, comme la *vanille*, les écorces d'*orange* et de *citron*, et d'autres qui ne le sont point, tels que la *cannelle*, le *girofle*, la *noix muscade* et le *macis*. Les premiers ne se font guère remarquer que par leur saveur agréable, qui est tout ce qu'on recherche en eux. Quant aux seconds, pour peu qu'on en abuse, ils donnent lieu à de violentes irritations d'estomac, qu'il n'est pas toujours facile de guérir.

La *vanille* est la gousse d'une plante grimpante qui vient à l'état sauvage dans l'Amérique méridionale et au sud de l'Asie, et que l'on cultive sur la plus grande échelle au Mexique, à l'île de la Réunion et ailleurs. C'est l'espèce cultivée qui fournit l'aromate.

Sous le nom de *cannelle*, on désigne l'écorce de plusieurs arbres ou arbustes qui croissent dans les parties les plus chaudes de l'ancien monde et du nouveau. La plus estimée vient de l'île de Ceylan.

La *muscade* est l'amande d'un arbre de l'Inde tropicale, et le *macis* l'enveloppe fibreuse de cette amande. C'est par les Moluques que ces deux substances sont généralement fournies au commerce européen.

Quant au *girofle*, il se compose des boutons, cueillis avant leur épanouissement et desséchés, des fleurs d'un arbrisseau des Moluques, que l'on a introduit, à diverses époques, dans la plupart des contrées de l'Amérique, de l'Asie et de l'Afrique, où la nature du sol et du climat a pu en permettre la culture.

8. **Poivre** et **moutarde.** Le *poivre* est le fruit desséché d'un arbrisseau de l'Inde, que l'on cultive également sur plusieurs points de l'Amérique du Sud et du continent africain. Il stimule fortement l'estomac, et, sans lui, une foule d'aliments seraient d'une digestion très-difficile ; mais il ne

doit être pris qu'en très-petite quantité, sans quoi il produirait des accidents assez graves.

Ce qui précède s'applique aussi à la *moutarde*. Comme le poivre, elle constitue un bon condiment toutes les fois qu'on n'en abuse pas. Elle doit une grande partie de son action à une huile essentielle qui contient du soufre.

II. ALIMENTS NUISIBLES. — Il est des substances alimentaires qui sont nuisibles de leur nature, et d'autres qui le deviennent dans certaines circonstances. C'est à les signaler que sont destinés les paragraphes qui suivent.

1. **Viande de boucherie, Gibier.** On admet généralement que la viande crue, quand elle commence à se gâter, ne possède aucune propriété malfaisante. Beaucoup d'espèces de gibier ne figurent même sur nos tables que lorsqu'elles ont atteint un degré de décomposition assez avancé, ce qui n'empêche pas d'en manger et de s'en bien trouver. Dans tous les cas, une cuisson complète fait disparaître ce que les produits animaux plus ou moins faisandés pourraient avoir de nuisible.

L'usage de la viande provenant de bœufs, de vaches, de moutons, atteints de maladies, même contagieuses, est également considérée comme inoffensive, toujours après la cuisson[1]. Mais ce qui est excessivement dangereux, c'est la viande cuite, de quelque nature qu'elle soit, lorsqu'on la conserve trop longtemps. Il s'y développe alors des moisissures, c'est-à-dire des myriades de champignons d'une taille infiniment petite, qui la transforment en poison véritable. C'est à la présence de ces plantes parasites qu'est dû le danger auquel expose, pendant l'été, l'usage des préparations de charcuterie. Une autre cause d'insalubrité de ces mêmes préparations a pour origine la présence de vers intestinaux, dont l'un, qui produit la ladrerie chez le porc,

1. Voici ce que dit à ce sujet le docteur Lévy, un des plus savants hygiénistes de notre époque : « Les prohibitions de police qui frappent les viandes provenant d'animaux malades doivent être maintenues ; elles témoignent de la sollicitude [illegible]autorité pour la santé publique et préviennent les excès d'une industrie cu[illegible]is il appartient aux médecins de combattre les craintes exagérées qui se p[illegible]uent au sujet des viandes d'animaux malsains, afin que leur mise en vente, dans les temps de nécessité, ne devienne pas une cause de publiques alarmes et d'émeutes contre les bouchers.

peut donner à l'homme le *tænia* ou *ver solitaire*, tandis que l'autre, nommé *trichine*, occasionne dans nos organes des désordres suffisants pour amener la mort.

2. **Poissons**. « Des poissons, très-bons et très-sains dans certaines localités, sont dangereux dans d'autres. Pour les reconnaître, il faut s'en rapporter aux gens du pays qui, mieux que personne, sont en état de fournir des renseignements exacts. On croit généralement que le poisson pris dans les eaux où l'on fait rouir le chanvre et le lin, est doué de propriétés malfaisantes ; mais Parent-Duchâtelet[1] a prouvé le contraire. Quoi qu'il en soit, comme les maladies qui altèrent la chair du poisson ne sont pas encore bien connues, il est prudent de rejeter celui qui provient d'eaux contenant des matières capables d'altérer sa santé, ou qui a été empoisonné pour faciliter sa capture[2], ou, enfin, qui a été trouvé sur le rivage pendant les fortes chaleurs de l'été. »

3. **Huîtres, Moules.** Les huîtres et les moules occasionnent parfois des indispositions, qui sont en général de courte durée et cessent d'elles-mêmes. On ne connaît pas d'une manière bien positive la cause de ces indispositions. Toutefois, comme c'est au temps du frai qu'elles ont été remarquées, il est sage de s'abstenir de ces mollusques pendant cette partie de l'année, c'est-à-dire depuis le mois de mai jusqu'à celui de septembre[3]. Les hygiénistes recommandent, en outre, de ne manger les moules qu'après les avoir fait dégorger dans de l'eau plusieurs fois renouvelée, et en ajoutant un peu de vinaigre à leur assaisonnement.

4. **Lait, beurre, fromage, miel.** Le lait peut produire des accidents plus ou moins graves quand il provient

1. Parent-Duchâtelet (Jean-Baptiste), médecin et hygiéniste français, né à Paris, en 1790, mort en 1836.

2. La substance que l'on emploie pour cela est vulgairement désignée sous le nom de *coque du Levant :* c'est le fruit d'un arbrisseau des Indes orientales. On ne doit jamais oublier qu'elle renferme un poison très-violent, aussi nuisible à l'homme qu'aux animaux, et que la loi punit sévèrement ceux qui ne craignent pas d'en faire usage.

3. Dans le langage vulgaire, on exprime cette recommandation en disant qu'« il faut s'abstenir des huîtres pendant les *mois sans* R. » En effet, cette consonne ne se trouve pas dans les noms des mois de mai, juin, juillet et août.

de vaches ou de chèvres qui ont brouté des herbes innocentes pour elles, mais nuisibles pour l'homme. Le miel est dans le même cas; il produit même souvent de véritables empoisonnements. Entre autres faits de ce genre, on connaît l'histoire d'un détachement de troupes françaises qui, parcourant, sous Napoléon Ier, les montagnes d'Aragon, perdit une partie de son monde par suite de l'usage d'un miel pour l'élaboration duquel les abeilles avaient butiné sur des plantes vénéneuses. Le fromage et le beurre gâtés sont également dangereux. Il faut en dire autant de la graisse rance, du bouillon aigri et des œufs pourris.

5. **Céréales et pain.** Les céréales sont exposées, soit pendant les années défavorables, soit quand on les change de climat, à des maladies spéciales, telles que l'ergot, le charbon, la carie, la rouille, qui proviennent du développement de différentes espèces de champignons microscopiques. Les grains ainsi atteints ont tous des propriétés nuisibles; néanmoins, jusqu'à présent, ce sont ceux que l'ergot a envahis qui paraissent les plus dangereux. L'usage du pain fabriqué avec ces derniers détermine des affections gangréneuses extrêmement graves, dont la guérison exige très-souvent de douloureuses opérations, et qui prennent parfois un caractère épidémique. On attribue généralement à l'abondance du seigle ergoté les épidémies terribles qui, sous les noms de *feu sacré, mal des ardents, feu de Saint-Antoine* etc., ont si fréquemment ravagé l'Europe pendant le moyen âge [1].

Mais il n'est pas nécessaire que le pain soit fait avec des grains malades pour qu'il y ait danger à s'en servir. Même fabriqué avec des farines de première qualité, si on le conserve trop longtemps, il finit toujours par s'altérer, et cette altération, déterminée par la production de champignons parasites, a lieu avec d'autant plus de rapidité qu'il est plus mal cuit ou qu'il est placé dans un lieu plus chaud et plus humide. Ce pain *moisi*, comme on l'appelle, est souvent la

1. Nous avons vu, dans une note précédente, que, par « moyen âge » on entend la période de temps qui commence en 476 de notre ère, date de la chute de l'empire romain d'Occident, et finit en 1453, année de la prise de Constantinople par les Turcs et de la destruction de l'empire romain d'Orient.

cause d'indispositions plus ou moins graves, et même d'empoisonnements mortels. Quelquefois cependant, il se laisse manger impunément, ce qui tient probablement à ce que toutes les espèces de champignons parasites ne sont pas nuisibles. Quoi qu'il en soit, comme il n'est pas possible de savoir d'avance ce qui arrivera, la prudence la plus élémentaire veut qu'on s'abstienne de tout pain ayant éprouvé ce genre d'altération[1].

6. **Légumes, Fruits, Champignons.** Les légumes et les fruits, quand ils sont cueillis depuis longtemps, se couvrent promptement de moisissures. De là l'obligation de les rejeter de la manière la plus absolue, parce qu'ils présentent les mêmes dangers que les autres substances alimentaires sur lesquelles ces végétations se développent.

Qui n'a entendu parler des *champignons vénéneux* et des malheurs dont ils sont chaque année la cause? Ces végétaux sont très-variés, et ce qui les rend excessivement redoutables, c'est que beaucoup d'entre eux ressemblent tellement à certaines espèces bonnes à manger qu'il est souvent très-difficile de les reconnaître. On a bien proposé plusieurs moyens pratiques pour les distinguer, mais ces moyens n'ont aucune efficacité, il sont même plutôt dangereux à cause de la fausse sécurité qu'ils peuvent inspirer. Le mieux est, dans quelque lieu qu'on se trouve, de faire exclusivement usage des champignons que les habitants du pays savent par expérience ne posséder aucune propriété malfaisante.

1. « Pour prévenir ou arrêter le développement des moisissures sur le pain, on a proposé les moyens suivants : 1° diminuer la proportion d'eau lors du pétrissage; 2° augmenter la dose de sel; 3° soumettre la pâte à une cuisson lente, graduée, un peu plus prolongée qu'à l'ordinaire; 4° ne pas entasser les pains les uns sur les autres au sortir du four; 5° consommer le pain huit à douze heures après le défournement. Tous ces moyens ont réussi. » (MAIG.)

QUARANTE-CINQUIÈME LECTURE.

Les Boissons.

Comment se divisent les boissons. — « Boissons aqueuses. » Caractère de l'eau potable. Eau de pluie, de rivière, de source, de neige, etc. L'eau est la boisson par excellence. Effets de l'insuffisance et de l'abus de l'eau. Effets produits par l'eau froide et l'eau chaude. — « Boissons fermentées. » Ancienneté de leur emploi. Détails sur celles qui se consomment en Europe : le « vin, » la « bière, » le « cidre. » — « Boissons distillées. » Comment on les obtient. En quoi les « eaux-de-vie » diffèrent des « esprits. » Origine de celles dont l'usage est plus répandu en Europe. Effets des boissons distillées sur la santé. Dangers auxquels s'exposent les buveurs d'eau-de-vie. — « Boissons aromatiques. » Le « café. » Le « thé. » Le « chocolat. » — « Boissons acidules. »

On divise généralement les boissons en *boissons aqueuses*, *boissons fermentées*, *boissons distillées*, *boissons aromatiques* et *boissons acidules*. A l'exception de celles de la première catégorie, elles sont toutes le produit du travail de l'homme.

I. Boissons aqueuses. — On désigne sous ce nom les différentes eaux naturelles, mais elles ne sont pas toutes bonnes à servir de boisson habituelle. Pour qu'une eau puisse être véritablement potable, il faut qu'elle soit limpide, aérée, légère, tiède en hiver, fraîche en été, sans odeur et d'une saveur agréable ; qu'elle dissolve le savon sans former de grumeaux, cuise la viande et les légumes secs sans les durcir ; enfin, qu'elle ne trouble point la digestion, et qu'elle ne renferme pas plus d'un millième de sels minéraux.

L'eau de pluie est la meilleure des eaux potables, mais elle doit être recueillie en rase campagne, dans des vases d'un grand diamètre, et quelques moments après la chute des premières ondées. Celle des fleuves et des rivières vient ensuite, puis celle des sources et des puits. Quant à l'eau provenant de la fonte de la glace ou de la neige, elle constitue toujours une mauvaise boisson, à laquelle il ne convient d'avoir recours que dans les cas d'absolue nécessité. Enfin, les eaux des mares, des marais, des canaux et, en général, toutes les eaux dormantes, sont impropres aux usages domestiques, à cause des substances animales et végétales en décomposition qu'elles contiennent toujours en quantité plus ou moins considérable. Du reste, les eaux les meilleures peuvent se trouver dans le même cas et devenir tout à fait délétères, quand elles passent ou séjournent trop près des fosses d'aisances, des trous à fumier, des étables, des dépôts d'immondices [1], etc.

L'eau est la boisson par excellence, celle que la nature dispense aux animaux aussi bien qu'aux plantes. Dans les conditions régulières d'organisation, de régime, d'habitation, d'activité physique et morale, il n'est point de breuvage qui convienne mieux à l'homme; et les neuf dixièmes de l'espèce humaine s'en contentent. On admet qu'un adulte, pour se maintenir en bonne santé, doit en consommer un peu plus d'un litre toutes les vingt-quatre heures.

Prise en trop petite quantité, l'eau n'étanche pas la soif, et il ne tarde pas à se produire un besoin de boire tellement intolérable, qu'il n'est pas de supplice aussi douloureux. Enfin, si elle vient à manquer complétement, la mort arrive ordinairement en fort peu de temps. L'usage immodéré de l'eau a aussi de graves inconvénients. En premier lieu, il trouble la digestion et occasionne des nausées, des coliques, des diarrhées, etc. En second lieu, comme le corps ne garde toujours que l'eau qui lui est rigoureusement nécessaire, la portion en excès s'échappe par les sueurs ou les urines, qui s'en trouvent surexcitées, et de là résulte un affaiblissement général.

L'eau, à la température ordinaire, ne produit que des effets salutaires. Quand elle est très-froide, elle n'a guère que des avantages si le corps est lui-même très-froid; mais les choses sont bien différentes si celui-ci est en sueur, car il peut alors survenir des affections d'une extrême gravité, souvent même mortelles. Toutefois, quand, se trouvant en transpiration, on veut boire très-froid, on peut prévenir les

1. Voy., page 32, ce que nous avons dit de l'eau de mer relativement à son application aux usages domestiques.

accidents en ayant soin d'ajouter à l'eau un peu de sucre, de vin ou d'eau-de-vie, ou de manger, avant boire, quelques bouchées de pain ou de tout autre aliment solide, ou enfin de boire à très-petites gorgées et de ne faire passer le liquide dans l'estomac qu'après l'avoir conservé le plus longtemps possible dans la bouche afin de l'attiédir. L'emploi de l'eau chaude n'a généralement d'autre effet que de stimuler la digestion et de provoquer la transpiration.

Quelquefois l'eau est rendue impropre aux usages domestiques, parce qu'elle renferme, soit des matières terreuses qui en troublent la transparence, soit des matières animales ou végétales qui lui communiquent une odeur détestable et souvent des propriétés nuisibles. Il n'est pas difficile de remédier à ce défaut.

Quand l'eau est simplement trouble, on peut lui rendre sa limpidité en l'abandonnant quelque temps à elle-même, mais ce moyen est d'une excessive lenteur. On obtient le même résultat, d'une manière beaucoup plus prompte, au moyen de la *filtration*, c'est-à-dire en la faisant passer au travers de corps dont les pores[1] sont assez petits pour arrêter les particules étrangères qu'elle tient en suspension.

Pour effectuer cette opération, on emploie des appareils ou *filtres* diversement disposés, mais consistant toujours en un réservoir divisé en deux, trois ou quatre étages, chacun muni d'une couche filtrante, sable, gravier, éponges, charpie, étoupes, laine, etc., que l'eau est obligée de traverser. Toutefois, il est aisé de comprendre que ces appareils doivent forcément s'obstruer peu à peu par l'arrêt des molécules terreuses dans leurs pores, en sorte qu'ils finissent par ne plus fonctionner. Aussi est-il nécessaire de les soumettre de temps en temps à un nettoyage à fond[2].

Les filtres ordinaires sont excellents pour clarifier les eaux troubles, mais ils ne peuvent désinfecter celles qui ren-

1. *Pores*. Pour la signification de ce mot, voyez la note 1 de la page 68.

2. On clarifie parfaitement l'eau trouble en y faisant fondre une petite quantité d'*alun*, mais ce moyen ne doit être employé qu'exceptionnellement quand l'eau est destinée à servir de boisson ou à préparer les aliments. En effet, l'eau clarifiée par l'alun retient toujours une certaine dose de cette substance, ce qui lui communique la propriété de pouvoir, par un fréquent usage, être nuisible à la santé.

ferment des matières animales ou végétales en décomposition. Si l'on veut les doter de cette dernière propriété, il suffit d'y placer une couche épaisse de charbon de bois ou, ce qui est infiniment préférable, de charbon animal en grains. On peut même n'employer que le charbon pour former toutes leurs couches filtrantes. Remarquons, en outre, que le charbon animal est un désinfectant d'une telle puissance, que quelques kilogrammes jetés dans la mare la plus corrompue en rendent, en quelques jours, l'eau propre à tous les usages domestiques.

II. BOISSONS FERMENTÉES. — De tout temps, l'homme a eu l'idée de recueillir le jus des végétaux sucrés et d'en préparer par la fermentation[1] des boissons enivrantes. Ces boissons sont assez nombreuses, mais nous ne parlerons que de celles dont l'usage est le plus répandu en Europe, et qui sont le *vin*, la *bière* et le *cidre*.

1. **Vin.** *A.* Le *vin*, on ne saurait trop le répéter, est la plus utile des boissons fermentées quand son emploi est bien réglé, et la moins nuisible sous certains rapports, même lorsqu'on en abuse. C'est aussi celle dont l'importance commerciale est la plus considérable. Personne n'ignore qu'il résulte de la fermentation du jus du raisin, ou *moût*, et que ses propriétés varient pour ainsi dire à l'infini suivant une multitude de circonstances, telles que la composition chimique, l'espèce de cépage, le climat, la nature et l'exposition du sol, l'époque de la récolte, les procédés de fabrication, etc.

B. Considéré au point de vue de sa composition, le vin est formé d'eau et d'une quarantaine de substances, dont dix au moins ne préexistent pas dans les raisins et sont exclusivement produites par la fermentation du moût. L'*al-*

1. *Fermentation.* Du latin *fermentum*, dérivé de *fervere*, bouillonner. C'est une espèce de décomposition qui s'opère dans une foule de substances d'origine animale ou végétale, quand elles sont exposées à l'action de l'air, de l'eau et d'une chaleur modérée. La fermentation donne naissance à des produits très-divers, et on lui applique des dénominations différentes suivant la nature de ses produits. C'est ainsi qu'on appelle *fermentation vineuse*, *alcoolique* ou *saccharine*, celle qu'éprouvent les liquides sucrés, spécialement ceux qui fournissent le vin, la bière, le cidre, et dans laquelle le sucre se convertit en alcool et en acide carbonique.

cool se trouve dans ce dernier cas : il provient d'une transformation particulière subie par le sucre. C'est le principe actif de toutes les boissons fermentées, celui qui les rend fortes et capiteuses, et il s'y trouve en quantité d'autant plus grande qu'elles contiennent plus de matière sucrée. Les vins qui passent pour les plus alcooliques en renferment parfois plus de 20 p. 100. Parmi les autres substances qui entrent dans la composition du vin, il faut surtout citer les acides tartrique, acétique, carbonique et tannique. Citons encore les huiles essentielles auxquelles on attribue l'arome ou *bouquet* du vin, arome dont il existe deux espèces, l'une propre à tous les vins, l'autre caractérisant chaque sorte de vin.

C. Le vin n'est véritablement propre à servir de boisson qu'environ un an après sa fabrication. Les vins nouveaux sont lourds, presque sans arome, peu agréables, et ils occasionnent des dérangements d'estomac. Au contraire, les vins vieux sont plus digestibles, plus parfumés, plus moelleux et plus fortifiants. On reproche à l'extrême vétusté d'enlever aux vins une grande partie de leur force et de leur goût, mais elle ne les rend pas insalubres. Enfin, il y a des vins, et ce sont les plus faibles et les plus mauvais, qui se détériorent avec une extrême rapidité, tandis que d'autres se maintiennent inaltérables pendant de nombreuses années, pourvu qu'on ait soin de les tenir dans des caves bien disposées. Il en est même, parmi ces derniers, qui se conservent presque indéfiniment, et que, pour ce motif, on dit n'avoir point d'âge.

D. Suivant leur saveur, les vins se divisent en cinq catégories principales : les *vins doux* ou *sucrés*, appelés aussi *vins de liqueur* ; les *vins acides* ; les *vins austères* ou *astringents* ; les *vins piquants* ou *mousseux* ; les *vins mixtes*.

Les *vins doux* contiennent une très-forte proportion de sucre qui, pendant la fermentation, ne s'est point transformé en alcool. On les fabrique dans les pays chauds avec des raisins très-sucrés qu'on laisse exposés au soleil jusqu'à parfaite maturité. Les meilleurs d'origine française sont ceux de Lunel, de Frontignan, de Rivesaltes. On en fait de semblables en Espagne, en Portugal, en Grèce, dans l'Italie méridionale, aux Canaries. Les vins *de paille* de l'Alsace et du Dauphiné en sont une variété; on les appelle ainsi parce qu'on étend les raisins sur des lits de paille pour les faire partiellement sécher et les débarrasser ainsi de leur eau naturelle.

Certains vins doux perdent peu à peu une portion de leur sucre, et, par suite d'une manipulation particulière, contractent une légère amertume, qui leur a fait donner le nom de *vins secs*. Tels sont, entre autres, ceux de Madère, d'Alicante et de Malaga.

Les vins doux sont les plus alcooliques de tous les vins; ils le sont même tellement qu'ils peuvent remplacer l'eau-de-vie.

Les *vins acides* doivent leurs propriétés caractéristiques à ce qu'ils renferment un excès d'acide acétique et d'acide tartrique. Tels sont, en général, ceux des pays froids et humides. Le vin d'Argenteuil, près de Paris, et la plupart des vins du Rhin appartiennent à cette catégorie.

Ce qui domine dans les vins dits *astringents* ou *austères*, c'est le tannin ou acide tannique. Ces vins, au nombre desquels se trouvent ceux de Cahors et de l'Hermitage, ne peuvent être livrés à la consommation aussitôt que les autres; mais ils s'améliorent peu à peu, et, au bout de trois ou quatre ans, ils constituent des boissons très-agréables.

Les *vins piquants* ou *mousseux* sont redevables de cette propriété à l'acide carbonique qui s'y développe après leur mise en bouteilles, parce que leur fermentation n'est pas terminée au moment où l'on effectue cette opération. Les plus célèbres sont ceux d'Aï et d'Épernay, en Champagne, de Saint-Péray, en Languedoc, et d'Arbois, en Franche-Comté.

On appelle *vins mixtes* ceux dans la composition desquels aucun principe particulier ne domine. Ce sont les meilleurs pour l'usage ordinaire, et la France est, sous ce rapport, le pays le plus admirablement doté. Les vins de Bordeaux et de Bourgogne peuvent en être considérés comme les types les plus parfaits.

E. Quel est le rôle du vin dans l'alimentation? Le vin doit être exclu du régime de la première enfance. Pris à doses modérée et toujours égale, il convient à l'adulte qui travaille et au vieillard encore vert. Il est également utile pour le vieillard caduc, auquel il facilite le fonctionnement des voies digestives. Dans les pays marécageux, l'usage du vin, combiné avec une nourriture fortifiante, préserve de la plupart des maladies qui déciment si cruellement la population. A bord des navires, il exerce sur la santé des équipages une influence des plus salutaires, qui les met à l'abri du scorbut. Enfin, il ne rend pas moins de services aux armées en campagne en atténuant les mauvais effets d'une alimentation trop souvent insuffisante ou de qualité malsaine. Dans tous les cas, le vin ne peut produire de bons résultats qu'à la condition d'être pur de toute altération et de ne pas contenir une trop forte proportion d'alcool.

L'abus du vin produit l'ivresse, espèce d'empoisonnement spécial qui, lorsqu'il se renouvelle souvent, détruit peu à peu les facultés intellectuelles, et conduit, successivement et par une pente insensible, de l'abrutissement à la folie et de la folie à la mort. Préservons-nous donc d'un pareil malheur, et ici, comme en tant d'autres circonstances, vouloir c'est pouvoir.

2. **Bière.** Sous le nom de *bière*, on désigne des boissons assez différentes que l'on obtient en faisant fermenter avec de l'eau des graines de céréales. Mais la bière proprement dite, la vraie bière, est celle de ces boissons qui se prépare avec de l'orge germée, légèrement grillée, et une infusion de houblon. Néanmoins, dans plusieurs localités, pour faire des bières de qualité inférieure, on remplace souvent une partie de l'orge par de l'avoine ou du seigle, quelquefois même par du sarrasin ou de l'épeautre.

L'usage de la bière est probablement immémorial. Aujourd'hui, il est général dans tous les pays qui ne cultivent point ou qui cultivent peu la vigne, principalement en Angleterre, en Allemagne, en Belgique, en Hollande, en Danemark, en Suède, en Norwége, aux États-Unis.

Les diverses variétés de bière sont dues au plus ou moins

de concentration du moût, à la manière dont l'orge a été grillée, à la proportion du houblon, enfin, à des pratiques fort simples qui sont propres à chaque fabricant. Dans tous les cas, on les divise en *fortes* et *faibles*, suivant leur richesse alcoolique. Les bonnes bières contiennent de 4 à 6 pour 100 d'alcool. Il n'y en a pas 1 1/2 pour 100 dans celles qu'on appelle *petites;* mais on en trouve jusqu'à 8 pour 100 et au delà dans celles qu'on qualifie de *très-fortes.*

La bière est une boisson d'excellente nature. Elle calme bien la soif, favorise la digestion et possède des propriétés nutritives très-prononcées, auxquelles elle doit de réparer promptement les pertes de l'économie et de produire l'engraissement. Sous ce dernier rapport, elle l'emporte beaucoup sur le meilleur vin. La bière convient à tout le monde, sauf cependant quelques personnes délicates, qui ne peuvent la supporter qu'après l'avoir coupée d'eau.

De même que le vin, la bière ne produit de bons effets que lorsqu'on en boit modérément. Prise en excès, elle affaiblit l'estomac, rend difficile la digestion et conduit à l'obésité. De plus, quand elle est riche en alcool, elle détermine une ivresse qui, on ne doit pas l'oublier, est peut-être encore plus immonde que celle du vin.

3. **Cidre.** Le cidre se prépare avec des pommes mûres d'une qualité particulière, que l'on écrase avec soin, et dont on abandonne le jus à la fermentation. Il est connu de toute antiquité en Normandie et en Picardie. Aujourd'hui encore, c'est dans le premier de ces deux pays qu'on fait le meilleur cidre et qu'on en consomme le plus.

Le cidre est une boisson agréable et salubre, qui plaît surtout par l'habitude. Il rafraîchit mieux que la bière, mais il nourrit beaucoup moins. Étendu d'eau, il est d'un excellent usage, pendant les chaleurs de l'été, pour calmer la soif des moissonneurs et des faucheurs, et, en général, de toutes les personnes qui travaillent exposées au soleil. Toutefois, quand il est récent et trouble, il devient indigeste. Aussi est-il prudent de ne le livrer à la consommation que quelque temps après sa fabrication, lorsque les matières qui empêchent sa transparence se sont entièrement déposées.

En outre, on ne doit pas oublier que, pris en excès, il produit l'ivresse, aussi facilement que les autres boissons fermentées, et que, si on ne le conserve pas avec tout le soin convenable, il éprouve des altérations qui le rendent dangereux.

Dans les pays où les poires abondent, on prépare avec ces fruits une variété de cidre que l'on appelle vulgairement *poiré*. Cette boisson est inférieure, sous tous les rapports, au cidre de pommes, qui est le cidre proprement dit; mais elle enivre plus rapidement parce qu'elle est plus alcoolique.

III. Boissons distillées. — Ces boissons s'obtiennent en distillant[1] les divers liquides fermentés. Elles sont toutes composées d'alcool et d'eau, mais en proportions variables à l'infini. En outre, chacune possède un parfum ou arome caractéristique, dû aux substances qui ont servi à préparer la liqueur d'où on l'a extraite. Dans le langage vulgaire, on appelle *eaux-de-vie* celles qui contiennent de 50 à 60 pour 100 d'alcool, et *esprits* celles qui en renferment davantage.

Les boissons distillées, ou *liqueurs fortes*, car on leur donne aussi ce nom, sont assez nombreuses. En Europe, on emploie presque exclusivement celles de vin, de grains, de fécule ou de pommes de terre, de marc, de cidre et de poiré. Nommons encore le rhum et le kirsch, qui se préparent, le premier avec les sirops provenant de la fabrication du sucre, le second avec le produit de la fermentation des cerises noires ou merises.

De quelque substance qu'elles soient extraites, les boissons distillées sont des liquides excitants au suprême degré, et leur action est d'autant plus énergique qu'elles renfer-

1. *Distiller* un liquide, c'est le réduire en vapeur, au moyen de la chaleur, pour le ramener ensuite à l'état liquide par le refroidissement. Cette opération a principalement pour but, soit de séparer les liquides d'avec les corps fixes, soit de séparer des corps d'une volatilité différente. Ainsi par exemple, quand on distille le vin, comme l'alcool se volatilise à une température moins élevée que celle qui est nécessaire pour l'eau, on chauffe juste de manière à n'agir que sur le premier. L'alcool se sépare donc de l'eau et se change en une vapeur, qui est recueillie avec soin pour être ramenée à l'état liquide. Les appareils qui servent à distiller se nomment *alambics*.

ment une plus forte dose d'alcool. Un très-petit verre de bon cognac, dit un illustre médecin, est très-agréable après un repas copieux, et, si l'on n'en abuse pas, peut ne pas nuire; mais il faut se défier du goût qui se développ, par l'usage : on se contente d'abord d'un demi petit verree puis on le remplit, on le double sous divers noms ou prétextes, et le mal commence.

Tous les hygiénistes sont unanimes à reconnaître que les boissons distillées ne produisent de bons résultats que prises en très-faible quantité, et dans certaines conditions d'âge, de tempérament, etc. Encore même ne sont-elles d'une utilité réelle que pour les personnes longtemps soumises à une très-basse température, ou vivant dans un air malsain, ou, enfin, forcées de séjourner dans des lieux froids et humides.

L'usage habituel des boissons de ce genre a toujours les plus funestes conséquences. Comme l'abus des liqueurs simplement fermentées, il conduit à l'idiotisme, à la folie, à la mort, mais avec une rapidité infiniment plus grande et des circonstances bien autrement hideuses.

Il paraît, en outre, que l'alcool pénètre peu à peu dans tous les organes, qui s'en trouvent bientôt comme saturés, c'est-à-dire aussi imprégnés ou imbibés qu'ils puissent l'être. Aussi, beaucoup de médecins attribuent-ils à cette pénétration générale les *combustions humaines spontanées*[1], obser-

1. *Combustion humaine spontanée.* On appelle ainsi un phénomène singulier dans lequel le corps humain se trouve entièrement réduit en cendres par l'effet d'un feu peu considérable qui prend naissance on ne sait le plus souvent comment, et qui, presque toujours, accomplit son œuvre de destruction sans qu'il soit possible d'y porter remède. Parmi les faits nombreux qu'on a observés, nous citerons celui de cette vieille femme américaine, dont le cadavre fut détruit dans l'espace d'environ une heure et demie. « Une partie des individus de la famille était allée se coucher, et les autres étaient sortis ; la vieille resta levée pour garder la maison. Peu après, un de ses petits-enfants rentra et vit le plancher en feu. Il donna l'alarme dans la maison, on apporta des lumières, et l'on procéda à l'extinction du feu. Tandis qu'on était ainsi occupé, on aperçut quelque chose de singulier sur le sol : il y avait une espèce de suie grasse et des cendres, avec des restes d'un corps humain ; une odeur extraordinaire se répandait dans la chambre : tous les vêtements étaient consumés par le feu, et la grand'mère ne se retrouvait plus. On crut d'abord qu'en voulant allumer sa pipe, elle était tombée dans le feu et s'était brûlée; mais, en voyant le foyer si petit, on jugea qu'il eût été impossible qu'elle fût consumée totalement, quand même il y en aurait eu dix fois autant. La combustion des vêtements ne pourrait jamais amener une incinération aussi complète, puisque les anciens étaient obligés d'employer des masses énormes de bois pour arriver à ce résultat, et

vées surtout, en effet, chez les malheureux qui consomment habituellement des quantités excessives de liqueurs spiritueuses.

« Monsieur, disait un jour à l'un de nos compatriotes un riche marchand d'eau-de-vie, de Dantzick, on ne se doute pas en France de l'importance du commerce que nous faisons, de père en fils, depuis plus d'un siècle.

« J'ai observé avec attention les ouvriers qui viennent chez moi; et, quand ils s'abandonnent sans réserve au penchant, trop commun chez les Allemands, pour les liqueurs fortes, ils arrivent à leur fin tous à peu près de la même manière.

« D'abord, ils ne prennent qu'un petit verre d'eau-de-vie le matin, et cette quantité leur suffit pendant plusieurs années; ensuite, ils doublent la dose, c'est-à-dire qu'ils prennent un petit verre le matin et autant vers midi. Ils restent à ce taux environ deux ou trois ans; puis ils en boivent régulièrement le matin, à midi et le soir. Bientôt, ils en viennent prendre à toute heure, et n'en veulent plus que de celle dans laquelle on a fait infuser du girofle. Lorsqu'ils en sont là, il y a la certitude qu'ils ont tout au plus dix mois à vivre. Ils se dessèchent, la fièvre les prend, ils vont à l'hôpital, et on ne les revoit plus! »

Disons en terminant que l'action des boissons distillées est d'autant plus nuisible que l'estomac est plus vide. Aussi, la mode du petit verre, de la *goutte*, comme on l'appelle, si chère à tant d'ouvriers, avant le repas du matin, doit-elle être énergiquement condamnée.

IV. Boissons aromatiques. — On comprend sous ce titre le *café*, le *thé* et le *chocolat*.

1. **Café.** Le *café* est la graine d'un arbrisseau toujours vert des pays chauds. Cet arbrisseau, appelé *caféier*, est originaire de l'Abyssinie, mais il a été successivement transporté en Arabie, dans l'Inde, dans l'Océanie, dans la

qu'ils choisissaient même ceux qui contenaient le plus de matières résineuses. » Des diverses observations qu'on a pu faire, il résulte que la combustion humaine spontanée se remarque presque toujours chez les personnes très-âgées, qui sont adonnées aux boissons alcooliques, et qu'elle est plus fréquente chez les femmes que chez les hommes.

plupart des îles d'Afrique, aux Antilles et dans l'Amérique méridionale. On le cultive aujourd'hui dans presque toutes les contrées situées entre les tropiques et dans celles qui ne sont pas très-éloignées de ces cercles.

Le café est naturellement doué d'une saveur herbacée fort désagréable, mais, si on le soumet à l'action du feu, il s'y développe une saveur des plus suaves, un arome des plus délicieux. Voilà pourquoi, quand on veut préparer l'infusion si recherchée, on a toujours soin de le griller avant de le mettre en contact avec l'eau.

L'usage du café est né en Arabie, on ignore à quelle occasion et à quelle époque précise. On sait seulement qu'il pénétra peu à peu dans les pays voisins, et qu'en 1555 il fut introduit à Constantinople par des marchands syriens. Vers 1640, les Vénitiens et les Génois le firent connaître en Italie, et, pendant les années suivantes, il se répandit avec assez de rapidité dans les autres parties de l'Europe. Ce fut Soliman - Aga, ambassadeur de Mahomet IV, empereur des Turcs, auprès de Louis XIV, qui, lors de son séjour à Paris, en 1669, commença à le mettre à la mode dans notre pays.

L'expérience de chaque jour nous apprend que le café est une boisson très-salutaire, dont les estomacs bien constitués peuvent impunément faire un usage habituel. Non-seulement il facilite la digestion, mais encore il excite l'intelligence et favorise les conceptions de l'esprit. Enfin, il soutient admirablement les forces et possède une puissance nutritive des plus énergiques. Cette dernière propriété explique pourquoi les personnes qui boivent régulièrement du café se trouvent bien nourries, quoique le reste de leur régime soit insuffisant. Elle explique aussi pourquoi le café permet aux voyageurs et aux militaires de supporter plus facilement les fatigues, la faim et la soif; et pourquoi les peuples grands buveurs de café sont tous d'une grande sobriété. Toutefois, il n'est pas exact que le café soit sans inconvénients pour toute espèce de personnes. Il est, au contraire, très-nuisible à certains tempéraments. Il peut même, quand on en abuse, devenir une source d'accidents plus ou moins fâcheux pour les individus qui se trouvent dans les meilleures conditions.

2. **Thé.** Ce qu'on appelle *thé* est la feuille desséchée d'un arbrisseau qui croît en Chine, au Japon, en Cochinchine et dans plusieurs parties de l'Inde. Les nombreuses variétés qu'on trouve dans le commerce doivent le goût, l'odeur, l'aspect et la couleur qui les distinguent, à plusieurs circonstances, telles que le climat, la nature et l'exposition du sol, l'âge auquel on a recueilli les feuilles, les manipulations qu'on leur a fait subir.

L'usage du thé est immémorial dans les pays de production. Il a été introduit en Europe par les Hollandais, au commencement du XVIIe siècle.

Le thé, pris chaud et sucré, est une boisson tonique et légèrement excitante, qui aide les travaux intellectuels, active la circulation, accélère le pouls, et communique une énergie nouvelle aux personnes affaiblies par la diète, le froid ou la tristesse, Il est nourrissant, mais un peu moins que le café. Les Chinois en font une consommation énorme, parce qu'il leur procure une excitation salutaire pour résister à l'action de leur climat, dont les chaleurs énervent, et qui abonde en foyers de fièvres paludéennes. Les Hollandais et les Anglais s'en gorgent également, d'une part, pour faciliter le pénible travail de leur digestion, d'autre part, pour combattre les effets de l'atmosphère, continuellement froide et humide, dans laquelle ils vivent.

L'abus du thé porte dans les voies digestives un trouble profond qui compromet beaucoup la nutrition. C'est pour cela que les grands buveurs de thé sont toujours maigres et faibles.

3. **Chocolat.** Le *chocolat* se fait avec le *cacao*, c'est-à-dire avec la graine décortiquée, grillée et réduite en poudre, d'un arbre d'assez belle taille qui croît dans les forêts du Mexique, des Antilles et de l'Amérique méridionale. On ajoute à cette graine du sucre et quelquefois de la vanille ou d'autres aromates.

L'usage du chocolat était général au Mexique à l'époque de la découverte de ce pays, au commencement du XVIe siècle. Ce sont les Espagnols qui l'ont introduit en Europe. Toutefois, pendant très-longtemps, il a été regardé, du moins en France, comme une substance de luxe, uniquement destinée aux personnes riches; mais, aujourd'hui, il fait partie de l'alimentation de toutes les classes de la société.

Le chocolat est un des plus précieux produits alimentaires. Il nourrit admirablement, donne du ton aux organes, relève promptement les forces, et plaît généralement à tous les estomacs. Il est d'une digestion plus facile, quand il est préparé à l'eau, que lorsqu'on emploie le lait.

V. Boissons acidules. — Les boissons de cette catégorie, telles que la *limonade*, l'*orangeade*, le *sirop de groseilles*, ne sont guère employées qu'à l'époque des grandes chaleurs. Prises en très-petite quantité, elles étanchent bien la soif et n'ont aucun inconvénient. Si l'on en abuse, elles fatiguent l'estomac, produisent la diarrhée, la dysenterie, et deviennent une cause d'affaiblissement par l'abondance de sueur qu'elles provoquent. Du reste, il est prudent de ne pas en faire un usage habituel. L'eau sucrée, additionnée de quelques gouttes de vinaigre, de rhum ou d'eau-de-vie, leur est infiniment préférable.

QUARANTE-SIXIÈME LECTURE.

Conservation des aliments.

Nécessité de la conservation des aliments. Comment on soustrait les « viandes » à la corruption. Dessiccation : « carne seca, » « tasajo, » « extrait de viande. » Congélation : « glacières. » Soustraction de l'air : « procédé Appert; » procédés par « enrobage. » Antiseptiques : « salage, » « charbon, » « acide sulfureux, » « fumée. » Conservation du « lait, » des « œufs, » du « poisson, » des « fruits, » des « légumes, » des « farines, » des « boissons. »

Les substances nécessaires à la nourriture de l'homme ne sont pas toujours consommées à mesure qu'on les recueille. Il y a donc nécessité de mettre en réserve et de garder, pendant un temps plus ou moins long, celles dont on n'a pas immédiatement besoin, afin de pouvoir les retrouver plus tard, quand le moment d'en faire usage sera venu. Nous allons passer en revue les moyens qu'on emploie généralement pour les empêcher de se corrompre.

I. **Viande.** 1° *Dessiccation*. La viande, quand elle a été privée de la plus grande partie de l'eau qu'elle contient, se conserve très-longtemps. Cette observation, aussi ancienne peut-être que l'homme, a été mise à profit dès les plus anciens âges, surtout dans les pays chauds, pour former des approvisionnements de nourriture animale. En Afrique et en Asie, une foule de peuplades ne connaissent pas d'autre moyen de conservation. On coupe la viande en petits morceaux qui, enfilés dans des baguettes, sont exposés au soleil et aux courants d'air jusqu'à ce qu'ils soient entièrement desséchés. Dans l'intérieur du Paraguay, on prépare la *carne seca*[1] de la même manière, mais avec cette différence que la viande est divisée en longues et très-étroites lanières[2].

A. Depuis plusieurs années, dans l'Amérique du Sud, on emploie la dessiccation pour utiliser la viande des innombrables troupeaux de bœufs qui peuplent les deux rives du Rio de la Plata[3]. Autrefois, on tuait ces animaux uniquement pour avoir leur peau et leur suif, et l'on abandonnait leur chair aux bêtes féroces et aux oiseaux de proie. Aujourd'hui, quand elle a reçu la préparation dont nous allons parler, celle-ci forme un des principaux articles du commerce extérieur du pays.

1. *Carne seca*, mots espagnols qui signifient « chair desséchée. »

2. Dans plusieurs pays, après avoir desséché la viande, on la réduit en une poudre plus ou moins fine. On obtient ainsi les substances appelées *poudres alimentaires* ou *poudres de viande*. Le *pemmican* des sauvages de l'Amérique du Nord est un produit de ce genre, qu'on prépare avec la chair du bison, espèce de bœuf sauvage.

3. Ce sont les Européens qui ont introduit le bœuf sur les rives de la Plata. Le premier troupeau y fut amené en 1555 par le Portugais Goas. Il se composait de huit vaches et d'un taureau. Depuis cette époque, la race bovine s'est tellement multipliée dans les vastes plaines arrosées par cette rivière et ses affluents, qu'un calcul approximatif permet d'en porter le nombre actuel des têtes à 15 millions et ce nombre, tout considérable qu'il puisse paraître, est regardé comme inférieur à ce qu'il était au commencement du siècle dernier. Cette partie de l'Amérique est également redevable aux Européens du cheval et du mouton, qui y ont prospéré aussi bien que le bœuf.

Les opérations se font pendant la saison chaude, dans des établissements spéciaux appelés *saladeros.* Aussitôt que l'animal est mort, on le dépouille rapidement de sa peau, puis des ouvriers très-habiles coupent sa chair en bandes ou lames longues de 1 mètre à 1 mètre et demi, larges de 40 à 50 centimètres, et épaisses de 15 à 20 centimètres.

Ces lames pèsent en moyenne de 150 à 200 kilogrammes. On les plonge, encore toutes chaudes, dans un bassin rempli de saumure[1], où elles restent à peine quelques secondes, c'est-à-dire juste le temps nécessaire pour qu'elles soient lavées et débarrassées d'une partie du sang qui les imprègne. Au sortir de ce bain, on les étale par couches superposées, mais séparées les unes des autres par autant de lits de sel blanc. Au bout de vingt-quatre heures, on les retourne et on les sale de nouveau. Enfin, le troisième jour, on les retire de cette salaison ; on les secoue pour que le sel n'y reste pas adhérent ; on les empile au grand air et on les charge de poids. Pendant ces diverses manipulations, il s'écoule de la viande un liquide salé et sanguinolent, dont la proportion, d'abord très-grande, finit par être réduite à presque rien[2].

Le plus souvent, on laisse les bandes ainsi empilées pendant trois ou quatre jours. Alors, si le temps est favorable, on les étend au soleil sur des grillages de charpente, soutenus par des piliers à une certaine hauteur au-dessus du sol. On les rentre avant la nuit ou dès qu'on s'aperçoit que l'air devient humide. Le lendemain et les jours suivants, on les étend de nouveau jusqu'à ce qu'elles se trouvent complétement sèches. Ce résultat obtenu, il ne reste plus qu'à les expédier aux lieux de consommation.

La viande préparée comme il vient d'être dit est désignée sous le nom de *tasajo* ou *charqué*. Dans presque toute l'Amérique, elle forme la base de la nourriture des voya-

1. *Saumure.* On appelle ainsi le liquide qui se dépose dans les vases où l'on sale le poisson ou la viande, et qui est chargé de sel mêlé aux parties grasses et autres des chairs qui y ont macéré.

2. C'est ce liquide qui constitue la « saumure » dont il est question dans la note précédente.

geurs, des ouvriers des mines, des chasseurs et de la plus grande partie de la population des champs. A diverses reprises, on a essayé d'en introduire l'usage en Europe, mais toujours en vain, parce que, sous le triple rapport de l'aspect, de l'odeur et du goût, elle ne présente aucune des qualités qu'on est habitué à trouver dans la viande de boucherie.

B. Au procédé de conservation au moyen de la dessiccation se rattache la préparation des divers *extraits de viande.* Les produits de ce nom que l'on trouve, depuis quelque temps, dans le commerce, se fabriquent sur les mêmes lieux que le tasajo, dans de vastes usines créées par des compagnies européennes. La viande de bœuf est hachée menu par des couteaux mécaniques, cuite dans d'immenses chaudières, débarrassée des parties graisseuses et fibrineuses, et, enfin, réduite par l'évaporation à l'état d'une bouillie épaisse qui est uniquement composée des principes véritablement nutritifs de la matière première.

Les extraits de viande sont éminemment propres à confectionner des potages. Ajoutés aux légumes, ils en augmentent singulièrement les propriétés alimentaires. Depuis des siècles, les Russes font un grand usage d'une préparation semblable, qu'ils appellent *soupe portative.*

2° *Congélation.* Le froid empêche les matières animales de se corrompre[1]. C'est pour cela que, pendant l'hiver, la viande se conserve bien plus longtemps que pendant l'été. C'est pour cela aussi que, lorsqu'on peut se procurer de la neige ou de la glace, on y place, de manière qu'elle en soit

1. A diverses époques, on a trouvé, enfouis dans les glaces de la Sibérie, des cadavres d'animaux disparus depuis des siècles, et qui néanmoins étaient encore admirablement conservés. Une des plus curieuses découvertes de ce genre eut lieu en 1799. Un jour de cette année, un pêcheur aperçut sur les bords de l'océan Arctique, dans une masse de glace flottante, un bloc informe d'immense taille, qui lui parut être quelque grand animal. L'année suivante, ce bloc n'était pas assez dégagé des glaçons qui l'emprisonnaient, pour qu'on distinguât ce qu'il pouvait être. Ce ne fut qu'à la fin de l'été de 1801 qu'un des flancs devint parfaitement visible. Les autres parties du cadavre se débarrassèrent peu à peu de l'eau congelée qui l'avait tenu captif à la surface de la mer, et il vint échouer à la côte. Les habitants du voisinage se jetèrent sur cette proie inespérée, et, pendant plusieurs jours, nourrirent leurs chiens « avec des quartiers de chair qu'ils y venaient chercher comme on tranche les pierres dans certaines carrières. »

enveloppée, la viande qu'on ne veut pas consommer immédiatement ou que l'on veut envoyer au loin.

Ce procédé de conservation est d'une application très-facile partout où il existe des *glacières*. On appelle ainsi des cavités (*fig. 44*) creusées dans le sol pour y faire des appro-

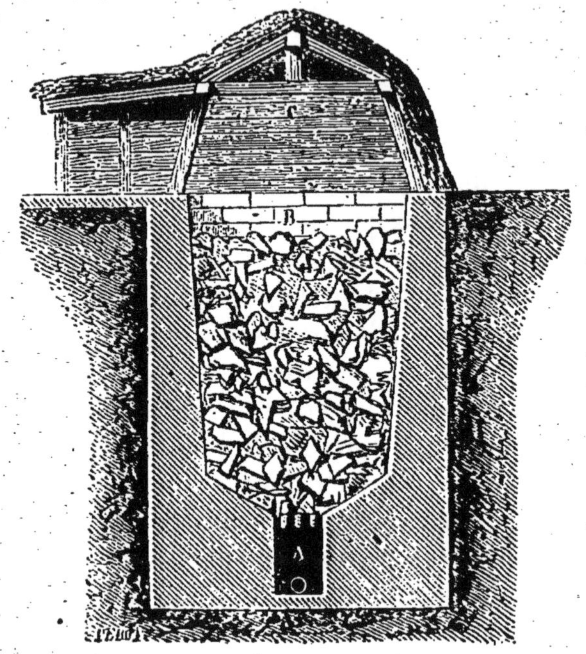

Fig. 44. — Glacière.

visionnements de glace. Elles ont la forme d'un tronc de cône renversé *B*, et leurs murs sont construits en matériaux imperméables. Enfin, elles ont à la base une espèce de puisard *A*, pour recevoir l'eau qui s'écoule de la glace, et on les ferme avec une charpente *C*, recouverte d'une couche épaisse de paille.

3° *Soustraction de l'air*. La décomposition des viandes ne peut avoir lieu que moyennant le contact de l'air. De là est naturellement venue l'idée de les conserver en les soustrayant à ce contact.

A. Beaucoup de procédés ont été proposés pour l'application de ce principe. Le plus célèbre et, en même temps, le plus efficace, est celui qui porte le nom de son inventeur, le Français Appert. On introduit la viande, aux trois quarts cuite, dans une boîte de fer-blanc, on achève de remplir celle-ci avec du jus ou de la sauce, puis on soude le couvercle en ayant soin d'y laisser un petit trou. Il ne reste plus alors qu'à expulser l'air de la boîte, et l'on y parvient en faisant bouillir le liquide qu'elle contient. Pendant l'ébullition, la vapeur s'échappe, en entraînant l'air, par le petit trou du couvercle. Enfin, quand on juge que l'effet voulu est produit, on bouche ce trou avec un peu de soudure.

Le procédé Appert date du commencement de ce siècle. Il est applicable à toutes les substances alimentaires, et son adoption par la marine de tous les peuples a beaucoup contribué à l'amélioration de la santé des équipages et des voyageurs, en permettant de remplacer, par des préparations plus saines, les viandes salées ou fumées exclusivement usitées jusqu'alors. C'est depuis cette époque que, suivant l'expression d'un marin célèbre, on peut manger aux Grandes-Indes un dîner préparé à Paris dix ans auparavant.

B. Pour soustraire les viandes au contact de l'air, on les recouvre souvent d'une substance préservatrice. C'est ainsi que, dans plusieurs parties de l'Allemagne, on conserve la viande fraîche, pendant l'été, en l'entourant d'une couche de lait caillé. Dans d'autres pays, on obtient le même résultat en remplaçant le lait caillé par le miel, ou bien en tenant les morceaux dans de l'huile d'olive ou de l'huile d'œillette. Dans d'autres pays encore, on se ménage de précieuses provisions pour la saison chaude, en plaçant des fragments de viande dans des vases de faïence ou de grès qu'on achève de remplir avec de la graisse fondue.

4° *Antiseptiques.* On appelle ainsi[1] des substances qui possèdent la propriété de retarder, pendant un temps plus ou moins long, la décomposition des matières animales. Telles sont : le *sel de cuisine*, le *charbon*, l'*acide sulfureux* et la *fumée*.

A. L'application du *sel* à la conservation des viandes est répandue partout. Néanmoins, en ce qui concerne les mam-

1. Du grec *anti*, contre, et *septikos*, qui engendre la putréfaction.

mifères, on n'y a généralement recours que pour le porc et le bœuf.

Chaque pays a son système de salage ; mais, dans tous, on a soin de découper la viande en morceaux et de la désosser, l'expérience ayant appris que, sans cette précaution, il serait impossible d'obtenir des produits de bonne qualité. En Angleterre, où l'on sale le bœuf avec le plus grand soin pour les approvisionnements de la marine, on fait les morceaux du poids de 4 kilogrammes. On les frotte de sel sur toutes leurs faces, et on les étend dans des caisses à fond criblé de trous, où on les laisse pendant sept jours, en ayant soin, dans cet intervalle, de les arroser deux fois avec de la saumure. On les transporte ensuite dans d'autres caisses, où elles restent durant une nouvelle période de sept jours, superposées dans un ordre inverse. A l'expiration de ce second terme, on les tasse dans des barils de manière à ne pas laisser d'intervalles, et on les livre au commerce. Le sel qui sert à les préparer est tiré de la baie de Vigo, en Portugal, et l'on y ajoute une petite quantité de salpêtre.

B. Le *charbon*, beaucoup de personnes l'ignorent, fournit un moyen très-simple de conserver la viande fraîche pendant l'été. « On sait, dit à ce sujet un chimiste contemporain, que le garde-manger le mieux disposé n'empêche pas la décomposition rapide des substances alimentaires, lorsque la chaleur est forte, l'air stagnant et le temps disposé à l'orage. Il suffit quelquefois alors d'une heure pour altérer la viande la plus fraîche. Le seul moyen de prévenir cet accident, c'est d'enfouir les substances dans du poussier de charbon, à nu, ou, ce qui est moins bien, après les avoir entourées de linge ou de papier. A la vérité, dans le premier cas, on les retire souillées de charbon ; mais on les en débarrasse aisément en les arrosant d'eau fraîche. Si l'infection a fait des progrès, il faut, pour leur restituer leur fraîcheur première, enlever d'abord la superficie de ce qui est gâté, les envelopper ensuite dans un linge après les avoir recouvertes de charbon lavé, et les faire bouillir dans l'eau, pendant une demi-heure plus ou moins, suivant le degré d'infection. On lave alors à l'eau fraîche, et il n'y a plus de trace de l'altération. »

C. L'*acide sulfureux* est le gaz à odeur si désagréable qui se forme aussitôt que le soufre brûle au contact de l'air. Beaucoup de moyens ont été indiqués pour l'employer. Le plus simple consiste à mettre la viande dans une boîte ou caisse de bois hermétiquement fermée, où l'on a préalablement introduit une mèche soufrée allumée. Au bout de quinze à vingt minutes, elle se trouve préparée au point de pouvoir être conservée pendant une vingtaine de jours, même par des températures d'été très-élevées. Quand les morceaux pèsent plus de 3 kilogrammes, il est bon d'y pratiquer quelques entailles, afin que le gaz préservateur pénètre plus profondément.

D. La *fumée* paraît être redevable de son action conservatrice à une substance nommée *créosote*[1], dont elle contient toujours une forte proportion. L'opération au moyen de laquelle on l'emploie à la préparation des viandes s'appelle *fumage* ou *boucanage*.

Dans les campagnes, pour fumer les viandes, on se contente de les suspendre dans le tuyau de la cheminée. Ce procédé est certainement très-simple, mais il a le défaut de ne donner que des résultats imparfaits ; car la viande se fume mal et s'imprègne de suie, ce qui lui communique un goût désagréable. On peut cependant remédier à ce dernier inconvénient en enveloppant les morceaux avec un linge ou avec plusieurs feuilles de fort papier.

Dans les pays où le fumage se pratique avec intelligence, on prend beaucoup plus de précautions ; on n'opère même que sur des viandes préalablement salées, ce qui ajoute l'action de la fumée à celle du sel. On se sert de bâtiments spéciaux divisés en plusieurs étages, chacun destiné à recevoir des morceaux de nature et de dimensions différentes. Ces étages communiquent entre eux par des ouvertures pratiquées dans les planchers, et les choses sont disposées de manière que la fumée passe de l'un à l'autre avec une

1. *Créosote*, du grec *kréas*, chair, et *sozô*, je conserve.

abondance et une vitesse que l'on peut régler à volonté. Enfin, la fumée est produite au rez-de-chaussée, en brûlant des copeaux de chêne, que l'on choisit bien secs.

II. **Lait.** Dans les familles, on conserve le lait d'un jour à l'autre en le faisant bouillir; mais ce procédé serait trop dispendieux si l'on avait à opérer sur de grandes masses. Il vaut mieux alors, si la chose est possible, porter les vases dans une glacière ou les entourer de glace.

Quand le lait doit être transporté au loin, il suffit, pour qu'il ne puisse se gâter pendant le voyage, d'y placer des morceaux de glace enfermés dans un cylindre de fer-blanc qui fait corps avec le couvercle.

Avec de la glace et un appareil spécial, on peut conserver le lait pendant une quinzaine de jours, avec toutes ses qualités, quelles que soient la température et les variations atmosphériques. Cet appareil consiste en deux cylindres concentriques de fer-blanc, isolés dans une enveloppe de bois, et montés sur un axe mobile, qui permet de les retourner dans tous les sens. Le cylindre intérieur est rempli de glace et le cylindre extérieur reçoit le lait. On renouvelle la glace toutes les douze heures, et l'on retourne l'appareil deux fois par jour.

On a proposé une foule de moyens pour faire des conserves de lait propres aux approvisionnements maritimes. Celui qui, jusqu'à présent, a donné les meilleurs résultats est une simple modification du procédé Appert. Aussitôt après la traite, le lait est versé dans des chaudières à fond plat et peu profondes, où il ne forme qu'une épaisseur d'un centimètre. On ajoute de 60 à 75 grammes de sucre par litre de liquide, et l'on chauffe, pendant deux heures, à une température qui ne doit pas dépasser 100°. Au bout de ce temps, le lait a perdu une partie de son eau et présente la consistance du miel. On le distribue alors dans des boîtes de fer-blanc, que l'on tient, pendant 30 minutes, dans de l'eau en ébullition, après quoi on soude un petit trou qui avait été laissé dans le couvercle pour la sortie de l'air. Pour employer le lait ainsi préparé, on le délaye dans quatre à cinq fois son volume d'eau tiède, et on peut l'appliquer immédiatement aux mêmes usages que le lait ordinaire.

III. **Œufs.** La consommation des œufs est si considérable qu'on a dû se mettre en quête de moyens propres à les conserver, afin qu'ils ne puissent manquer aux époques de l'année où les poules ne pondent pas.

On conserve les œufs d'une foule de manières, mais toutes se rattachent à l'une des quatre méthodes suivantes : 1° on les recouvre d'une couche de cire, de suif, de graisse ou de tout autre corps imperméable, puis on les roule dans du poussier de charbon ou dans du plâtre en poudre; 2° on les tient immergés dans différents liquides, surtout dans de l'eau commune où l'on a fait fondre 8 à 10 pour 100 de sel de cuisine, ou bien où l'on a délayé environ 10 pour 100 de chaux éteinte; 3° on les plonge dans l'eau bouillante pendant 15 à 20 secondes, puis on les enferme dans un vase qu'on remplit de cendres tamisées; 4° on les place, sans qu'ils se touchent, soit sur des lits de paille, soit dans des tas de blé, de seigle, de son, de sable sec, de poussier de charbon, de cendres, de sciure, etc. Tous ces procédés reposent sur la soustraction des œufs au contact de l'air. Quel que soit celui qu'on adopte, il ne faut pas oublier que les œufs doivent être très-frais, même du jour, si c'est possible : c'est la condition indispensable du succès.

IV. **Beurre.** Le beurre se maintient frais pendant 10 à 12 jours, si l'on a soin de l'envelopper de linges toujours humides, ou de le tasser dans des vases de verre ou de faïence, sous une couche d'eau. Il se conserve beaucoup plus longtemps si, avant d'être enfermé dans les vases, il a été bien lavé à l'eau pure, puis pétri avec du sel de cuisine additionné d'un peu de salpêtre. Le beurre fondu est également d'une longue conservation, mais l'action du feu lui enlève une partie de sa saveur, ce qui en restreint l'usage aux préparations culinaires qui se font à chaud.

V. **Poissons.** La dessiccation, le fumage, le salage et l'immersion dans l'huile d'olive sont les procédés que l'on emploie pour conserver le poisson. On peut s'en servir pour toutes les espèces sans exception, mais, en général, on ne les applique guère qu'à sept ou huit, surtout au *ha-*

reng, à la *morue*, au *thon*, à l'*anchois* et à la *sardine*.

On distingue commercialement deux sortes principales de harengs : les *harengs blancs* ou *harengs caqués*, qui sont simplement salés, et les *harengs rouges* ou *harengs saurs*, qui, après avoir été salés, ont été soumis à l'action de la fumée. Cette opération de fumage se fait dans des fours spéciaux nommés *roussables*, dans lesquels on prépare 10 à 12,000 poissons toutes les vingt-quatre heures.

La morue est également livrée au commerce dans deux états. Simplement salée, elle s'appelle *morue verte*. D'abord salée, puis desséchée en plein air, elle porte le nom de *morue sèche*. Le *stockfish* est une variété de morue sèche dont la dessiccation a été poussée au point de la rendre très-dure, et qui, en outre, est roulée en forme de bâton.

Au sortir de l'eau, le thon est généralement coupé en morceaux qui, après avoir été frits dans l'huile ou rôtis sur des grils, sont enfermés dans des barils, que l'on achève de remplir avec de l'huile.

Pour préparer les anchois, on commence par les priver de leur tête et de leurs intestins. Cette opération terminée, on les lite dans des barils avec du sel, on les arrose de saumure, et on les expose quelque temps au soleil.

Quant aux sardines, on les conserve par le salage ou au moyen de l'huile d'olive, suivant que l'on veut avoir des *sardines salées* ou des *sardines à l'huile*. Dans le premier cas, les poissons sont placés tout entiers dans des barils avec des couches de sel. Ainsi disposés, on les abandonne à eux-mêmes pendant 10 à 12 jours, au bout desquels on les lave, on les fait égoutter et on les lite dans d'autres barils. Il n'y a plus alors qu'à les expédier. La préparation des sardines à l'huile est beaucoup plus compliquée. Après avoir privé les poissons de leurs têtes et de leurs intestins, souvent même de leurs arêtes, on les sale, on les lave, on les fait sécher, puis on les plonge, pendant deux ou trois minutes, dans de l'huile chauffée à 250°. Enfin, au sortir de ce bain, on les place dans des boîtes de fer-blanc, dont on remplit les vides avec de l'huile. On soude alors le couvercle de ces boîtes, et on les immerge dans de l'eau bouillante pendant un temps qui varie suivant leurs dimensions.

VI. **Fruits et Légumes.** Le procédé Appert convient à la plupart des fruits et des plantes légumineuses, surtout aux fraises, aux cerises, aux groseilles, aux petits pois, aux haricots verts, etc. Beaucoup d'autres substances végétales sont conservées par la dessiccation : telles sont les choux, les artichauts, les châtaignes, les figues, les raisins, les pruneaux, etc. Les pommes de terre, les carottes, les betteraves et, en général, les racines et les tubercules, se conservent parfaitement d'une récolte à l'autre, si l'on a soin de les placer dans une cave bien sèche, en couches séparées par des lits de poussier de charbon ou de menu de houille. On peut même, à défaut de charbon, se servir de sable, pourvu qu'il soit entièrement sec, et que chaque racine soit isolée de ses voisines.

Dans ces dernières années, en combinant la dessiccation avec une compression énergique, on a porté la conservation des substances végétales à un très-haut degré de perfection. Ce procédé est particulièrement applicable aux plantes féculentes et aux herbes potagères. Les légumes, préalablement lavés, épluchés et coupés en morceaux, sont cuits à la vapeur, séchés dans une étuve, puis soumis à l'action de presses très-puissantes. On obtient ainsi des espèces de gâteaux aussi durs que le bois, et qui divisés, au moyen de scies, en tablettes ou plaques de différentes dimensions, renferment, sous un faible volume, une grande proportion de matière alimentaire. Certaines de ces tablettes sont uniquement formées de choux, d'oseille, d'épinards, de petits pois, de fèves, de pommes de terre, etc., tandis que d'autres sont des mélanges dont on peut varier la composition à l'infini.

VII. **Farines et Pain.** Les *farines* sont très-avides d'humidité. C'est pour cela que, lorsqu'elles se trouvent exposées à une température un peu élevée, elles ne manquent presque jamais d'éprouver un commencement de décomposition putride. Cette décomposition se reconnaît à ce signe, que la farine se pelotonne et s'agglutine, en formant des masses plus ou moins dures. Le seul moyen qui existe pour maintenir les farines parfaitement saines, consiste à les traiter de façon qu'elles soient dans un état constant de sécheresse. On obtient généralement ce résultat en les enfermant dans des sacs placés debout ou superposés, avec des intervalles pour la libre circulation de l'air. Si, étant ainsi emmagasinée, on s'aperçoit que la farine a une tendance à s'échauffer, il suffit presque toujours, pour remédier au mal, de pratiquer dans les sacs, avec un bâton pointu, une cheminée ou trou perpendiculaire qui va de l'ouverture au fond. On peut aussi l'étendre sur le plancher jusqu'au moment où on la juge suffisamment rafraîchie.

La conservation du *pain* dépend uniquement de la quantité d'eau qu'il contient. Or, on sait que, lorsqu'on l'abandonne à lui-même, il perd chaque jour une partie de son poids, ce qui est dû à l'évaporation de l'eau[1]. Il est donc important de ne pas le conserver dans un lieu trop sec ou trop ventilé, afin qu'il ne puisse pas se dessécher trop complétement. Il faut aussi éviter de le conserver dans un lieu humide, parce qu'il se moisirait.

VIII. **Eau.** Une foule de localités n'ont à leur disposition que des eaux de rivière plus ou moins souillées ou des eaux de pluies recueillies dans des *citernes*.

Nous avons vu plus haut[2] comment on doit s'y prendre pour rendre les eaux gâtées propres aux usages domestiques.

Beaucoup de personnes ont une grande répugnance pour l'eau des citernes, parce qu'elles la croient mauvaise. Elle est cependant la plus pure de toutes les eaux naturelles; et si quelquefois elle a une odeur peu agréable, on doit uniquement l'attribuer à quelque cause accidentelle, qu'il est toujours facile de faire disparaître.

Les citernes, quand elles sont établies et entretenues avec les soins convenables, conservent l'eau parfaitement et pendant un temps auquel il serait peu aisé d'assigner des limites. On en a eu un exemple, il y a quelques années, lors

1. On a calculé que, pour un pain de deux kilogrammes, cette perte est de 45 à 77 grammes en un jour, et de 80 à 100 grammes en deux jours.
2. Voyez page 289.

de la construction du portail de la cathédrale d'Alger. En creusant les fondations, on découvrit, à 4 mètres environ au-dessous du sol, une citerne de l'époque romaine, dont l'eau, profonde d'un mètre et demi, était aussi bonne que celle des meilleures fontaines de la ville, et cependant elle était là depuis un grand nombre de siècles.

Les citernes doivent être souterraines, recouvertes d'une voûte et creusées sur un emplacement situé à l'ombre. De cette manière, l'évaporation y est très-peu active. Elles peuvent être cylindriques ou carrées; mais, dans ce dernier cas, il convient que les angles soient arrondis, afin de faciliter le nettoyage. La pierre meulière et la chaux hydraulique sont les seuls matériaux à employer, et l'on ne doit pas oublier de lisser comme une glace les surfaces intérieures. L'eau doit être amenée dans les citernes par des tuyaux de fonte ou de terre cuite; mais, avant d'y pénétrer, il est bon qu'elle traverse une épaisse couche de charbon ou de gravier, pour s'y débarrasser des ordures qu'elle a pu rencontrer sur le toit, dans les gouttières et dans les conduites. Ce filtre peut être établi dans un petit réservoir spécialement destiné à cet usage. Enfin, il est indispensable que chaque citerne ait un tuyau de décharge pour évacuer le trop plein.

Les hygiénistes recommandent aussi de ne pas laisser pénétrer dans les citernes l'eau des premières ondées, surtout après une grande sécheresse, parce qu'elle est toujours trop sale et de trop mauvaise qualité pour ne pas gâter tout le contenu du réservoir. Cette indication est remplie au moyen de robinets fixés sur les tuyaux de conduite. Notons, en passant, que si l'eau d'une citerne venait à se vicier, il suffirait, pour remédier à cet inconvénient, d'y jeter du noir animal en grains, dans la proportion de 4 à 5 kilogrammes par hectolitre d'eau.

IX. **Vin, Bière, Cidre.** Le *vin* est sujet à de nombreuses altérations ou maladies dont la cause est très-diverse. On en prévient plusieurs en se servant de caves bien disposées, c'est-à-dire éloignées du bruit et des mauvaises odeurs, ni trop humides, ni trop sèches, ayant enfin une température modérée et constante. On en évite quelques autres au moyen de soins particuliers, qui doivent être donnés avec une régularité parfaite. Mais il en est qui tiennent à la composition chimique du vin, et qu'il n'est pas toujours facile de guérir. Dans tous les cas, plus les vins sont alcooliques, mieux ils se conservent.

Grâce au principe amer du houblon, la *bière*, quand elle a été bien fabriquée, peut être gardée plusieurs années. Quant au *cidre*, il se gâte généralement au bout d'un an; mais on peut le conserver 3 ou 4 ans, s'il a été fait avec quantité égale de pommes douces, de pommes aigres et de pommes amères.

QUARANTE-SEPTIÈME LECTURE.

Les Vases et les Ustensiles.

Matières qui servent à fabriquer les « vases et ustensiles. » Leur importance au point de vue de la santé. Vases et ustensiles de bois, d'étain, de plomb, de cuivre, d'argent, de zinc, de fer, de verre, de terre.

Pour fabriquer les vases et les ustensiles qui servent à la préparation et à la conservation des substances alimentaires, on emploie le *bois*, l'*étain*, le *plomb*, le *cuivre*, l'*argent*, le *zinc*, le *fer*, le *verre* et la *terre*. Or le choix de ces matières a, au point de vue de la santé, une importance trop considérable, pour que nous n'en disions pas quelques mots. Nul n'ignore, en effet, que dans certaines circonstances, surtout quand on les met en contact avec des acides ou des corps gras, plusieurs d'entre elles peuvent donner lieu à la formation de composés vénéneux très-redoutables.

1. *Vases de* **bois.** Le plus grand reproche qu'on fait aux vases de cette classe, c'est de s'altérer aisément et de communiquer leur altération aux substances qu'on y renferme. Toutefois, il est possible de diminuer beaucoup cet inconvénient en les soumettant à des lavages très-fréquents, et en n'y laissant séjourner les substances que fort peu de temps.

Une autre recommandation non moins importante, c'est de n'employer à leur fabrication que des bois très-durs, très-compactes et parfaitement secs.

2. *Vases d'***étain.** L'étain est inattaquable par les diverses substances alimentaires. Il peut donc servir à confectionner les vases et les ustensiles culinaires. Depuis des siècles, on en fait des cuillères, des fourchettes, des assiettes, etc., à l'usage des familles peu aisées ; de là le nom « d'argenterie du pauvre » qu'on donne quelquefois à ces objets. Toutefois, ce que nous venons de dire se rapporte exclusivement à l'étain pur. Dans l'industrie, on ajoute presque toujours du plomb à l'étain, afin d'en diminuer le prix et de le rendre plus facile à travailler ; mais cet alliage ne présente aucun danger, pourvu qu'il ne contienne pas plus de 10 pour 100 de plomb[1].

3. *Vases de* **plomb.** Le seul contact de l'air ou de l'eau aérée suffit pour que le plomb donne lieu à la production de composés vénéneux. L'eau, la bière, le vin et, en général, toutes les substances alimentaires acquièrent des propriétés dangereuses pour peu qu'elles séjournent dans des vases de ce métal. Le plomb doit donc être rejeté, sous quelque forme que ce soit, même sous celle de tuyaux de conduite ou de feuilles d'enveloppe.

Un usage auquel il faut absolument renoncer, c'est celui où l'on est de nettoyer les bouteilles avec des grains de plomb ; car il suffirait de quelques grains oubliés dans les bouteilles pour empoisonner le liquide qu'on y renfermerait. Plusieurs élèves d'une institution sont morts, il y a quelques années, victimes d'une semblable négligence.

4. *Vases de* **cuivre.** Le cuivre est le métal le plus usité pour la fabrication des vases et ustensiles culinaires, mais c'est aussi celui qui produit les accidents les plus nombreux et les plus graves. L'air, l'eau, la chaleur, les corps gras, les acides, les divers sels, l'attaquent avec une facilité telle, que la substance vénéneuse appelée vulgairement *vert-de-*

1. L'étain pur, ou *étain fin*, se reconnaît à ceci, que, lorsqu'on le ploie, il fait entendre un bruit particulier qu'on appelle le *cri de l'étain.*

gris se forme inévitablement. Tous les aliments préparés dans des vases de cuivre contiennent ce poison en proportion plus ou moins considérable. Pour l'empêcher de se former en quantité assez grande pour devenir nuisible, il faut porter rapidement les mets à l'ébullition et les transvaser tout bouillants.

L'étamage remédie aux dangers du cuivre, mais il doit être fait à l'étain pur et entretenu avec le soin le plus minutieux. La prudence exige même qu'on ne laisse jamais les aliments se refroidir ou séjourner dans des vases de cuivre étamé.

5. *Vases d'***argent.** Les vases d'argent sont sans danger quand ils sont faits avec un alliage très-riche, mais il n'en est plus de même lorsqu'ils contiennent une forte proportion de cuivre. Dans ce dernier cas, ils peuvent occasionner des accidents[1].

6. *Vases de* **zinc.** Les propriétés nuisibles du zinc sont fort controversées. On s'accorde néanmoins à en proscrire l'usage pour les vases et ustensiles qui doivent renfermer des préparations acides ou salées.

« Le bas prix du zinc et de la tôle galvanisée[2], dit à ce propos le chimiste Girardin, la facilité de travailler ces métaux et de leur donner toutes les formes, ont multiplié leur emploi pour les usages domestiques, et, aujourd'hui, on rencontre partout des vases et des ustensiles pour con-

1. L'argent n'a pas une dureté assez grande pour conserver longtemps la forme qu'on lui donne; mais on lui communique la propriété dont il est naturellement privé, moyennant l'addition d'une certaine quantité de cuivre. Toutefois, cette quantité de cuivre varie suivant les objets qu'il s'agit de fabriquer, et aussi suivant les pays. Voici, en ce qui concerne la France, dans quelles proportions la loi prescrit qu'on unisse les deux métaux :

	Argent.	Cuivre.
Monnaie (pièces de 5 fr., de 2 fr., de 1 fr.)............	900	100
— (pièces de 50 c. et de 20 c.)........................	835	165
Vaisselle, argenterie, médailles........................	950	50
Bijouterie...	800	200

La quantité d'argent qui se trouve dans chacun de ces alliages constitue ce qu'on appelle le *titre de l'argent*, et l'on dit qu'ils sont d'un titre plus élevé, qu'ils sont d'autant plus riches, qu'ils contiennent plus d'argent. Ainsi, un objet qui, sur 100 parties, en renferme 900 d'argent, est au titre de 900 millièmes.

2. *Tôle galvanisée*, synonyme de *tôle zinguée* : tôle de fer recouverte d'une pellicule de zinc. Le procédé consiste à enduire le fer de zinc en le plongeant dans un bain de ce métal en fusion, à peu près de la même manière qu'on le plonge dans un bain d'étain pour fabriquer le fer-blanc.

tenir et transporter les liquides usuels : l'eau, le vin, le lait, les huiles, etc., qui en sont exclusivement faits. On devrait cependant proscrire ces métaux de toutes les applications aux usages culinaires, car ils sont très-aisément attaqués par les différents liquides, et introduisent alors dans les aliments des particules métalliques qui peuvent devenir la cause de maladies, et même d'empoisonnements. En voici des exemples :

« Le 26 janvier 1843, huit ouvriers serruriers de Metz furent empoisonnés pour avoir bu du vin qui était resté pendant treize heures dans un broc en fer galvanisé.

« A Béziers, en 1845, des symptômes d'empoisonnement se manifestèrent chez plusieurs personnes d'une même famille, parce qu'on s'était servi, pour apprêter divers aliments, d'une huile d'olive qui avait séjourné dans un vase de zinc.

« En 1847, un marchand de boissons qui avait renfermé du cidre dans des vases de zinc, reconnut qu'après trois mois ce liquide avait acquis une saveur âcre et astringente : on y trouva, par l'analyse, jusqu'à 3 grammes 80 centigrammes d'acétate de zinc par litre ! Ainsi, ce cidre était devenu un véritable poison.

« Plusieurs journaux d'agriculture, continue le même savant, ont préconisé les vases de zinc et en tôle galvanisée comme plus propres que tous les autres à faciliter le montage de la crème et à retarder la coagulation du lait. Alors même que ces avantages seraient vrais, il n'en faudrait pas moins repousser l'emploi de ces sortes de vases, parce qu'ils sont dangereux, le métal se dissolvant rapidement dans le lait, à la faveur des acides que celui-ci renferme, et introduisant ainsi dans le liquide des sels métalliques qui agissent sur les organes digestifs à la manière de l'émétique[1]. »

7. *Vases de* **fer.** Sous quelque forme qu'on l'emploie, le fer ne présente que des avantages. On sait que c'est dans des boîtes de fer-blanc, où elles se conservent admirablement, que l'on enferme les substances préparées par le pro-

1. *Émétique.* Voy. plus loin une note sur cette substance.

cédé Appert[1]. On sait aussi que, depuis le commencement du siècle, les marins emportent leurs provisions d'eau dans des caisses de tôle, et ils se trouvent bien de cette innovation, à laquelle ils attribuent une bonne partie de l'amélioration que présente aujourd'hui la santé des équipages.

8. *Vases de* **verre** *et de* **terre.** Les vases de verre ne présentent d'inconvénients que lorsqu'ils sont de mauvaise qualité, parce qu'ils communiquent alors une odeur infecte aux aliments. Quant aux poteries, il n'y a rien à dire de leur emploi, à moins qu'elles n'aient été vernissées avec un enduit de plomb ; encore même, dans ce cas, faut-il qu'elles aient été soumises à une cuisson imparfaite.

QUARANTE-HUITIÈME LECTURE.

Les Bains.

Rôle de la « peau » du corps. Utilité des lotions et des bains. Erreur commune au sujet des lotions du visage. Utilité des « bains. » Effets qu'ils produisent. Différentes sortes de bains : bains tièdes, bains frais. Conseils aux baigneurs.

1. La **peau** qui enveloppe le corps humain de toutes parts peut en être considérée comme la muraille extérieure. Non-seulement elle le protége et le met en rapport avec les objets environnants, mais, de plus, elle est le siége d'une transpiration incessante, tantôt invisible, tantôt, au contraire, parfaitement appréciable, qui le protége contre les lumières trop vives et le « débarrasse des trop-pleins, fort possibles, de la chaleur et de l'électricité. »

2. La peau est tellement indispensable à notre conservation que, lorsque, pour une cause quelconque, elle est détruite dans une grande partie de son étendue, il en résulte toujours de graves accidents, souvent même la mort. Il est donc d'une extrême importance qu'elle puisse remplir

1. Voy., page 304, la description de ce procédé.

parfaitement ses fonctions, et elle ne peut le faire qu'à la condition d'être tenue dans un état constant de propreté; en d'autres termes, d'être débarrassée avec soin et aussi souvent que possible des matières étrangères qui, à chaque instant du jour et de la nuit, viennent, quoi qu'on fasse, se joindre à la sueur pour boucher les milliards de trous imperceptibles ou pores dont elle est criblée. De là, nous ne disons pas seulement l'utilité, mais l'absolue nécessité des lotions ou lavages et des bains.

3. Il est une erreur bien commune dans la population ouvrière des villes et des campagnes. On regarde le lavage du visage et du cou comme un soin de toilette exagéré, comme une cérémonie de luxe.

En conséquence, « on ne se lave la figure que dans les grandes occasions, le jour où l'on va chercher de l'ouvrage, ou le dimanche, au moment où l'on endosse l'habit des fêtes, signal ordinaire du repos. Et encore, encore! comment procède-t-on? On se lave le milieu du visage, on se frotte un peu les pommettes, le haut du front ou la protubérance du nez; mais les coins, les anfractuosités, les régions trop lointaines, le cou, le dessous de l'oreille externe, les angles des cheveux sont impitoyablement oubliés.

« C'est un tort, c'est une faute assez considérable. Tous ces soins de propreté incomplets rappellent l'habitude de ces ménagères qui s'imaginent avoir bien nettoyé leur appartement quand elles n'ont balayé que le milieu des chambres. En pareille circonstance, la poussière se retire du centre, mais va s'accumuler sous les meubles, et puis les meubles s'abîment, le logement se détériore; au moindre coup de vent, une méchante malpropreté se répand partout, s'y installe, l'air devient malsain, et tout cela par l'incurie, par la paresse de la nettoyeuse. Même inconvénient chez les gens malpropres, qui croient avoir suffisamment lavé leur visage quand ils ont passé sur leur figure le coin d'une serviette mouillée. Au cou, où la peau est si mince d'ordinaire, à la racine des cheveux, où elle est si susceptible, dans les plis où la transpiration s'accumule, il faut des nettoyages quotidiens. Autrement, et à la longue, surviennent des irritations locales, des maladies de nature très-diverse qui peuvent donner lieu à des accidents très-graves. Lavez donc complétement et frottez ferme; si vous vous écorchez à pareille manœuvre, votre blessure n'aura rien de dangereux, je vous le certifie.

« Il ne faut pas seulement laver le visage et le cou; il ne faut pas seulement nettoyer les mains qui, dans la classe ouvrière surtout, manient si souvent des substances nuisibles; bien que notre corps soit revêtu de vêtements, à travers les vêtements se glisse la poussière, et, malgré les vêtements même, tous les matériaux de la malpropreté pénètrent jusqu'à la peau et s'y accumulent. » Il faut donc encore laver tout le corps, c'est-à-dire se baigner.

4. A quoi servent les bains? Ainsi que nous venons de le voir, ils servent à nettoyer la peau, afin qu'elle puisse remplir parfaitement ses fonctions; ils servent aussi à la rafraîchir, c'est-à-dire à la dépouiller de la chaleur surabondante qu'elle offre dans certaines circonstances. Ce moyen, hygiénique par excellence, est si naturel qu'il semble avoir été mis en pratique aussitôt que l'homme est sorti des mains du Créateur. C'est pourquoi on trouve l'usage des bains établi dès les temps les plus anciens, même chez les nations les plus sauvages; et, tandis que les habitants des pays chauds se baignent dans l'eau fraîche, ceux des contrées glaciales se jettent dans l'eau très-froide au sortir d'étuves brûlantes.

5. Les bains produisent des effets différents, selon le degré de température de l'eau qui les constitue[1]; mais les seuls qui soient véritablement salutaires sont les bains tièdes et les bains frais.

A. Les *bains tièdes*, appelés aussi *bains de santé*, sont ceux dont la température est de 24 à 30 degrés[2]. En nettoyant la peau, ils la rendent plus molle, plus souple et plus

1. Sous le rapport de la température, on divise généralement les bains ainsi qu'il suit : bains *très-froids*, de 0 à 12 degrés centigrades ; bains *froids*, de 12 à 18 degrés ; bains *frais*, de 18 à 24 degrés ; bains *tièdes*, de 24 à 30 degrés ; bains *chauds*, de 30 à 36 degrés ; bains *très-chauds*, de 36 à 40 degrés.

2. Voy., sur ce qu'on entend par *degrés de température*, la note 1 de la page 3.

blanche ; ils y favorisent la circulation du sang, et la circulation, s'exerçant plus librement, produit cette coloration légèrement rosée que nous trouvons si belle. Enfin, ils reposent des fatigues du corps et de celles de l'esprit. Après un long voyage, après un travail pénible de la pensée, après des veilles répétées ou des émotions très-fortes, alors que les muscles sont roides et douloureux, qu'il y a trouble et confusion dans les idées, plongez-vous dans un bain de ce genre, et vous en sortirez renouvelé, le corps aura repris toute sa souplesse, l'intelligence toute sa force et sa lucidité. Toutefois, il faut se garder de prendre ces bains trop fréquemment et d'y séjourner trop longtemps; car, après avoir calmé, ils affaiblissent et rendent le corps trop impressionnable aux changements de température.

B. Les *bains frais* varient de 18 à 24 degrés. Ce sont ceux qui, pendant l'été, nous sont fournis tout préparés par les fleuves, les rivières, les étangs et la mer. Ils donnent de la force et de l'activité aux organes, débarrassent de l'excédant de chaleur qui incommode, et excitent l'appétit. Les meilleurs sont ceux que l'on prend dans les fleuves et les rivières, parce que l'eau courante est plus légère, plus aérée et plus saine que l'eau stagnante. L'eau de mer, à cause des substances nombreuses qu'elle renferme, produit une action spéciale que tous les tempéraments ne peuvent supporter; aussi, n'y doit-on se baigner que dans les cas de nécessité absolue. Dans les pays de montagnes, on prend souvent des bains frais dans les torrents; mais ces eaux, toujours trop froides, peuvent occasionner de nombreux accidents. Il est donc prudent de s'en abstenir toutes les fois que l'on veut prendre des bains simplement rafraîchissants. Il faut en dire autant des eaux de source, et pour les mêmes raisons.

6. Mais, que le bain soit tiède ou frais, une précaution indispensable, c'est de n'y jamais entrer immédiatement après avoir mangé : on doit attendre au moins quatre ou cinq heures, c'est-à-dire à peu près le temps nécessaire pour que la digestion soit entièrement terminée. En se baignant plus tôt, on s'expose à des indigestions violentes, et même

à des congestions promptement mortelles. Une foule de personnes périssent chaque année victimes de cette imprudence.

7. Combien de temps doit-on rester dans le bain? La réponse à cette question est impossible, parce que le temps doit varier suivant l'âge, le climat, la constitution et le tempérament. Cependant, on admet généralement que, lorsqu'on se baigne dans l'eau tiède ou dans l'eau fraîche, uniquement dans un but de propreté ou de rafraîchissement, il convient de sortir de l'eau avant d'y éprouver des frissons persistants.

QUARANTE-NEUVIÈME LECTURE.

Les Accidents.

« L'asphyxie. » Ce que c'est. Causes principales qui la produisent. Asphyxie par la « vapeur du charbon, » par les émanations des « puits, » des « puisards, » des « égouts, » des « fosses d'aisances, » des « cuves à vin, à bière, » etc.; par la « chaleur, » par la « foudre, » par le « froid. »

1. Des divers accidents auxquels nous sommes généralement exposés, l'**asphyxie**[1] est certainement un des plus fréquents et des plus graves. Il n'est donc pas inutile de savoir dans quelles circonstances elle se produit, et par quels moyens il est possible, soit de la prévenir, soit de la combattre une fois qu'elle a pris naissance.

2. Disons d'abord ce qu'on en entend par *asphyxie*. On appelle ainsi un état de mort apparente qui commence toujours par l'arrêt de la respiration, et qui, si l'on n'y apporte un prompt remède, amène très-souvent la mort réelle. Elle a lieu parce que l'air ne peut pénétrer dans les poumons, ou parce que celui qui y pénètre est tellement vicié, qu'il est impropre à la vie[2]. Les causes qui la déterminent ordinai-

1. *Asphyxie*, du grec *a* privatif, et *sphyxis*, pouls; privation du pouls.
2. Voy., sur ce que doit être l'air respirable, la trente-sixième Lecture.

rement sont les suivantes : la vapeur du charbon, les émanations des puits, des puisards, des égouts, des fosses d'aisances, des cuves à vin, etc.; la strangulation, le froid, la chaleur et la foudre.

3. **Charbon.** Ainsi que nous l'avons vu précédemment [1], le charbon donne lieu, en brûlant, à la production de gaz dangereux, dont l'ensemble constitue ce que, dans le langage vulgaire, on appelle la « vapeur du charbon. » Cette vapeur a une odeur désagréable, caractéristique, qui provoque des envies de vomir, une certaine tendance au sommeil, et un mal de tête très-incommode. Aussi, dit-on communément que le charbon « entête. » Il est, en outre, à remarquer que cette odeur, très-forte au moment où l'on allume le charbon, diminue peu à peu, et finit même par cesser presque entièrement quand il est réduit à l'état de braise; ce qui fait croire, mais bien à tort, à beaucoup de personnes, que le danger est passé aussitôt qu'on ne la sent plus.

Parmi les gaz qui composent la vapeur du charbon, deux surtout, l'acide carbonique et l'oxyde de carbone, sont à redouter ; mais le second l'est beaucoup plus que le premier. En effet, l'acide carbonique ne rend l'air complétement irrespirable que lorsqu'il forme à peu près le tiers du mélange, tandis que, pour produire le même effet, il ne faut qu'une très-minime quantité d'oxyde de carbone. Aussi, comme nous l'avons déjà dit, est-ce ce dernier qui est la véritable cause des asphyxies par le charbon.

La *braise*, nul ne l'ignore, n'est que du charbon éteint et mal consumé. On s'imagine généralement qu'elle n'offre plus le même danger d'asphyxie que le charbon ordinaire. C'est une erreur, que nous devons d'autant plus combattre que, chaque année, elle coûte la vie à plusieurs imprudents. Bien loin d'être inoffensive, la braise est, au contraire, plus redoutable que le charbon, à cause de la fausse sécurité qu'elle inspire parce qu'elle n'exhale pas la mauvaise odeur de ce dernier.

1. Voy. pages 227 et 223.

Il n'existe qu'un moyen de prévenir les funestes effets de la vapeur du charbon, c'est de ne brûler le charbon ou la braise que dans des appartements où l'air se renouvelle sans cesse, et dans des appareils munis de cheminées qui enlèvent les produits de la combustion à mesure qu'ils se forment[1]. Une autre précaution non moins importante, c'est de ne jamais, sous prétexte de conserver la chaleur dans une chambre pendant la nuit, fermer le tuyau des poêles où le combustible n'est pas entièrement consumé. On ne s'avisera jamais de fermer la clef d'un poêle sur de la houille bien flambante, non plus que sur du bois, parce qu'on craindrait d'être suffoqué par la fumée; mais on le fait volontiers sur le charbon qui a cessé de flamboyer et surtout sur le coke bien pris. En agissant ainsi, on oublie que les gaz délétères, ne pouvant s'échapper au dehors, resteront dans la chambre et s'y accumuleront au point de devenir asphyxiants.

Une particularité connue de tout le monde, c'est que, la vapeur de charbon étant plus pesante que l'air, une très-petite partie seulement se mélange à ce dernier, tandis que tout le reste retombe près du sol[2]. De là cette conséquence

1. Voyez, page 228, ce que nous avons dit des moyens par lesquels certaines personnes s'imaginent pouvoir empêcher les effets de la vapeur du charbon.

2. Telle est la cause du phénomène qui a lieu dans la célèbre *grotte du Chien*, près de Pouzzoles, dans l'ancien royaume de Naples. Du sol de cette grotte se dégage constamment de l'acide carbonique qui forme une couche de 20 à 60 centimètres de hauteur. Un chien, que l'on place dans cette couche méphitique, éprouve bientôt tous les symptômes de l'asphyxie, tandis que l'homme, en raison de sa taille plus élevée, ne ressent aucune incommodité. On a calculé qu'un chien y périt au bout de trois minutes, un chat au bout de quatre minutes, un lapin en soixante-quinze secondes. Un homme mourrait en moins de dix minutes, s'il tombait, sans pouvoir se relever, dans ce gaz empesté.

C'est aussi à la présence de l'acide carbonique que sont dues les fontaines et les sources dites *empoisonnées*. Une de ces sources existe près de la ville d'Aigueperse, dans le département du Puy-de-Dôme. « C'est un trou arrondi, placé au milieu d'un petit enfoncement de terrain, et d'où il sort continuellement une énorme quantité de gaz. Ordinairement cette cavité contient de l'eau bourbeuse à travers laquelle l'acide carbonique se dégage sous forme de grosses bulles qui, en crevant à la surface, font entendre un bruit qu'on perçoit à la distance de 5 à 6 mètres. La végétation la plus riche entoure cette source dangereuse. Tous les oiseaux, les petits quadrupèdes, les insectes qui sont attirés par la fraîcheur du feuillage, tombent asphyxiés; aussi le sol est-il jonché de cadavres dans un rayon assez étendu. Les bergers ont grand soin d'empêcher les bestiaux d'en approcher.

« Une source d'acide carbonique non moins curieuse existe dans les bois qui entourent le lac Laacher, sur les bords du Rhin. Le gaz se fait jour silencieusement à travers le sol, et vient aboutir dans une espèce de fosse de 60 à 90

que, dans une chambre où elle est très-abondante, c'est sur les enfants et sur les personnes assises qu'elle exerce son action avec le plus d'énergie. De là aussi cette conclusion que, dans une pareille chambre, un lit haut monté est plus sainement situé qu'un lit bas, surtout qu'un lit simplement posé à terre.

A quels signes peut-on reconnaître qu'on est exposé à l'asphyxie par la vapeur du charbon? On éprouve d'abord une grande pesanteur de tête, des vertiges, des troubles de la vue, des bourdonnements d'oreilles, une envie de dormir presque irrésistible. Bientôt la respiration devient plus difficile et plus lente, tous les organes s'affaiblissent peu à peu. Enfin, on tombe dans un engourdissement que ne tarde pas à remplacer le sommeil de la mort. Si, aux premiers symptômes, on a la présence d'esprit d'ouvrir les portes et les croisées, on est toujours sauvé; mais le danger est des plus graves si l'on s'endort, car, à moins d'un secours très-prompt, on est exposé à ne pas se réveiller.

4. **Puits, Puisards, Égouts.** Dans un grand nombre de cas, les puits et les puisards sont infectés, tantôt par des débris de végétaux ou d'animaux que les vents ou les hommes y ont jetés, tantôt par les infiltrations de matières organiques qui se font à travers les couches supérieures du sol ou les parois des fosses d'aisances. De quelque façon que ces substances y pénètrent, elles donnent naissance, en se putréfiant, à des masses de gaz irrespirables qui rendent très-dangereux les travaux de curage ou de réparation qu'on peut être obligé d'y exécuter, ainsi que le sauvetage des personnes qu'un accident quelconque y a fait tomber.

Les principaux gaz qui se produisent dans les puits et les puisards sont l'azote, l'acide carbonique et l'hydrogène sul-

centimètres de profondeur pratiquée dans la terre végétale, au milieu des broussailles. Lorsque l'air est calme, la cavité se remplit presque uniquement d'acide carbonique. Le fond du trou est couvert de débris; les insectes et les fourmis y arrivent en grand nombre pour chercher leur nourriture; mais, privés d'air, ils y meurent pour la plupart, et les oiseaux, à leur tour, apercevant l'appât trompeur, volent vers le piége et y sont pris. Les bûcherons, connaissant fort bien cette manœuvre, visitent souvent l'endroit et tirent profit de cette chasse dont la nature fait tous les frais. » (GIRARDIN.)

furé[1]. Ils sont tous les trois irrespirables, mais le dernier est celui dont l'action est la plus énergique. Ce gaz, que l'on appelle aussi acide sulfhydrique, est le même que les égoutiers et les vidangeurs désignent sous le nom de *plomb*. Il est tellement délétère, qu'on a peine à concevoir la rapidité avec laquelle il frappe. En effet, quand il est pur, il tue instantanément, et, lorsqu'il est mêlé à beaucoup d'air, il asphyxie presque aussi vite[2]. Les animaux n'ont même pas besoin de le respirer pour être tués par lui, car il suffit qu'ils y plongent leur corps ou seulement un de leurs membres pendant une quinzaine de minutes[3].

Ce qui précède explique pourquoi ceux qui descendent sans précaution dans les puits et les puisards sont si souvent frappés d'asphyxie, et pourquoi ceux qui courent à leur secours éprouvent généralement le même sort. Il serait cependant fort simple de prévenir de pareils accidents, presque toujours mortels, et nous allons dire comment.

Quand il est nécessaire de pénétrer dans un puits ou dans un puisard, le premier soin à prendre, c'est de s'assurer de l'état de l'air qu'il renferme, et ce soin est d'autant plus indispensable que la cavité est plus profonde, ou qu'il y a plus longtemps qu'elle n'a été visitée.

A cet effet, on descend une lanterne allumée jusqu'à la surface de l'eau. Si elle ne s'éteint pas, après avoir brûlé environ un quart d'heure, on la retire, et, au moyen d'un poids attaché à une longue corde, on agite fortement l'eau jusqu'au fond. On redescend alors la lanterne, et si, à cette seconde épreuve, la lumière ne s'éteint pas après dix ou

1. Voy., sur l'azote la note 2 de la page 215; sur l'acide carbonique, la note de la page 210; et sur l'hydrogène sulfuré, la note 2 de la page 225.

2. En moins d'une minute, un oiseau périt dans un air qui contient, en volume, 1/5000 d'hydrogène sulfuré; un chien de moyenne grandeur meurt dans un air qui renferme 1/1000 de ce gaz; et un cheval s'abat dans un air qui en est chargé de 1/250.

3. Anciennement, quand une épidémie se déclarait, le peuple l'attribuait à l'empoisonnement de l'eau des puits, et il égorgeait sans pitié les malheureux auxquels il attribuait ce crime imaginaire. Ce qui avait principalement donné lieu à cette croyance stupide, ce sont les accidents d'asphyxie occasionnés par les gaz délétères accumulés parfois au fond des puits. Ce genre de mort, si foudroyant et ne déterminant sur le cadavre aucune lésion apparente, ne manquait jamais de frapper les ignorants de stupeur; et, comme ils n'en connaissaient pas la cause, ils trouvaient plus commode d'y voir l'effet d'un poison subtil et violent jeté dans l'eau par une main criminelle.

quinze minutes, on peut en conclure qu'il n'y a aucun danger à respirer l'air au milieu duquel elle brûle. Au contraire, l'extinction de la lanterne est un signe de la présence des gaz méphitiques. Elle annonce le danger et signifie qu'il ne faut pénétrer dans le puits qu'après en avoir renouvelé l'air.

On renouvelle facilement l'air d'un puits en allumant, à l'entrée, un fourneau de dimensions convenables dont le cendrier communique avec un tuyau de cuir qui va chercher l'air vicié à quelques centimètres au-dessus de la surface de l'eau. On peut se servir également d'un des nombreux *ventilateurs* usités dans l'industrie. Les appareils de ce genre sont aussi nombreux que diversement disposés. Un des plus simples (*fig.* 45) consiste en un tambour A, clos de toutes parts et muni de deux ouvertures, dont l'une B est percée vers le centre, tandis que l'autre C se trouve à la circonférence. Un axe ou arbre horizontal qui reçoit, d'une machine ou de la force d'un homme, un mouvement de rotation très-rapide, traverse ce tambour et porte des palettes *l*, *l*, qui partagent l'intérieur de celui-ci en plusieurs compartiments distincts. Après avoir adapté à l'ouverture B un tuyau de cuir qui débouche au fond du puits, on fait tourner le système avec une très-grande vitesse et dans le sens de la flèche. L'air du puits est alors aspiré avec violence par l'ouverture B, et il sort par l'ouverture C sous forme de courant continu.

Fig. 45. — Ventilateur.

Dans tous les cas, même quand on s'est assuré, en répétant l'expérience de la lanterne, que le fond du puits ne contient pas de gaz asphyxiants, la prudence veut qu'on n'y descende qu'après s'être fait attacher à une forte corde, afin de pouvoir au besoin être remonté promptement. Cette précaution est surtout d'une nécessité absolue lorsque, sans que le renouvellement de l'air ait été effectué, on veut porter secours à une personne qui a déjà subi l'influence des gaz délétères, parce qu'on est alors exposé à un danger à peu près certain. Chaque année on signale des faits de sauveteurs qui, emportés par le désir de venir en aide à leurs semblables, ont péri victimes de leur dévouement pour ne s'être pas conformés aux règles de la prudence[1].

Ce que nous venons de dire des puits et des puisards s'applique entièrement aux égouts.

Il existe des appareils qui permettent de pénétrer et de séjourner sans danger dans les lieux dont l'air est irrespi-

Fig. 46. — Blouse contre l'asphyxie.

rable, soit pour y faire des sauvetages, soit pour y exécuter des travaux.

Un des plus connus est celui que l'on appelle *blouse contre l'asphyxie* (*fig.* 46). Il consiste en une espèce de blouse de

1. Entre autres événements de ce genre, nous citerons celui qui a eu lieu, au mois d'octobre 1869, dans une commune du département de l'Allier. « Le 16 de ce mois, vers trois heures de l'après-midi, M. Charrier, fermier au hameau de

cuir souple et léger, munie d'un capuchon assez grand pour envelopper entièrement la tête d'un homme. Le devant du capuchon présente une ouverture qui est fermée par un verre épais et bombé, disposé de manière à permettre de voir, par un simple mouvement de l'œil, tout ce qui existe dans le lieu où l'on se trouve. Des bracelets servent à retenir les manches autour des poignets, et une courroie qui, cousue sur le devant, va se boucler par derrière en passant entre les jambes, empêche le vêtement de remonter. Enfin, une pièce de cuivre de forme appropriée est fixée sur le côté gauche pour recevoir l'extrémité libre du tuyau d'une pompe foulante.

Est-il nécessaire de pénétrer dans un lieu rempli de gaz méphitiques, en quelques secondes, un homme endosse l'appareil, puis des camarades ajustent le tuyau de la pompe et mettent celle-ci en mouvement. De l'air est ainsi envoyé sous le vêtement, qui se ballonne et maintient l'opérateur dans une atmosphère sans cesse renouvelée. Quant à l'air extérieur, c'est-à-dire à l'air irrespirable, il ne peut s'introduire sous la blouse, car il est continuellement repoussé par celui qui s'échappe des joints. De cette façon, l'homme a toujours à sa disposition de l'air respirable, et comme ses mouvements sont parfaitement libres, il lui est facile de vaquer à ses occupations. En cas d'accident, le tuyau qui lui fournit l'air sert de cordage pour le retirer. Notons encore qu'au besoin, si l'obscurité est trop profonde,

Langlard, eut la malheureuse idée de se faire descendre par son fils dans un puits tari depuis plusieurs mois, par suite des travaux de construction du chemin de fer de Commentry à Gannat.

« A peine était-il descendu à une profondeur de 3 mètres, qu'il tombait au fond du puits ; les émanations délétères qui s'en échappaient en quantité considérable venaient de l'asphyxier.

« Le jeune Charrier, âgé de vingt ans, veut porter secours à son père ; il tombe à ses côtés, victime de son dévouement filial.

« MM. Mausard et Souvestre, âgés l'un de soixante et onze ans et l'autre de trente et un, essayent à leur tour de sauver les deux premières victimes ; tous payent de leur vie leur généreuse pensée.

« Malgré la défense formelle du maire, M. François, âgé de vingt-huit ans, n'hésite pas à porter secours à ses concitoyens. Quelques instants après, on compte une victime de plus.

« Malgré tous les efforts tentés, il ne fut pas possible de retirer du puits, avant dix heures du soir, les cinq malheureux qui y étaient descendus.

« Après un travail opiniâtre, on parvint à désinfecter le puits, et le nommé Belley, ouvrier plâtrier, put y descendre et en retirer les cinq victimes. »

il attache à sa ceinture une lanterne qui est alimentée d'air par un petit tuyau communiquant avec l'intérieur de la blouse[1].

Depuis plusieurs années, au lieu de la blouse contre l'asphyxie, on fait souvent usage de l'appareil du docteur Galibert. Comme le montre la figure 47, il se compose d'un réservoir *cc* en tissu imperméable, qui se porte sur le dos comme un sac de soldat, au moyen de bretelles *g*, et qu'une ceinture *f* fixe de manière qu'il ne puisse se déranger. Ce réservoir a une capacité de 50 à 100 litres : on le remplit d'air, en une dizaine de secondes, à l'aide d'un soufflet ordinaire. Il communique avec la bouche par deux tubes flexibles, dont l'un *a*, *a'*, *a''*, sert pour l'air frais, et l'autre, *b*, *b'*, *b''*, pour l'air expiré. L'extrémité libre de ces tubes est fixée dans une pièce de corne ou d'ivoire *d*, nommée *embouchure*, qui a exactement la forme et les dimensions de la bouche. Enfin, un pince-nez à ressort *e* serre le nez pour empêcher la respiration par cet organe, et des lunettes d'une forme spéciale empêchent les yeux d'être attaqués par les gaz malfaisants.

Fig. 47. — Appareil respiratoire.

L'appareil permet de séjourner plus ou moins

1. La *blouse contre l'asphyxie* est aussi appelée *appareil Paulin*, du nom

longtemps dans un lieu méphitisé, suivant la capacité du réservoir d'air. Quand celui-ci est de 80 à 100 litres, le séjour peut être d'environ une demi-heure. On supprime quelquefois le réservoir, mais alors les tubes doivent être assez longs pour que leur bout libre soit toujours hors du lieu où l'on opère, ce qui, dans certaines circonstances, devient très-incommode. Aussi, donne-t-on généralement la préférence à la première disposition.

5. **Fosses d'aisances.** Le danger des fosses d'aisances est dû aux mêmes causes générales que celui des puits et des puisards, surtout à la présence du gaz hydrogène sulfuré et de diverses vapeurs ammoniacales. Toutefois, ce sont les ouvriers chargés du nettoyage de ces constructions qui s'y trouvent presque exclusivement exposés, et l'on n'y remédie que par la désinfection préalable des matières qu'elles renferment[1].

6. **Cuves à vin, à bière,** etc. Personne n'ignore que, lorsque la vendange *bout*, et, en général, pendant la fermentation de tous les liquides sucrés, il se produit une énorme quantité de gaz acide carbonique[2]. Ce gaz passe par-dessus le bord des cuves, et, comme il est plus pesant que l'air, s'écoule le long de leurs parois et vient former, dans le bas des caves et des celliers, une couche irrespirable d'autant plus épaisse que la ventilation est moins active. Si alors un homme vient à tomber dans cette atmosphère empestée, il ne tarde pas à être asphyxié, pour peu que l'on tarde à venir à son secours. Les accidents de ce genre sont fréquents chaque automne dans les pays de vignobles. Ils arrivent surtout aux ouvriers chargés du foulage des raisins.

Les moyens préventifs sont les mêmes que nous avons

d'un officier des sapeurs-pompiers de Paris qui a imaginé de l'établir telle qu'elle existe aujourd'hui. On l'appelle encore *appareil à feu de cave*, à cause de l'usage qu'en font habituellement les sapeurs-pompiers pour attaquer les incendies qui se déclarent dans les caves.

1. On a proposé un très-grand nombre de procédés pour obtenir ce résultat. Un des plus usités consiste à brasser avec les matières une quantité convenable de sulfate de fer, substance vulgairement appelée *vitriol vert* ou *couperose verte*. On emploie aussi avec succès un mélange de ce même sulfate, de charbon d'os, de chlorure de chaux et d'argile calcinée.

2. Voy., sur ce gaz, la note de la page 210 et la note 2 de la page 324.

décrits en parlant des puits et des puisards. Avant de pénétrer dans un lieu fermé où des liquides sucrés sont en fermentation, il faut d'abord s'assurer si l'air n'en est point vicié. Pour cela, se plaçant à l'entrée de la cave ou du cellier, on y promène, à l'aide d'une longue perche, une ou plusieurs chandelles allumées. Si ces chandelles brûlent tranquillement, comme à l'ordinaire, il n'y a aucun danger à entrer dans la pièce. Si, au contraire, leur flamme pâlit, à plus forte raison si elle s'éteint, c'est un signe de la présence de l'acide carbonique. On se débarrasse alors de ce dernier, soit par la ventilation, soit par des aspersions de lait de chaux.

Quand le sol de la cave ou du cellier est au niveau du sol extérieur, le renouvellement de l'air est des plus faciles, car il suffit de tenir les portes et les fenêtres ouvertes pendant une heure ou deux. S'il est à un niveau inférieur, ce qui est le cas le plus commun, on ne peut obtenir le même résultat qu'en faisant usage d'un ventilateur.

Pour préparer ce qu'on appelle *lait de chaux*, on prend de la chaux vive, on la fait fuser, puis on la délaye dans l'eau. Il ne s'agit plus alors que d'asperger abondamment, au moyen de ce liquide, les murs et le sol de la cave ou du cellier. Le lait de chaux agit en s'emparant de l'acide carbonique de manière à former un composé, nommé *carbonate de chaux*, qui ne possède aucune propriété nuisible. Il est d'une efficacité si remarquable, qu'il serait prudent d'en tenir constamment des terrines pleines sous les cuves.

Mais si l'on ne doit pénétrer dans les caves et les celliers qu'après en avoir constaté la salubrité, il n'importe pas moins de prendre le même soin quand les fouleurs sont au moment d'entrer dans les cuves.

« Qu'on ne laisse personne descendre dans les cuves, dit un illustre médecin, avant d'en avoir opéré l'assainissement. Point de bravade, car il n'y a aucun courage à affronter une mort assurée, qui ne portera point de fruit à l'humanité. Des ouvriers diront qu'ils sont descendus vingt fois dans les cuves sans avoir pris aucune précaution : ne les écoutez pas, car la cent et unième fois peut leur être fatale.

Songeons que nous sommes responsables de la vie de ces hommes, qu'il faut protéger malgré eux, surtout lorsque les moyens de sécurité sont aussi simples et aussi faciles. »

Quels sont donc ces moyens? ils consistent tous, une fois qu'on a constaté la présence de l'acide carbonique par l'épreuve de la chandelle allumée, à expulser ce gaz en agitant vivement et de bas en haut, dans la cuve, soit un éventail de carton ou de feuillage, soit un tamis recouvert de feuilles de papier, soit encore une pièce d'étoffe attachée à un bâton. Après quelques minutes de ce travail, on descend de nouveau la chandelle dans la cuve, et la manière dont elle se comporte indique si l'on a ou non rendu l'air de cette dernière suffisamment respirable. Une circonstance qu'on ne doit jamais perdre de vue, c'est que le danger est toujours plus grand dans les cuves qui ne sont pleines qu'à demi, parce que le gaz asphyxiant ne peut s'en échapper.

Nous avons dit que le sauvetage des personnes asphyxiées dans les puits et les puisards ne doit être entrepris qu'après l'assainissement du lieu empesté, et en ayant bien soin de se faire attacher à une corde. Le sauvetage dans les caves et les cuves à vin ou à bière, et, en général, dans toute pièce fermée où des matières sont en fermentation, réclame les mêmes précautions, la moindre négligence sous ce double rapport pouvant occasionner la mort des sauveteurs.

7. **Submersion.** L'asphyxie par submersion est celle qui frappe les personnes qui se noient.

Outre les accidents souvent mortels, qui peuvent arriver quand on se baigne aussitôt après le repas, les nageurs sont exposés à des dangers d'une nature particulière, qui sont dus aux *crampes*, aux *plantes aquatiques* et aux *tourbillons*. Toutefois, ces dangers ne sont pas aussi redoutables qu'on le croit vulgairement; ils n'ont même rien de bien effrayant pour ceux qui peuvent conserver leur sang-froid.

A. Par *crampe*, on entend la contraction nerveuse d'un muscle. Elle est toujours accompagnée d'une douleur excessivement vive, et paralyse immédiatement le muscle qui en est le siége. Les crampes qu'éprouvent ordinairement les nageurs sont celles du mollet. Aussitôt qu'on en ressent les premières atteintes, il faut faire ce qu'on appelle la *planche*, c'est-à-dire se mettre sur le dos et se maintenir avec les mains. En même temps, on remue le pied de manière à en relever la pointe en avant, comme fait celui qui veut marcher sur les talons. Si, après avoir répété ce mouvement pendant quelques secondes, la douleur ne disparaît point, la prudence veut qu'on se hâte, tout en continuant de faire la planche, de regagner le bord.

B. Tout le monde connaît les *plantes aquatiques*. Ce sont des espèces de cordes longues, minces, très-souples et très-résistantes, qui s'élèvent du fond de l'eau et dont l'extrémité supérieure flotte dans la direction du courant. Si l'on jette une pierre au milieu d'elles, on les voit aussitôt s'agiter, se tordre et s'enrouler comme des serpents. Malheur au nageur inexpérimenté qui se trouve engagé dans leurs lacets. Il cherche son salut dans la fuite, et il n'y trouve que la mort. En effet, au premier mouvement qu'il fait, il se sent saisir aux bras, aux jambes, au cou, partout. Il redouble d'efforts et de nouvelles chaînes s'attachent à lui. Bientôt, il perd la tête, ses forces s'épuisent et il finit par disparaître.

« Quand vous vous sentirez embarrassé par des herbes, dit un professeur de natation, ne cherchez pas à vous dégager avec violence. Arrêtez-vous : commencez par délivrer vos bras, sans cependant les mettre hors de l'eau ; chargez vos poumons de la plus grande quantité d'air qu'il vous sera possible. Si vous avez de la peine à vous soutenir pour reprendre votre respiration, vous poserez les mains et les bras horizontalement sur l'eau, et vous recommencerez ainsi autant de fois que la nécessité vous y obligera ; les bras une fois dégagés, vous écarterez les herbes qui seront entortillées autour de votre corps. Ensuite, vous mettant debout en vous soutenant d'une main, vous tirerez délicatement et brin à brin toutes les herbes qui vous entoureront. Dès que vous serez libre, étendez-vous sur le ventre ou sur le dos, immobile, et laissez-vous glisser à la surface de l'eau, en nageant des bras seulement. »

C. Les *tourbillons* sont ces mouvements rapides et circulaires qui se produisent parfois à la surface des fleuves et des rivières.

« Quand, par hasard, vous passez dans un tourbillon, ou qu'un courant vous y a conduit, ne cherchez pas à lui échapper. Vous tourneriez sans cesse sur vous-même, vos forces ne tarderaient pas à s'épuiser, et vous péririez infailliblement. Laissez au tourbillon lui-même le soin de vous tirer de votre position, car lui seul peut vous sauver.

« Voyez ce qui arrive lorsqu'on jette un corps inerte, comme une feuille ou un morceau de bois, dans un tourbillon. L'objet pivote sur lui-même, puis disparaît. Sous l'eau, il continue à tourner, mais le cercle qu'il trace va toujours en augmentant, et il finit par arriver en un point où l'action du tourbillon ne se fait plus sentir. Il rentre alors dans la partie calme du courant, remonte à la surface et continue sa course. C'est l'affaire de quelques secondes.

« Agissez comme ce corps inerte. Abandonnez-vous ; faites simplement la planche en aspirant la plus grande quantité d'air que vous pourrez. Si le tourbillon vous entraîne, laissez-vous descendre. Aussitôt qu'il aura perdu sa force, remettez-vous sur le ventre, et, lorsque vous remonterez à la surface de l'eau, nagez à la manière ordinaire, pour vous en éloigner. Si quelque courant tendait à vous y ramener, faites la coupe pour vous en éloigner au plus vite. »

D. Disons maintenant comment on doit s'y prendre pour sauver une personne qui se noie. « Quel que soit votre empressement à soustraire quelqu'un à la mort cruelle qui l'attend sous les eaux, gardez-vous de vous approcher de lui de manière qu'il puisse vous saisir par la jambe, le bras ou le corps ; il ne vous lâcherait pas, et fussiez-vous le plus adroit, le plus vigoureux, le plus habile des nageurs, vous succomberiez avec lui. Surtout, cachez-vous à ses regards autant qu'il vous sera possible. Avant de le saisir, examinez ses mouvements, passez derrière lui, profitez du moment où vous pourrez le prendre avec vos mains sous les aisselles et, en nageant vigoureusement avec les pieds, faites-le remonter sur l'eau, et poussez-le vers la rive la plus voisine.

Si vous êtes persuadé qu'il ait perdu l'usage des sens, vous pouvez sans risque le saisir par les cheveux, et le tirer ainsi sur le dos jusqu'à ce que vous l'ayez déposé sur le rivage. »

8. **Chaleur.** Le séjour dans un endroit trop fortement chauffé détermine presque toujours des accidents plus ou moins graves, surtout des congestions et des hémorrhagies cérébrales. Aussi, les hygiénistes recommandent-ils de ne pas élever au delà d'une certaine limite la température des lieux où l'on doit faire son habitation[1].

Les funestes effets dus à la chaleur sont autrement terribles dans les contrées et les saisons chaudes, quand on reste longtemps exposé à l'action des rayons solaires. Il n'est pas rare alors de voir les hommes et les animaux tomber subitement comme foudroyés. En Afrique, pendant les expéditions d'été, un grand nombre de nos soldats ont péri de cette manière. Dans nos départements méridionaux, les moissonneurs sont très-souvent frappés du même genre de mort. Sous ce rapport, comme sous tant d'autres, on se soustrait assez facilement au danger. Il faut ne sortir de chez soi qu'aux heures où la chaleur solaire est la moins forte, et, lorsqu'une nécessité absolue oblige à travailler ou à voyager au milieu du jour, on ne doit jamais oublier de se munir d'une coiffure qui abrite parfaitement la tête. Les chapeaux à larges bords, surtout s'ils sont recouverts d'une coiffe de toile blanche, remplissent bien cette condition; ils la remplissent encore mieux si la coiffe est munie d'un couvre-nuque.

9. **Froid.** L'action du froid excessif n'est pas moins redoutable que celle de l'extrême chaleur, quoiqu'elle produise des accidents tout différents. On la combat à l'aide d'une habitation et de vêtements convenables, d'une nourriture substantielle et de beaucoup d'exercice. Les voyageurs qui ont parcouru les contrées glaciales sont unanimes à reconnaître l'extrême importance du mouvement. Le froid, disent-ils, porte au repos; mais quiconque s'assied, s'endort; et quiconque s'endort, ne se réveille plus.

1. Voy., sur cette limite, la note de la page 234.

CINQUANTIÈME LECTURE.

Les Accidents.

(Suite.)

Secours aux asphyxiés. Erreur singulière à ce sujet. Pourquoi il faut toujours secourir les asphyxiés par « submersion, » par « les gaz irrespirables, » par « la foudre, » par « le froid, » par « suspension » ou « strangulation, » par « la chaleur. »

1. Il arrive très-souvent, dans les campagnes et quelquefois aussi dans les villes, que, lorsqu'on se trouve en présence d'un asphyxié, on n'ose pas lui porter secours, de peur, d'abord de toucher un mort, et ensuite d'être accusé de l'avoir assassiné. Superstitieuse peur, que la peur des morts! Quant à la loi, au lieu d'empêcher de venir en aide à ceux qui sont en péril, elle y exhorte, au contraire, et même le commande.

2. Secourons donc toujours les asphyxiés; car, dans une foule de cas, la mort n'est qu'apparente.

N'oublions pas qu'aux yeux des personnes étrangères à la médecine la putréfaction seule peut faire distinguer la mort réelle de la mort apparente; que la roideur des membres, le froid du corps, la couleur rouge, violette ou noire du visage, ne sont pas toujours des signes de mort.

N'oublions pas encore qu'en attendant le médecin, les premiers secours, les secours les plus essentiels, peuvent être administrés par toute personne intelligente; mais que, pour qu'ils puissent avoir du succès, il est indispensable qu'ils soient donnés promptement, avec ordre et pendant longtemps : on connaît des exemples d'asphyxiés rappelés à la vie après des tentatives qui avaient duré plus de six heures.

Les secours varient suivant la cause de l'asphyxie.

3. *Asphyxie par* **submersion.** Aussitôt que le noyé est retiré de l'eau, on le place sur le ventre, pendant quelques secondes, la tête un peu plus basse que les pieds, puis

on lui ouvre la bouche avec le manche d'une cuillère ou d'un couteau ou même avec un morceau, de bois, afin d'expulser l'eau et la vase qui ont pu s'y introduire. On le débarrasse alors de ses vêtements, et on l'enveloppe d'une couverture de laine, puis, le couchant sur le dos, un support quelconque glissé sous les épaules, on cherche à rétablir la respiration. A cet effet, on comprime doucement le bas-ventre, par intervalles et de bas en haut, et l'on répète la même opération pour chaque côté de la poitrine, afin de faire exécuter à ces parties les mouvements qu'on exécute quand on respire. En même temps, on promène par-dessus la couverture une bassine remplie d'eau bouillante, et l'on excite la circulation en frottant les membres inférieurs, ainsi que la paume des mains, avec des brosses ou des pièces de laine. De plus, environ toutes les cinq minutes, on replace le corps sur le ventre, la tête pendante, pour favoriser l'écoulement de l'eau, après quoi on excite l'intérieur de la gorge avec la barbe d'une plume, et l'on passe sous le nez un flacon d'alcali volatil.

Quand la respiration est rétablie et la connaissance revenue, on fait prendre au malade une cuillerée d'eau de mélisse pure ou même d'eau-de-vie, puis, un peu plus tard, un demi-verre de vin chaud. Enfin, on le couche dans un lit bien chaud et on l'y laisse dans le repos le plus complet.

Une coutume absurde est celle qu'on a quelquefois, dans les villages, de suspendre le noyé par les pieds, sous prétexte de lui faire rendre l'eau qu'il est censé avoir avalée. Il faut y renoncer de la manière la plus absolue, parce qu'au lieu de prévenir la mort, elle ne fait que la hâter.

4. *Asphyxie par les* **gaz irrespirables**. C'est celle qui est produite par la vapeur du charbon ou par les émanations des puits, des égouts, des fosses d'aisances, des cuves à vin, à bière, etc.

La première chose à faire, c'est de retirer au plus tôt l'asphyxié du lieu infecté, en prenant les précautions dont nous avons parlé précédemment (p. 326). Aussitôt qu'il est arrivé à l'air libre, on le débarrasse de ses vêtements, et on l'assied dans un fauteuil ou sur une chaise, en ayant soin que sa tête soit soutenue bien verticalement. On lui jette alors de l'eau froide, non-seulement sur le corps, mais encore et même principalement au visage. Cette opération doit être continuée très-longtemps, surtout dans l'asphyxie par la vapeur du charbon et les émanations des cuves à vin. Toutefois, on l'interrompt de temps en temps pour tâcher de provoquer la respiration, en procédant ainsi que nous venons de le dire en parlant des noyés.

Si l'asphyxié fait des efforts pour vomir, il faut les favoriser en chatouillant l'arrière-bouche avec les barbes d'une plume. En outre, aussitôt qu'il peut avaler, on lui donne à boire de l'eau vinaigrée. Enfin, quand la respiration est rétablie, on l'essuie bien et on le couche dans un lit chaud.

5. *Asphyxie par la* **foudre.** Dans toute asphyxie de ce genre, la personne frappée doit être immédiatement portée au grand air, si elle n'y est déjà. Cela fait, on la dépouille de ses vêtements, on lui jette partout de l'eau froide, puis on lui frictionne les extrémités et l'on exécute des compressions alternatives de la poitrine et du bas-ventre pour rétablir la respiration.

6. *Asphyxie par le* **froid.** Quand une personne a été asphyxiée par le froid, il faut la porter le plus rapidement possible, de l'endroit où elle a été trouvée, à celui où les secours peuvent être donnés. Pendant ce transport, on l'enveloppe d'une couverture, ou bien, à défaut de couverture, d'une couche de paille ou de foin, en laissant la face libre. De plus, on évite d'imprimer des mouvements brusques au corps, surtout aux membres.

Une chose qu'on ne doit jamais perdre de vue, c'est que, dans l'asphyxie par le froid, la chaleur ne doit être rétablie que lentement et par degrés. Un asphyxié qu'on approcherait du feu, ou que, dès le commencement des secours, on ferait séjourner dans un lieu échauffé, même médiocrement, serait irrévocablement perdu. Il en serait de même si, comme c'était anciennement l'usage dans plusieurs pays, on l'enterrait debout, jusqu'au cou, dans du fumier d'écurie. Le seul endroit où il puisse être transporté sans inconvénient est une chambre sans feu.

Le malade étant déshabillé, s'il conserve encore de la souplesse, on le ramène souvent à la vie au moyen de frictions prolongées faites sur le ventre et les extrémités, soit avec de la neige, soit avec des linges trempés dans l'eau froide. S'il est dans un état de rigidité prononcée, il vaut mieux le plonger dans une baignoire contenant assez d'eau pour que le tronc et les membres en soient couverts. En commençant, cette eau doit être aussi froide que possible, mais l'on en élève la température par degrés, de dix en dix minutes.

Quand l'asphyxié commence à se réchauffer, on l'essuie avec soin et on le place dans un lit, qui ne doit pas être plus chaud que le corps lui-même. Enfin, quand il peut avaler, on lui fait prendre un demi-verre d'eau froide contenant une cuillerée à café d'eau de mélisse, d'eau de Cologne, ou d'eau-de-vie. Il ne convient de faire du feu dans la chambre que lorsque le corps a entièrement recouvré sa chaleur naturelle.

Ce qu'il ne faut jamais perdre de vue, c'est que, de toutes les asphyxies, l'asphyxie par le froid est celle qui laisse le plus de chances de succès, même après quinze heures de mort apparente. Mais, d'un autre côté, c'est celle aussi qui exige la plus grande précision dans l'emploi des moyens destinés à la combattre, et notamment dans le réchauffement du malade.

7. *Asphyxie par* **suspension** *ou* **strangulation.** Quand ce genre d'asphyxie se présente, il faut, *sans perdre une seconde*, couper le lien qui entoure le cou. Cela fait, on place le malade avec précaution sur un lit, sur un matelas, sur de la paille, etc., de manière que la tête et la poitrine soient plus élevées que le reste du corps, et l'on envoie chercher un médecin.

En attendant l'arrivée de l'homme de l'art, on enlève, ou l'on desserre toutes les pièces de vêtement qui pourraient gêner la circulation, puis on jette de l'eau froide au visage, on applique sur le front et la tête des linges trempés dans l'eau froide, on frictionne vivement les extrémités et l'on exerce des compressions intermittentes sur la poitrine et le bas-ventre. Ces soins suffisent quelquefois pour ramener le malade à la vie, quand l'asphyxie remonte à peu de minutes. On peut aussi, si les veines du cou sont gonflées, si la face est d'un rouge violet, mettre six à sept sangsues derrière l'oreille, ainsi qu'à chaque tempe.

Lorsque le malade peut avaler, on lui fait prendre, par petites quantités, un demi-verre d'eau tiède additionnée d'un peu d'eau de mélisse, d'eau de Cologne ou d'eau-de-vie, et l'on continue de le traiter comme si l'on avait un noyé entre les mains.

8. *Asphyxie par la* **chaleur**. Que l'asphyxie provienne soit de l'action du soleil, comme cela arrive si souvent aux moissonneurs, soit du séjour dans un lieu trop fortement chauffé, les soins sont les mêmes.

On place le malade dans un endroit frais, mais pas trop frais, et on le débarrasse de tout vêtement qui pourrait gêner la circulation. Ces préliminaires terminés, il faut dégager le cerveau du sang qui s'y est porté. Des bains de pied médiocrement chauds, des compresses d'eau froide sur la tête et des sinapismes[1] aux mollets produisent ordinairement ce résultat. En même temps, on fait boire, par petites gorgées, de l'eau froide acidulée avec du vinaigre ou du jus de citron. Si ces moyens ne suffisent pas, la saignée est indispensable. Si, en l'absence d'un médecin, quelqu'un des assistants est apte à la pratiquer, il ne doit pas hésiter un seul instant, principalement dans les contrées et les saisons chaudes. Dans le cas contraire, on peut mettre quelques sangsues, huit ou dix généralement, derrière chaque oreille.

1. *Sinapisme.* Du latin *sinapis*, moutarde. On appelle ainsi un médicament qui se prépare en délayant de la farine de moutarde avec de l'eau froide ou simplement tiède. Le vinaigre, que quelques personnes croient devoir y ajouter, croyant par là augmenter sa force, ne fait, au contraire, que la diminuer; c'est donc un usage à rejeter.

CINQUANTE ET UNIÈME LECTURE.

Les Accidents.

(Suite.)

Les « empoisonnements. » Ce qu'on entend par « poison. » A quoi on peut reconnaitre un empoisonnement. Premiers secours. Les « animaux enragés. » La « rage. » Comment elle est transmise à l'homme. Signes qui annoncent qu'un chien est enragé. Remèdes contre la rage. Soins à donner aux personnes mordues. « Animaux venimeux. » La vipère, les abeilles, les mouches, etc.

I. **Empoisonnements.** 1. Qu'est-ce qu'un *poison?* On appelle ainsi, d'une manière générale, toute substance qui, introduite dans le corps d'une manière quelconque, détruit la santé ou anéantit complétement la vie. L'*empoisonnement* est la conséquence de l'action de cette substance.

2. Le nombre des poisons est considérable, mais la nature de ce livre nous interdit tout détail à ce sujet. Qu'il suffise de savoir qu'on peut supposer un empoisonnement lorsque, à la suite de l'usage d'une boisson ou d'un aliment solide, et sans malaise préalable, une personne ayant une santé excellente est prise subitement de coliques violentes, de vomissements ou d'envies de vomir, ou enfin de mouvements convulsifs. Toutefois, on ne doit pas oublier que certaines maladies ou indispositions offrent plusieurs de ces symptômes. Tel est, par exemple, le cas du choléra et des indigestions.

3. Quand on se trouve en présence d'une personne empoisonnée, la première chose à faire, et vite, sans perdre un instant, c'est, en attendant le médecin, de faire vomir pour expulser le poison. Si les vomissements existent déjà, on les entretient en donnant de l'eau tiède à mesure qu'ils ont lieu. S'ils ne sont pas encore établis, on les provoque d'une manière fort simple, en enfonçant les doigts dans l'arrière-bouche ou en la chatouillant avec la barbe d'une plume.

Si l'on a de l'émétique[1] à sa disposition, on peut en administrer quatre ou cinq centigrammes dans un verre d'eau tiède, et l'on répète cette dose trois ou quatre fois, à quelques minutes d'intervalle. Ces moyens suffisent généralement, lorsque l'empoisonnement ne remonte pas à plus d'une heure.

4. Le poison expulsé, il s'agit de détruire l'effet qu'il a pu produire. On y réussit en faisant prendre ce qu'on appelle un *contre-poison ;* mais cette partie du traitement est du ressort exclusif du médecin.

II. **Animaux enragés.** 1. La *rage* est, à coup sûr, une des plus graves maladies qui affligent l'humanité. Elle est transmise à l'homme par le chien, le loup et le chat, presque toujours par le chien, à l'aide de morsures qu'une espèce d'instinct irrésistible le porte à faire. Le principe ou venin qui la produit réside dans la bave ou écume de l'animal.

2. A quels signes peut-on reconnaître qu'un chien est enragé?

« Les premiers signes de la rage chez le chien sont : l'abattement, la tristesse, l'inquiétude, le refus de boire et de manger. Plus tard, l'animal est sourd à la voix de son maître, erre sans but, les yeux enflammés et menaçants, l'oreille basse, le poil hérissé, la queue traînante, l'écume à la bouche, la voix enrouée; quelquefois poussant des hurlements. Dans sa course, tantôt rapide, tantôt incertaine, il fuit les ruisseaux et se jette, soit de son propre mouvement, soit seulement lorsqu'on l'irrite, sur les animaux ou les hommes qu'il rencontre, et il les mord avec fureur. Cet état ne persiste pas longtemps ; après quatre, cinq ou six jours, les forces s'épuisent; l'animal enragé est tantôt paralysé des membres postérieurs, tantôt agité de convulsions qui reviennent par accès et au milieu desquelles il ne tarde pas à succomber. » Remarquons, en outre, que, dès les premières atteintes du mal, les autres

1. *Émétique.* Du grec *émétikos*, vomitif. On appelle ainsi, d'une manière générale, toutes les substances propres à déterminer les vomissements ; mais, dans le langage ordinaire, on applique spécialement ce nom à un sel formé d'acide tartrique, de potasse et d'oxyde d'antimoine, qui possède cette propriété à un très-haut degré.

animaux semblent reconnaître la crise qui se prépare. Ainsi, à la vue d'un chien pris de rage, les autres chiens s'enfuient, les chevaux hennissent et tremblent, les bœufs poussent des cris plaintifs, les oiseaux de basse-cour se réfugient au poulailler.

3. Tout le monde craint les chiens enragés, et c'est avec raison ; mais il faut se garder de prendre pour tel tout chien qui a peur ou tout chien qui grogne, ou tout chien qui est enroué, parce que ces symptômes sont aussi ceux de plusieurs maladies inoffensives. Quand un chien soupçonné de rage ne fait pas peur aux autres animaux, ou quand il n'a pas de bave dans la gueule, ou, enfin, quand il n'a horreur ni de l'eau, ni des aliments, il est à peu près certain qu'il n'est réellement pas ce qu'on suppose. Toutefois, la prudence veut qu'on le garde enchaîné, hors d'état de nuire, parce que, comme la maladie est toujours mortelle, s'il ne meurt pas au bout de quelques jours, c'est une preuve qu'on a eu une fausse peur ; par conséquent, les personnes qu'il a mordues ne peuvent courir aucun danger.

4. Chez l'homme mordu, la rage ne se montre ordinairement qu'au bout de quinze à quarante jours, quelquefois même beaucoup plus tard. Les symptômes sont à peu près les mêmes que chez le chien. Quant à la terminaison, elle est invariablement la même.

5. Possède-t-on un remède contre la rage? Malgré l'assurance de plusieurs personnes, il n'est, jusqu'à présent, possible de répondre à cette question que par la négative la plus absolue. Sans doute, on rapporte des récits de guérisons obtenues au moyen de telle ou telle préparation plus ou moins merveilleuse ; mais ces guérisons ont été dues à cette seule circonstance, que les individus traités n'avaient pas été mordus par des animaux véritablement enragés[1].

1. Il est bon de savoir qu'on peut être mordu par un animal réellement atteint de la rage sans pour cela contracter la maladie. « Expliquons-nous bien. Un animal qui mord plusieurs personnes de suite, n'en mord que deux ou trois dangereusement. Son venin s'use, sa bave est moins dangereuse, et il arrive que sa morsure est à peu près innocente. De plus, quand un homme est mordu sur ses vêtements, il a grande chance d'échapper au venin. Je suppose un habit d'étoffe ou une culotte de toile ; la dent de l'animal qui les perce pour déchirer

6. Quand on est mordu par un chien enragé ou supposé tel, on n'a qu'une chance de salut : c'est de détruire le venin ou virus qu'il a déposé dans la plaie, avant qu'il ait eu le temps de pénétrer dans la circulation. A cet effet, aussitôt après la morsure, on isole la blessure du cœur en établissant au-dessus une ligature circulaire, à l'aide d'un mouchoir plié en cravate, d'une corde, d'un lien quelconque, qu'on serre assez fortement pour faire rougir ou même bleuir un peu la partie située au-dessous. Cette opération terminée, on agrandit la plaie avec un canif ou un rasoir pour mettre bien à découvert les mâchures, puis on la fait saigner le plus possible en la pressant avec les doigts et la lavant fortement avec de l'eau chaude ou du lait sortant du pis de la vache, ou même, si l'on n'a pas autre chose, avec de l'eau fraîche ou du vin. Enfin, on fait rougir *à blanc*[1] un clou, une lame de couteau, un fer pointu et tranchant quel qu'il soit, et on le promène sur tous les points de la blessure, en commençant par les plus profonds et de manière à les cautériser ou brûler parfaitement. Toutefois, comme la cautérisation ainsi pratiquée peut, dans certains cas, si elle est faite par des personnes peu soigneuses, offrir des inconvénients, il est préférable de remplacer le fer rouge par un petit pinceau de charpie trempé dans l'alcali volatil ou l'acide sulfurique[2], deux liquides qu'on trouve chez tous les pharmaciens. Il ne reste plus alors qu'à mettre sur la blessure des compresses d'eau fortement vinaigrée ou additionnée d'alcali, et à faire prendre toutes les heures cinq à six gouttes de cette dernière liqueur dans un verre d'eau sucrée ou dans une tasse de tilleul ou de thé[3].

le contenu, s'essuie forcément au contenant. Il ne faut donc pas se croire irrévocablement atteint du virus de la rage, parce qu'on a été mordu par un animal vraiment enragé. » (Dr Massé.)

1. Pour amener le fer à ce degré de chaleur, il faut le laisser un certain temps dans un feu très-intense, comme, par exemple, celui d'une forge : un feu de braise, de fagots ou de copeaux serait insuffisant. On ignore généralement que, plus le fer est chauffé, plus il brûle vite, et moins la douleur qu'il produit est grande. Ainsi, quand il est rougi à blanc, il est relativement peu douloureux, tandis que, lorsqu'il est simplement porté au rouge, il occasionne des souffrances excessives.

2. *Acide sulfurique.* C'est la substance qu'on appelait anciennement *huile de vitriol.*

3. On a vu quelquefois des personnes sucer des morsures faites par des ani-

III. **Reptiles venimeux.** La *vipère* est le seul reptile venimeux de notre climat[1]. Comme tous les animaux de cette catégorie, elle porte, de chaque côté de la mâchoire supérieure, une dent aiguë et recourbée que l'on nomme *crochet*. Cette dent est creusée intérieurement d'un petit canal qui s'ouvre auprès de la pointe, et qui sert à verser le venin dans la plaie où le reptile l'a plongée.

« Les vipères, dit un illustre naturaliste, n'emploient habituellement leur arme redoutable que pour s'emparer des petits animaux dont elles se nourrissent. Elles fuient devant l'homme ; mais si l'on appuie imprudemment le pied sur un de ces reptiles, si on le saisit avec la main, s'il croit qu'on veut le prendre ou le blesser, il se défend avec colère et met en usage ses crochets et son venin.

« Quand une vipère frappe, voici comment elle agit. L'animal se roule d'abord sur lui-même, formant plusieurs cercles concentriques et superposés. Tout le corps est ramassé sous la tête, placée au sommet ou au centre de cet enroulement, et retirée un peu en arrière, semblable à une vedette en observation.

« Bientôt l'animal se débande comme un ressort. Il allonge son corps avec tant de vitesse que, pendant un instant, on le perd de vue. Dans ce mouvement, la vipère franchit un espace tout au plus égal à sa longueur ; car il faut noter qu'elle n'abandonne jamais le sol, où elle reste toujours appuyée sur la queue ou sur la partie postérieure du corps, prête à s'enrouler de nouveau pour s'élancer encore quand elle a manqué son coup ou qu'elle en veut frapper un second.

« Pour agir, la vipère ouvre largement sa gueule, redresse ses crochets, les place dans la direction du but

maux suspects de rage. Ce moyen peut être efficace, mais il est excessivement dangereux ; car il suffirait de la moindre écorchure d'une partie quelconque de la bouche pour communiquer la maladie.

1. Beaucoup de personnes croient que la *salamandre* et le *crapaud* sont venimeux ; ils ne le sont en aucune façon. Beaucoup de personnes s'imaginent aussi que le feu ne tue pas la salamandre, qu'elle le traverse impunément et l'éteint là où elle passe. Chacun peut s'assurer par expérience que, mis dans le feu, ce petit animal brûle et périt comme un autre. Nous avons dit, dans une des Lectures précédentes (page 149), les services que le crapaud rend à l'agriculture.

qu'elle veut atteindre, les enfonce par le choc de sa tête ou de sa mâchoire supérieure, qui frappe comme un marteau, et les retire sur-le-champ. La mâchoire inférieure, qu'elle rapproche en même temps, lui sert de point d'appui pour favoriser l'introduction des crochets; mais ce secours est faible. L'animal agit en frappant plutôt qu'en mordant.

« Cependant il est des cas où la vipère mord réellement et blesse sans s'enrouler et sans se dérouler; c'est ce qui arrive, par exemple, quand elle rencontre un petit animal dont elle s'empare sans brusquerie et sans colère, ou bien quand, saisie par le milieu du corps ou par la queue, elle se retourne et enfonce ses crochets. A mesure que ces dernières dents pénètrent dans la blessure, le poison est poussé dans le canal qui les traverse, et l'injection dans la plaie a lieu avec d'autant plus de force que le serpent est plus vigoureux, qu'il mord avec plus de colère et qu'il a plus de venin. »

Lorsqu'une personne a été mordue par une vipère, elle éprouve d'abord une douleur aiguë qui, du point blessé, s'étend peu à peu dans tout le corps. Bientôt la petite plaie devient rouge, la peau qui l'entoure se gonfle et se couvre de petites ampoules. Enfin, à la douleur primitive succède un engourdissement général, et des taches livides paraissent sur les parties gonflées, avec accompagnement de frissons, de nausées, de sueurs froides, etc. Il est rare que le malade succombe; néanmoins, on cite plus d'un exemple de mort arrivée au bout de quelques jours, parfois même en moins de vingt-quatre heures.

Pour prévenir les suites de la morsure de la vipère, il faut agir comme s'il s'agissait de celle d'un chien enragé. On pratique une ligature au-dessus de la plaie, on agrandit celle-ci, on la fait saigner, on la lave; enfin, on la cautérise avec de l'alcali volatil ou un fer rougi à blanc.

Un moyen de guérison beaucoup plus simple consiste à expulser le venin en suçant la blessure. Il réussit toujours quand on l'emploie aussitôt après la morsure; mais il faut avoir soin de cracher à chaque succion et même de se rincer chaque fois la bouche avec de l'eau vinaigrée ou additionnée d'un peu d'eau-de-vie. Il est, en outre, absolument indispensable qu'il n'y ait aucune égratignure ou écorchure à la langue, aux lèvres, aux gencives ou au palais; autrement le venin aspiré se trouverait en contact avec la partie entamée, et ne manquerait pas de produire le même effet que la morsure directe.

IV. **Insectes venimeux.** Au premier rang des insectes venimeux de nos climats, se placent les *abeilles* et les *mouches*.

1. La piqûre des abeilles fait une blessure très-douloureuse, qui devient le point de départ d'une inflammation plus ou moins considérable. Ces accidents sont dus à la fois à l'aiguillon barbelé qui reste dans la plaie, et à un venin particulier qu'un appareil spécial introduit dans celle-ci. Toutefois, ils ne sont vraiment dangereux que lorsqu'on a été piqué par un très-grand nombre d'insectes; mais alors ils peuvent devenir très-graves, même mortels.

Quand les piqûres sont en petit nombre, on les touche deux ou trois fois avec un linge fin trempé dans de l'eau salée, de l'eau de savon, ou, ce qui est préférable, dans de l'alcali volatil étendu d'eau. La douleur une fois calmée, on extrait le dard avec précaution, soit avec les doigts, soit avec une petite pince, après quoi on place sur les piqûres des compresses d'eau salée ou vinaigrée, qu'on renouvelle tous les quarts d'heure. Si la souffrance est très-vive, on la diminue en peu de temps avec des cataplasmes froids de mie de pain et de lait.

Lorsque les piqûres sont très-nombreuses et que l'inflammation est arrivée à un très-haut degré d'intensité, on ne peut souvent arrêter le mal qu'en arrosant, pendant plusieurs heures, les parties atteintes avec de l'eau vinaigrée très-froide; quelquefois même, on est obligé de mettre le malade dans un bain frais d'eau vinaigrée.

2. Les piqûres faites par les *bourdons*, les *guêpes* et les *frelons* se traitent de la même manière que celles des abeilles, mais elles sont généralement plus faciles à guérir, parce qu'il est rare qu'elles contiennent l'aiguillon.

3. Les piqûres des *mouches* ne sont à redouter que lorsque ces insectes ont pris leur nourriture sur des viandes en putréfaction ou sur des cadavres d'animaux morts de quelque maladie contagieuse, parce que, dans ce cas, elles produisent des accidents d'une extrême gravité, le plus souvent même mortels[1]. Dans l'incertitude, il est toujours prudent de les traiter avec énergie.

Quand une personne a été piquée par une mouche, que la blessure soit légère ou non, il faut agir immédiatement, et comme s'il s'agissait d'une morsure de vipère. Deux ou trois gouttes d'alcali volatil versées dans la plaie suffiront pour le moment. Si l'insecte est sain, le mal disparaît promptement. Si, au contraire, l'insecte est venimeux, non-seulement la douleur persiste, mais encore elle augmente, et bientôt il se forme sur la piqûre un petit bouton rosé, que surmonte un point noir presque imperceptible, et qui ne tarde pas à être remplacé par une plaque grisâtre, à peu près grande comme une lentille. Lorsque ces signes se manifestent, le danger est des plus graves, car c'est la terrible maladie désignée sous le nom de *charbon*[2] qu'il s'agit de

1. C'est en vue de prévenir ces accidents qu'il est expressément « interdit de laisser sur le sol, de jeter dans les cours d'eau, de suspendre aux branches des arbres, les cadavres des animaux nuisibles qu'on détruit et de tous autres animaux morts accidentellement ou de toute autre cause. » Ces cadavres doivent être enfouis profondément.

2. A propos de cette terrible maladie, voici à quels malheurs peut donner lieu l'avarice d'un campagnard. L'événement s'est passé dans le département de Maine-et-Loire, au commencement d'octobre 1869. C'est un habitant d'Ancenis qui écrit. « M. T...., marchand de bestiaux, habitant la commune de Drain, s'aperçut, la semaine passée, que l'un de ses plus beaux bœufs était très-malade. Un vétérinaire lui donna le sage conseil de faire abattre l'animal, qu'il savait atteint du charbon. T..., est riche, mais il était désolé de perdre la valeur du bœuf; aussi ne suivit-il pas malheureusement les avis du vétérinaire; il tua lui-même le bœuf malade et demanda aux fils de deux bouchers de Drain, les jeunes Renou et Marceaux, s'ils voulaient dépouiller le bœuf leur offrant pour prix de leur travail la peau et le suif. Le marché proposé fut bientôt marché conclu. En même temps, T..., s'entendait avec un de nos bouchers d'Ancenis, honnête homme, qui est justement considéré dans notre ville, et lui vendait à bon compte la bête, qui, divisée en huit morceaux, pesait, viande seule, 375 kilogr. environ. T... avait d'abord affirmé au boucher acheteur qu'il avait abattu et saigné son bœuf parce qu'il s'était aperçu qu'il allait mourir d'un coup de sang. Que devint le bœuf? Il fut dirigé vers Nantes, vendu avec bénéfice à un saleur, qui, à son tour, essayera sans doute de le vendre à quelque long-courrier. Le sel purifie tout, disent quelques-uns; je laisse à de plus experts que moi de décider si cette viande salée sera complétement inoffensive; quant à moi, je me garderais bien de m'en mettre une bouchée sous la dent. Si mon récit s'arrêtait ici, il n'y aurait plus qu'à ajouter quelques réflexions qui viendront d'ailleurs à l'esprit de chacun; mais, hélas! il me faut continuer et vous dire

combattre. Le médecin doit être appelé à la hâte. En attendant, et sans perdre une seconde, il faut, avec un canif, un rasoir, etc., fendre en croix la petite plaque, à une profondeur de trois à quatre millimètres. Cette opération pratiquée, on fait bien saigner les entailles, en les pressant fortement, puis on enfonce dans chacune d'elles, et à trois ou quatre reprises, une lame de couteau rougie à blanc. On peut aussi y verser quelques gouttes d'alcali volatil pur ou d'acide sulfurique, mais la cautérisation avec le fer rouge donne des résultats beaucoup plus complets. Il n'y a plus alors qu'à appliquer sur les parties brûlées des compresses d'eau-de-vie camphrée ou simplement d'eau fraîche additionnée de quelques gouttes d'alcali.

4. Contrairement à l'opinion commune, les piqûres des *araignées* n'ont rien qui doive effrayer. Il se montre seulement autour de la petite plaie une légère enflure, qui disparaît d'elle-même au bout de peu de temps. Il faut en dire autant des *piqûres* faites par les *fourmis* et les *chenilles*. Quand elles donnent lieu à des douleurs trop vives, on peut les calmer en y appliquant un morceau de linge imbibé d'huile d'olive.

les terribles conséquences de l'action de T... Quelques jours après cette aventure, les deux jeunes bouchers qui avaient dépouillé le bœuf furent pris de frissons, de fièvre, avec un abcès sous l'aisselle. Tous les symptômes de l'empoisonnement par le charbon se déclaraient, et la médecine était impuissante à conjurer une catastrophe, les secours les plus intelligents étant presque toujours inefficaces en pareil cas. L'un de ces pauvres jeunes gens, âgé de dix-huit ans, mourait le samedi 2 octobre; l'autre, âgé de vingt ans, succombait le dimanche. Vous devinez aisément, monsieur, la désolation des deux familles et l'impression effrayante produite dans tout le pays par cette catastrophe. »

FIN

TABLE DES MATIÈRES

PREMIÈRE LECTURE.

LA PLANÈTE QUE NOUS HABITONS.

DEUXIÈME LECTURE.

LES ÉRUPTIONS VOLCANIQUES.

TROISIÈME LECTURE.

LES TREMBLEMENTS DE TERRE.

QUATRIÈME LECTURE.

LES PUITS DE FEU, LES FONTAINES ARDENTES, LES FEUX FOLLETS.

CINQUIÈME LECTURE.

MIRAGE.

DOUZIÈME LECTURE.

LES PUITS ARTÉSIENS.

TREIZIÈME LECTURE.

LES COMÈTES.

QUATORZIÈME LECTURE.

LES PIERRES TOMBÉES DU CIEL.

QUINZIÈME LECTURE.

LES VENTS ET LES TEMPÊTES.

SEIZIÈME LECTURE.

LES TROMBES.

DIX-SEPTIÈME LECTURE.

LES NUAGES.

DIX-HUITIÈME LECTURE.

LE BROUILLARD.

DIX-NEUVIÈME LECTURE.

LA PLUIE.

VINGTIÈME LECTURE.

LES PLUIES ÉTRANGES.

VINGT ET UNIÈME LECTURE.

LA ROSÉE ET LA GELÉE BLANCHE.

VINGT-DEUXIÈME LECTURE.

LA NEIGE.

VINGT-TROISIÈME LECTURE.

LA GRÊLE.

VINGT-QUATRIÈME LECTURE

LES RAVAGEURS DES RÉCOLTES.

VINGT-CINQUIÈME LECTURE.

LES GARDIENS DES RÉCOLTES.

VINGT-SIXIÈME LECTURE.

ORIGINE DE NOS VÉGÉTAUX UTILES.

VINGT-SEPTIÈME LECTURE.

ORIGINE DE NOS ANIMAUX UTILES.

VINGT-HUITIÈME LECTURE.

LES CÉTACÉS INDUSTRIELS.

VINGT-NEUVIÈME LECTURE.

LE CORAIL.

TRENTIÈME LECTURE.

L'IVOIRE ET L'ÉLÉPHANT.

TRENTE ET UNIÈME LECTURE.

L'ÉCAILLE ET LES TORTUES.

TRENTE-DEUXIÈME LECTURE.

LA NACRE ET LES PERLES.

TRENTE-TROISIÈME LECTURE.

LE CAOUTCHOUC ET LA GUTTA-PERCHA.

TRENTE-QUATRIÈME LECTURE.

LES TEXTILES.

TRENTE-NEUVIÈME LECTURE.

LE CHAUFFAGE (SUITE).

QUARANTIÈME LECTURE.

L'HABITATION.

QUARANTE ET UNIÈME LECTURE.

LES MATÉRIAUX DE CONSTRUCTION.

QUARANTE-DEUXIÈME LECTURE.

LES VÊTEMENTS.

QUARANTE-TROISIÈME LECTURE.

LES ALIMENTS.

QUARANTE-QUATRIÈME LECTURE.

LES ALIMENTS (SUITE).

QUARANTE-CINQUIÈME LECTURE.

LES BOISSONS.

QUARANTE-SIXIÈME LECTURE.

CONSERVATION DES ALIMENTS.

QUARANTE-SEPTIÈME LECTURE.

VASES ET USTENSILES.

QUARANTE-HUITIÈME LECTURE.

LES BAINS.

QUARANTE-NEUVIÈME LECTURE.

LES ACCIDENTS.

CINQUANTIÈME LECTURE.

LES ACCIDENTS (SUITE).

CINQUANTE ET UNIÈME LECTURE.

LES ACCIDENTS (SUITE).

FIN DE LA TABLE.

SAINT-CLOUD. — IMPRIMERIE Vᵉ EUG. BELIN ET FILS.

www.ingramcontent.com/pod-product-compliance
Ingram Content Group UK Ltd.
Pitfield, Milton Keynes, MK11 3LW, UK
UKHW012152240726
13966UKWH00002B/288

9 782011 952707